Teil 1 - Mensch und Evolution- die große Irrlehre

Definition und allgemeines Verständnis über den Begriff: Evolution:

Was versteht man unter Evolution:
Im vorletzten Jahrhundert wurde von Carles Darwin (u.a. Häckel) eine Hypothese aufgestellt, dass sich alle Lebewesen aus der anorganischen (unbelebten) Welt entwickelt haben sollen. So soll sich auch der Mensch aus dem Affen evolutioniert haben (abstammen, s. Abb. S 19, 38, 58 ....). Diese (evolutionäre) Entwicklung wird als wissenschaftliche Tatsache bis heute verkauft, dabei widerspricht sie den Naturgesetzen und wissenschaftlichen Erkenntnissen. Viele Irrlehrer und Ideologen haben diese Entwicklungs-Ideologie (Marx, Hitler) zu Ihrem Fundament gemacht .Diese führte zu den Katastrophen mit verheerenden Kriegen
Evolution (Wikipedia: Vom lateinischen: Evolvere = „Entwicklung“) steht heute hauptsächlich für Entwicklung des Lebens aus der unbelebten Materie.
Man kann sich auch einteilen:
1 Evolution, biologische Entwicklung der Lebewesen im Verlauf der Stammesgeschichte (aus der Urzelle bis zum Menschen)
2 Chemische Evolution erdgeschichtliche Entstehung organischer Moleküle aus anorganischen (z.B. vom Lehm zur Urzelle)
3 Evolution des Universums, siehe Urknall

Definition aus Wikipedia: Urknall:

Der Urknall (aus ur- „zuerst“ und Knall) ist in der modernen Kosmologie der Beginn des Universums. Im Rahmen der Urknalltheorie wird auch das frühe Universum beschrieben, d. h., die zeitliche Entwicklung des Universums nach dem Urknall. Er ereignete sich nach dem kosmologischen Standardmodell (Lambda-CDM-Modell) vor etwa 13,8 Milliarden Jahren.

Der „Urknall“ bezeichnet keine Explosion in einem bestehenden Raum, sondern die gemeinsame Entstehung von Materie, Raum und Zeit aus einer ursprünglichen Singularität.

Mit dem Begriff Urknall ist der Anfangspunkt der Entstehung von Materie und Raumzeit gemeint. Ein solcher Anfang ergibt sich aus kosmologischen Theorien, in denen die von Astronomen beobachtete Expansion des Universums zurückgerechnet wird bis zu einem Zeitpunkt, an dem alle Materie und Strahlung in einem engen Raumgebiet konzentriert war. Der eigentliche Urknall (Autor: Das Ur-Licht anstelle von Urknall, wäre genauer - siehe später) liegt noch davor und bezeichnet den formalen Zeitpunkt, an dem die Energiedichte unendlich wäre. Da die etablierten physikalischen Theorien wie Quantenfeldtheorie und allgemeine Relativitätstheorie die Existenz von Raum, Zeit und Materie voraussetzen, lässt sich der eigentliche Urknall mit ihnen nicht beschreiben.

„Des Kaisers neue Kleider“

Wichtige Ergänzung zum Buch.

Damit keine Missverständnisse entstehen, möchte ich hier noch einmal ausdrücklich klar stellen, dass man bei den Evolutionsanhängern natürlich zwischen Tätern, die in krimineller Weise die Menschen mit gefälschten Bildern und Falschaussagen getäuscht haben, sowie den Anhängern (Opfern) dieser Evolutionstheorie (die durch mangelnde Kenntnis oder Unwissenheit getäuscht wurden - angefangen vom Schulunterricht bis hin zur Universität) unterscheiden muss. So wurden vermutlich zum Teil auch die Medien und Journalisten Opfer dieser kriminellen Fälscher und wurden ebenfalls hinters Licht geführt.
Außer einigen berühmten Menschen (wie in diesem Buch zum Teil erwähnt) ist es aber sicher auch immer wieder anderen Menschen bewusst geworden (bzw. haben Zweifel bekommen), dass das mit der Evolution so nicht stimmen kann, doch aus Angst eventuell als Einziger gegen den Strom zu schwimmen, wurde geschwiegen und sich der allgemeinen Meinung der Öffentlichkeit „angepasst und untergeordnet“. (Siehe später: Hitlers und Sozial-Darwinismus).
Wer das Märchen „des Kaisers neue Kleider“ kennt, weiß was ich meine.
Kriminelle verkauften dem Kaiser „neue Kleider“, die jeden als einen unaufrichtigen Menschen entlarven konnten, der diese „neuen Kleider“ des Kaisers nicht erkennt und sieht.
Deshalb „bewunderten“ alle die „neuen Kleider“ des Kaisers, weil keiner sich als „unaufrichtig bezeichnet lassen wollte“.
Erst als ein kleines Kind aus der Menge rief : „Der Kaiser ist nackt,“ erkannten alle, dass sie getäuscht wurden von Betrügern.

Einleitung

Mutation führt zur Selektion, das ist die Irrlehre der Evolution, die Wissenschaft beweist, Mutation führt zu Krebs, Tod oder Degeneration.

Die Genetik, die Biochemie, die Medizin und die Naturwissenschaft widersprechen dieser Irrlehre der Evolution und dies wird durch ein „biogenetisches Naturgesetz“ (durch über 50 Axiome) belegt.
In diesem Buch wird gezeigt, wie in der „evolutionären Wissenschaft“ Ergebnisse erzielt werden. Mit Hilfe von Manipulationen und Fälschungen wurde diese Ideologie des vorletzten Jahrhunderts als naturwissenschaftliche Tatsache verbreitet.
Darauf bauten Irrlehrer des vorletzten und letzten Jahrhunderts ihre politischen, philosophischen und theologischen Vorstellungen auf.

Der Irrlehren-Dogmatismus des Kommunismus und des Nationalsozialismus mit Verbrechen gegen die Menschlichkeit und mit über 100 Millionen Toten beruft sich auf eine Irrlehre des 19. Jahrhunderts.
Diese Irrlehre basiert auf wissenschaftlichen Manipulationen, wie man sie in der Menschheitsgeschichte noch nie erlebt hat.
Es wurden Vermutungen und Fälschungen als wissenschaftliche Tatsachen verkauft. Die Irrlehre, dass Mutation und Selektion zur Evolution (Höherentwicklung) führen, widerspricht allen wissenschaftlichen Tatsachen. Genau das Gegenteil ist der Fall. Durch eine Mutation kommt es fast immer zu Krankheit (Krebs, Alzheimer) und Tod. Krebs oder erblicher Alzheimer sind Folgen von Mutationen. Man spricht deshalb auch heute bei Krebserkrankungen von einer Therapie einer „mutagenen“ Medizin, d.h. wenn das Erbgut der Zelle verändert ist. Nur durch Mutationen im menschlichen Erbgut kann Krebs entstehen, weil das optimal geschaffene Erbgut durch Mutation zum Untergang umprogrammiert (mutiert) wurde.
Die Behauptung,“ durch Mutation zur Selektion zur Evolution“, die die Grundlage der Evolutionstheorie ist, steht wissenschaftlich im Widerspruch zur Natur und den Naturgesetzen. Genau das Gegenteil ist der Fall, wenn die optimal geschaffenen Erbanlagen (DNA) mutierten, führt dies zur Krankheit (Krebs) und Degeneration.

Wenn sich der Rücksichtsloseste (auch bei der Krebs-Erkrankung) das Recht herausnimmt, sich durchsetzen und andere vernichten kann und muss, dann kommt es zwangsläufig zu diesen oben genannten Ideologien. Die mutierte Körperzelle, d.h. die Krebszelle verhält sich evolutionär und somit widernatürlich. Diese Ideologien erheben den Anspruch, wie durch Evolutionstheorie postuliert, die Entwicklung der Menschheitsgeschichte erklären zu können.

Der (Sozial-)Darwinismus, der in den Büchern „Das Kapital“ von Karl Marx oder im Buch Adolf Hitlers „Mein Kampf“, dargestellt wird, beruft sich ebenfalls auf diese Ideologie.
Und Marx schrieb 1861 an Ferdinad Lassalle: „Sehr bedeutsam ist Darwins Schrift und passt mir als naturwissenschaftliche Unterlage des geschichtlichen Klassenkampfs..„
Hitler hatte erkannt, dass Darwins Theorie ausgezeichnet zu seinen eigenen wirren Anschauungen passte und hervorragend geeignet war, diese zu verbreiten. Beate Wilder-Smith, Verfasserin von „The Day Nazi Germany Died“, beschreibt die zentrale Komponente der Nazi-Doktrin.

Die angeblichen „naturwissenschaftlichen Belege“ ,,dieser evolutionären Weiterentwicklung,, führten zu diesem intellektuellen Irrweg seit über 150 Jahren in der Philosophie, Theologie, Soziologie und Politik.

Biochemie, Genetik, Medizin und Naturwissenschaften im „Bio-genetischen Naturgesetz“ widersprechen der Evolutions-Theorie,

Biochemische, genetische, medizinische und naturwissenschaftliche Fakten, die durch ein „Biogenetisches Naturgesetz“ in diesem Buch belegt werden, widersprechen in allen Bereichen der Evolutionstheorie.

Junge, geistig vitale Menschen erkennen den Irrtum schnell.

Als ich aufgefordert wurde, einen Vortrag über Schöpfung und Evolution vor Studenten zu halten, machte ich mir Gedanken über mein angelerntes Wissen. In meiner Ausbildung (Schule, Gymnasium, Studium) wurde ich, wie alle anderen Lernenden, nur über die Evolutionstheorie unterrichtet. Mir war schon damals als Student klar, dass die Evolutionstheorie den Naturgesetzen widerspricht. Ihre Lehrinhalte beruhen auf unwissenschaftlichen Vorstellungen.

<u>Die Ideologie Evolution ist Hoffnungslosigkeit und Lieblosigkeit</u>

Das größte Problem der Evolutionstheorie ist nicht nur, dass sie auf Betrug aufgebaut ist, sondern dass sie eine Ideologie der Hoffnungslosigkeit und Hilflosigkeit ist und keine Perspektive bietet. Das Menschsein wird zur Hoffnungslosigkeit degeneriert.

Es ist erschütternd, wenn die Kinder nach Hause kommen und erzählen, in der Schule haben wir heute gelernt, wir Menschen stammen von einem Tier wie dem Affen ab.

Dabei wird diesen Kindern vorsätzlich die Unwahrheit beigebracht, da dies genetisch, medizinisch, biochemisch und naturwissenschaftlich nicht möglich ist. Wenn wir vom Affen abstammen, dann habe man auch das Recht, sich wie ein Affe aufzuführen. Deshalb meinen sie, man kann sich so aufführen.

Wo ist eine Perspektive, wo werden Werte vermittelt wie Nächstenliebe? Eine unglaubliche Hoffnungslosigkeit tritt ein. Ein Kind kann nur eine Leben ohne Perspektiven vor sich haben, kein Schutz und keine Geborgenheit in Gott.

Dagegen steht die Liebe eines Schöpfers, der in seiner Allmacht das Universum und das Leben geschaffen hat und mit Liebe jeden Einzelnen mit Fähigkeiten ausgestattet hat. Er, der uns behütet, einbettet in eine Familie und noch dazu mit Geistesgaben ausstattet, die jedem Tier fremd sind. Was wird den Kindern angetan von denen, die diese Irrlehren verkünden.

<u>Haben Sie schon denkende Atome, Protonen, Neutronen, oder Elektronen gesehen, die sich selbst erschaffen haben?</u>

Damit sie etwas Spaß haben und nicht diesen Unsinn der „denkenden Atome“ glauben müssen, können sie sich an den nächsten lyrischen Gedanken erfreuen:

Es ist absurd zu glauben, dass Materie denken kann, und somit war die Materie auch nicht von Anfang an

Licht war der Beginn der Schöpfung, so sagt es heute die Wissenschaft, die Bibel hat schon seit tausenden Jahren uns diese Botschaft gebracht.

Nur Licht war der Beginn der Schöpfung vom Anfang an,
dies wurde der Menschheit vor 3000 Jahren kundgetan

Wissenschaft oder Evolution:

Für Materialisten war die Materie der Beginn der Schöpfung,
jedes Kind weiß, dass Licht und nicht Materie war der Ursprung.

Mehr als 1000 Jahre haben uns die Atheisten betrogen,
ihre Behauptungen über die Materie waren gelogen.

Das einfachste Lebewesen benötigt schon Millionen
DNA-Bausteine* (*Nukleotide),
ruft man „Darwin, Darwin" und schon sind die Steine nicht mehr alleine.

Mutation führt zu Selektion. Das ist evolutionäre Wissenschaft,
denn sie hat Fakten und die Naturwissenschaft abgeschafft.

Haben sie schon einen Geist in einem Stein gesehen?
Wenn dieser denken kann, dann kann er auch
den Plan des Kosmos verstehen.

Konnten sie schon einmal einen Geist in einem Stein anschauen, dann
wissen sie, dass dieser Geisterwahn konnte die Materie aufbauen.

Haben sie schon einmal einen Geist in einem Stein gesehen.
Dann kann dieser Steingeist auch den Bau des Kosmos verstehen.

Wenn eine Geist in Lehm oder Stein denken kann,
dann wissen wir wie nur mit Materie der Kosmos begann.

So einfach ist die Logik in der Philosophie bei den Materialisten,
man muss nur Naturgesetze leugnen und
schon gehört man zu den Sophisten.

Es widerspricht jeder Logik und Vernunft zu glauben, dass in den Atomen und somit in der Materie (Stein, Staub, Lehm, Erde) ein Geist sei, dass Atome denken können und sie sich somit selbst erschaffen und zu komplexen Molekülen weiter entwickeln können bis zum Menschen.

Das „Denkende Nichts“ hat beschlossen
Alle Atome werden aus dem Nichts gegossen.

Nur die Evolutionisten hatten irrtümlich erkannt,
dass das Universum zuerst aus Materie bestand.

Nicht Materie war zuerst, das weiß heute bereits jedes Kind,
zuerst war das Licht, mit dem zuerst das Universum beginnt.

Glauben Sie, das „denkende Nichts“ hat beschlossen,
das alle Atome werden nur aus 3 Teilen gegossen?

Ein genialer Schöpfungsplan konnte aus 3 Teilen Atome bilden.
Über 100 Atome ließen sich in ein Periodensystem einbinden

Aus 3 Teilen (Neutron, Proton, Elektron) hat ein genialer Schöpfungsplan
über 100 Atome geschaffen für unser Leben von Anfang an.

So hatten wir zum Leben, was wir zum Aufbau der Erde benötigten,
weil alle Atomen zur Verfügung standen auch zum Verköstigen.

Eine Mutation ist ein Schrecken in der Medizin,
weil sie Krankheit und Tod nach sich ziehn.

In den USA wird man verurteilt oder aus der Schule verbannt
wenn man sich gegen die Evolution-Lügen
und ihre Fälschungen hat gewandt.

In den USA wird jeder Lehrer aus der Schule verbannt,
der die Affenabstammung als Lüge hat erkannt.

Durch Mutation führt zur Selektion ist die Theorie der Evolution;
die Medizin belegt Mutation führt zu Krankheit und Degeneration.

Die Wahnvorstellung eines denkenden Steins
glauben sie das ist der Beginn unseres Seins.

Dann soll aus „denkenden" Atomen noch Leben entstehen. Diese Irrlehre (des „Pantheismus" oder des „Monismus", siehe Häckel) wird von Evolutions-Anhängern vertreten.
Aus sich selbst, d.h. aus der Materie kann sich biochemisch kein „Leben" bilden. Das ist wissenschaftlich belegt. Dies sagt uns das Entropie-Gesetz. Das Entropie-Gesetz ist das bestbelegteste Naturgesetz, sagten schon die Nobelreisträger Albert Einstein und Max Plank. Dieses Naturgesetz, widerspricht dieser Evolutionstheorie und entlarvt sie als eine Irrlehre, weil sie allen wissenschaftlichen Tatsachen und Fakten widerspricht.
Das Entropie-Gesetz, auch 2. Hauptsatz der Thermodynamik genannt, besagt, dass kein Gegenstand einer höheren Ordnung zustrebt. Das bedeutet, dass aus Lehm kein Auto oder eine Zelle entstehen kann.

Dogma 1: Schöpfung der Materie aus dem Nichts = Evolutionstheorie

Das Dogma der Selbstschöpfung (oder Selbsterlösung) aus dem Nichts wird als Evolutionstheorie bezeichnet. Wehe, Sie greifen dieses Dogma an. Dann werden die Irrlehren-Dogmatiker böse, dann leugnen sie sogar Naturgesetze. Dann widersprechen sie Albert Einstein und Max Planck.

Dass 0 plus 0 = 1 ergibt, das ist der Evolutionsglaube.

Es widerspricht jeder Logik und Vernunft zu glauben, dass in den Atomen und somit in der Materie (Stein, Staub, Lehm, Erde) ein Geist sei, dass Atome denken können und sie sich somit selbst erschaffen und zu komplexen Molekülen weiterentwickeln können.

Dogma 2: Leben aus der Materie ohne Planung = Irrlehren-Dogma

Was Leben ist, verstand bisher noch niemand, erst recht nicht zur damaligen Zeit vor 150 Jahren (Darwin-Zeit). Auch heute ist es uns noch nicht möglich, Leben, also die einfachste Zelle, aus anorganischen Substanzen (ohne Leben) herzustellen. Wir benötigen Millionen von DNA-Bausteinen um erste Lebensformen zu erschaffen.

Eines der wichtigsten und bestuntersuchtesten Naturgesetze ist der 2. Hauptsatz der Thermodynamik. Er ist ein unüberbrückbares Hindernis für eine Evolution (s.u.a. Albert Einstein). Diese Tatsache wird von den bedeutendsten Wissenschaftlern als Beweis gezeigt (siehe später).

Studenten bemerken nahezu immer den Irrlehren-Dogmatismus

Den jungen Studenten war nach meinem Vortrag über die Evolutionstheorie einiges klar und sie sagten nahezu einstimmig, wir haben immer gemerkt, dass hier etwas an dieser Theorie nicht stimmen kann. Wir wurden einfach manipuliert. (..so wie im Dritten Reich, als man dem Rassismus, der seine Berechtigung aus der Evolutionstheorie bezog, nicht widersprechen durfte oder konnte.)

Komplexität der Gene widerspricht der Evolutionstheorie

Das menschliche Genom (Erbanlagen, Gene) bestehen aus 2 mal 3,4 Milliarden Nukleotiden pro Zelle DNA- Bausteinen. Die Zahl muss man sich vorstellen: 3 400 000 000 DNA-Bausteinen vom Vater und die gleiche Anzahl von der Mutter bilden ein Basenpaar aus 3,4 Milliarden DNA-Bausteinen, das für die Zeugung eines Kindes nötig ist.

Wir wissen heute aus genetischen Untersuchungen aus der Klinik, dass allein ein einziger DNA- Baustein (von 3,4 Milliarden) schon für eine Erkrankung bzw. Lebensqualitätsminderung, Zeugungsunfähigkeit oder Krebs verantwortlich sein kann. Somit müsste jedem logisch denkenden Menschen klar sein, dass ein Zufall für die Bildung kein Zufall sein kann.

Wer bei der Zeugung eines Menschen einen
3,4 Milliarden Zufall erkennt,
der hat in der Schule die Irrlehre der Evolutionstheorie erlernt.

Die Abb. zeigt, die von Darwin dargestellte menschliche Entwicklung hat nie stattgefunden. Sie kann anatomisch nie möglich sein, weil die Körperstruktur des Affen weder biochemisch, noch genetisch, noch medizinisch, noch naturwissenschaftlich möglich ist.

Die Füße des Affen sind auch manipuliert. Denn alle Affen haben Menschenfüße. Dies ist genetisch nicht möglich.

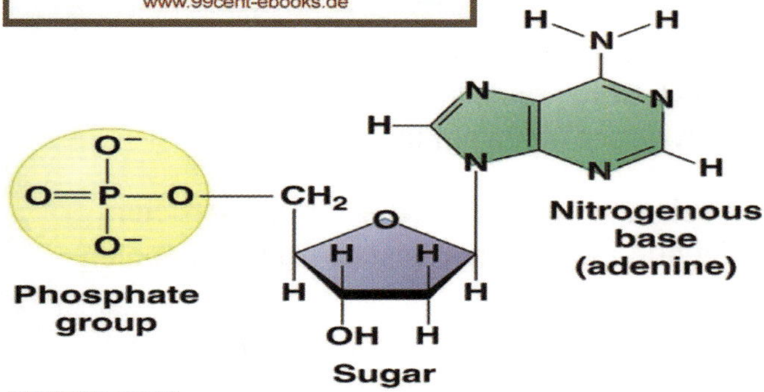

<u>DNA-Länge reicht von der Erde bis zum Mond.</u>

Würde man alle 3,4 Milliarden DNA-Bausteine einer **einzigen Körperzelle** die aus einem Phosphat, einem Zucker (Desoxy-Ribose) und einer Base: Adenin, oder Thymin, Guanin oder Cytosin besteht, **in dieser oben dargestellten Größe (ca.9 cm) aneinander reihen, dann könnte man sie als eine Leiter von der Erde bis zum Mond verwenden.**

Die Erschütterung über die Fälschungen und den Betrug

Was kann man in dieser Situation tun? Man könnte darüber verzweifeln, weil viele Schüler und Studenten eine Irrlehre lernen mussten, obwohl viele intelligente Menschen immer schon bemerkten, dass bei der Evolutionstheorie etwas nicht stimmen kann, wenn die Naturgesetze verletzt werden.
Deshalb möchte ich zur Frustbehebung einige Verse schreiben, die die tatsächlichen, wissenschaftlich belegten Tatsachen beschreiben.

Sie haben Glück gehabt, dass Sie in der Schule haben geschlafen,
(denn sie hätten lernen müssen),
dass der Zufall mit 3 Milliarden DNA-Bausteinen
unser Leben hat erschaffen.

Mittlerweile weiß jedes Kind ein Affe hat 48 Chromosomen.
Der Mensch hat 46 Chromosomen, deshalb wird sie die
Genetik von dieser Abstammung verschonen.

Somit ist eine Abstammung durch DNA-Abbruch verboten,
denn bei dieser Zeugung werden nur falsche Gene angeboten.

Wenn bei der Zeugung die DNA aus fremden Genen kamen,
passen bei einer Zeugung die Chromosomen nicht zusammen,
dagegen gibt es keinen DNA-Abbruch in der Evolution,
weil im Widerspruch zur Wissenschaft es kommt zu Selektion.

Die Evolutionisten haben gefälscht mit krimineller Energie,
denn nur ein einziger Embryo war die Vorlage in der Embryologie.

Für alle Tiere musste ein menschlicher Embryo
herhalten in der Embryologie,
so war die gleiche Abstammung aller Tiere
garantiert mit Hilfe krimineller Energie.

Jetzt weiß jeder wie Forschung funktioniert in der Embryologie,
man muss nur Naturgesetze leugnen, schon
ist man ein Evolutions-Genie.

Hast du im Innern eine kriminelle Charakterstruktur,
dann widersprichst Du auch Naturgesetzen und der Natur.

Mit einem gesunden Menschenverstand
glaubt keiner an den Evolutionswahn.
Die wahre Intelligenz eines Menschen erkennt ihren Widerspruch
zu den Naturgesetzen von Anfang an.

Durch Manipulation und Fälschung ist die Evolutionslehre gelungen,
die Lehrer haben den Irrweg vor- und die Schüler nachgesungen.

Was ist die Antwort Gottes auf Irrlehren und Evolutionswahn,
Natur und Naturgesetze bezeugen den wahren Gottesplan.

Natur und Naturgesetze sind Gottesplan,
eine Irrlehre ist dagegen der Evolutionswahn.

Wer sich für dumm verkaufen lässt, der glaubt an die Evolution,
wie Massenmörder Lenin, Hitler und Stalin es bereits taten schon.

Eine Ellenbogen- Charakter-Struktur ist ein Zeichen der Evolution,
denn Niederkämpfen und Vernichten gehört zu der Selektion.

Deshalb gehört Krieg wesentlich zur Evolution,
denn durch Kriege erzielt man am besten die Selektion.

Die Irrlehre durch Selektion zur Evolution,
berechtigte das Morden in der Sowjetunion.

Die sozialistische Theorie basiert auf der Evolution,
deshalb halten Nazis und Sozis sie für Ihre Religion.

Und das Ergebnis und die Moral von der Geschicht,
glaube den Fälschungen eines Evolutionisten nicht.

Eine Täuschung ist die Evolution von A bis Z,
Darwins- und Häckels Bilder waren ihr Konzept.
Darwin hat (in seinem Buch) eine Affen Abstammung aufgeführt,
dabei wissen wir medizinisch und gene-
tisch wurden wir in die Irre geführt.

Wenn Mutation und Selektion führt zur Evolution,
wäre durch Krankheit unser Leben schon längst verloren.

Krebs und Alzheimer sind Folgen einer Mutation,
denn sie führen statt zur Höherentwicklung zur Evolution.

Evolution bedeutet Rückschritt, Krankheit und Tod,
die Folgen dieser Degeneration führt zu menschlicher Not.

Alzheimer und Krebs sind Folgen einer Mutation,
denn die optimale Schöpfung ist durch sie verloren.

Mutation im medizinischen Bereich bedeutet Krankheit und Tod,
jeder Doktor weiß dies und deshalb tut ärztliche Hilfe not.

Alle Erbanlagen sind durch Milliarden von Bausteinen (Nukleotide) in jeder Zelle gespeichert

Zunächst müssen wir uns mit unseren Erbanlagen bzw. Genen beschäftigen. Sie sind typisch für jeden einzelnen Menschen. Jeder Mensch ist somit einmalig und kann und wird nie ein Klon sein. Er, wie andere Lebewesen auch, ist durch seine genetische Vielfalt ausgezeichnet. Darwin erkannte die genetische Komplexität (Finken) nicht und bezeichnete sie fälschlicherweise als Mutation. Wie hochempfindlich diese DNA ist, sieht man daran, falls sie offen oder in einer Flüssigkeit liegt, würde sie sofort zerstört werden. Wie sollen dann Millionen dieser DNA-Bausteine bei den frühesten Lebensformen (Prokaryonten) aus der Ursuppe ohne Schutz entstanden sein? Nur wer noch nie in der Biochemie gearbeitet hat, kann an ein solches evolutionäres Märchen (im Widerspruch zu den Naturgesetzen), an eine DNA-Neubildung glauben.

Die menschliche DNA besteht aus 3,4 Milliarden DNA-Bausteinen

Diese 3,4 Milliarden Basenpaare sind auf eine Größe von einem millionstel Meter pro Körperzelle vorhanden. In jeder der ca. 50 Billionen (50 000 000 000 000) Körper-Zellen (beim Menschen) sind diese 3,4 Milliarden DNA-Bausteine gespeichert. Dies durch Zufall zu erklären zeugt von einer hilflosen Einfältigkeit. Den Affen (48 Chromosomen) als Vorstufe des Menschen zu sehen, widerspricht biochemischer, medizinischer, genetischer und physiologischer Kenntnis, weil ein Kettenabbruch der DNA jeden Übergang unmöglich macht. Auch die Telomere sind unterschiedlich.

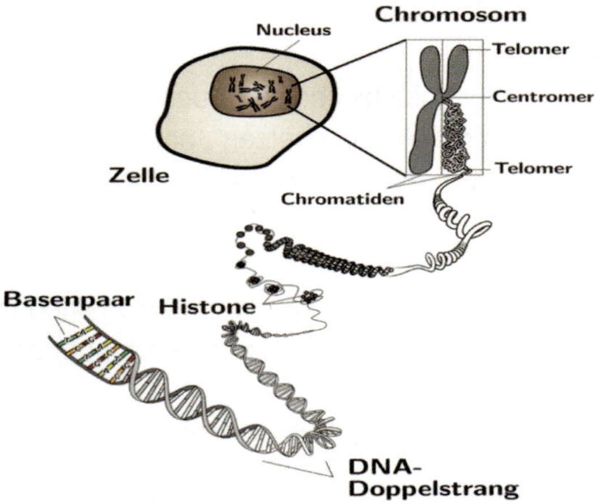

Beim Menschen sind pro Zelle 46 Chromosomen-Paare gespeichert mit 2 x 3,4 Milliarden DNA-Bausteinen. Ein einziger falscher Baustein kann zu Krebs oder Alzheimer führen. Da die Chromosomen sich vom Affen unterscheiden, ist keine Abstammung möglich. Nur auf einem Millionstel Meter ist die DNA gespeichert.

Im Folgenden wird vom Autor ein „Biogenetisches Naturgesetz“ aufgestellt, das belegt, dass kein Leben aus sich heraus aus den Atomen oder der Materie entstehen kann. Dies wird durch über 50 biochemische, genetische, medizinische und naturwissenschaftliche Fakten belegt.

Es wird gezeigt, wenn wir uns naturwidrig verhalten, dann kommt es in Folge der Irrlehren und naturwidrigem Verhalten zu Morden und Verbrechen gegen die Menschlichkeit. Deshalb ist es absolut notwendig, dass sich die Evolutionstheorie auf Fälschungen und Betrug berufen muss, um ihre Hypothesen zu untermauern.

Bei soviel naturwissenschaftlicher und medizinischer Unkenntnis und Unverständnis bei den Evolutions- Anhängern kann ich Ihnen nur einen Witz über die Abstammung des Menschen vom Affen erzählen.

Die Erschaffung des Menschen (vom Affenplan zum Menschen)

Ein Gorilla sagte zu einem Schimpansen: "Weißt du, ich habe das Affendasein satt". „Aber wieso", sagte der Schimpanse, „es ist doch so schön auf dem Baum zu sitzen und Bananen zu essen". „Aber das ist doch langweilig, immer auf dem Baum zu sitzen und Bananen fressen" sagte der Gorilla.
„Ich möchte endlich ein Mensch sein und **denken** können".
Daraufhin sagte der Schimpanse. „Das geht doch gar nicht". „Wieso denn nicht?" fragte der Gorilla" „ Weißt du denn nicht, alle Affen haben 48 Chromosomen und der Mensch hat nur 46 Chromosomen, da ist genetisch keine Zeugung mit 46 Chromosomen möglich, das passt nicht zusammen".
„Das macht nichts" sagt der Gorilla.
„Aber das geht auch deshalb nicht, das ist auch biochemisch und medizinisch gar nicht möglich, **das** widerspricht doch den Naturgesetzen", antwortete der Schimpanse „Das wäre ja ein Wunder. Wie soll denn so ein Wunder möglich sein?"

Daraufhin antwortete der Gorilla: „Als Affe darf man an die Evolutionstheorie glauben, die beachtet keine Naturgesetze, wir (Affen) stehen nämlich über den Naturgesetzen".
„Dann müssen wir ein Wunder machen". „Wie soll denn das geschehen?" fragte der Schimpanse.
„Ganz einfach geht das. Wir müssen uns nur für eine Gottheit halten" sagte der Gorilla „und für Gott ist nichts unmöglich".

Dann sagt der Schimpanse" „ Wunderbar, genauso machen wir es. Dann heben wir einfach erneut die Naturgesetze auf und ändern nur die Peanuts von **100 Millionen DNA- Bausteinen**. Der Mensch hat ja nur 3,4 Milliarden DNA-Bausteine. Dann haben wir schon einen Menschen hergestellt".
Daraufhin antwortete der Gorilla „Ich habe es immer schon gewusst, dass es wunderbar **einfach** ist, 100 Millionen DNA-Bausteine pro Körperzelle zu ändern".
„**Klasse**, endlich hast **du** es kapiert, so machen wir es jetzt" antwortete der Gorilla, „ jetzt können wir endlich einen menschlichen Nachkommen zeugen, der für uns **denken** kann".

Evolution in der Biochemie gescheitert

Unsere Gene bzw. unsere Erbanlagen sind in der DNA (auch DNS genannt) im Zellkern einer jeder Zelle gespeichert (Abb. Seite 23) Diese DNA (Desoxy-Ribose-Nukleinsäure, das A steht für das englische Wort A für Acid= Säure, S für deutsches Wort Säure) steuert unseren Stoffwechsel und somit unseren Körper. Diese DNA besteht aus Nukleoditen, das sind einzelne DNA-Bausteine, die aneinander aufgereiht in jeder Zelle vorhanden sein müssen, damit eine Zelle überleben kann. Milliarden von diesen Bausteinen sind in jeder Zelle notwendig, damit der Organismus die vielen notwendigen Funktionen ausführen kann.
Später wird gezeigt, dass biochemisch nicht einmal ein einziger DNA-Baustein (Nukleotid) von 3.400 000 000 DNA-Bausteinen (3,4 Milliarden) in jeder Körperzelle unserer Erbanlagen oder Gene aus der unbelebten Natur entstehen kann. Wie sollen dann 3,4 Milliarden Bausteine aus der unbelebten Natur in der richtigen Reihenfolge sich ohne Planung (auch Schöpfung genannt) bilden können?

Erfahrungen in der Biochemie oder das Märchen der „guten“ Mutationen

Zuvor möchte ich von einigen Erfahrungen aus der Biochemie berichten, damit man sieht, dass Leben nicht aus sich selbst und nicht durch Mutationen entstehen kann.
Ein Studienkollege bekam den Auftrag in der Biochemie, Mutationen bei Lebewesen auszulösen. Das Ziel ist bei Aufträgen in der Forschung oft dem Untersucher nicht klar. Es ging um die Evolutionsthese, dass durch Mutation und Selektion neue Organismen geschaffen werden können. Charles Darwin (s. später) hat vor über 150 Jahren mit dieser Vorstellung seine Evolutionstheorie begründet.
Bei Fliegen (Drosophila), die sehr einfache Lebewesen sind, sollten mit Bestrahlung und oder mit hochgiftigen Substanzen (wie in der hypothetischen „Ursuppe“) Mutationen ausgelöst werden. Unter der „Ursuppe“ versteht man die anorganischen Stoffe, also unsere Mineralien, die vor Beginn des ersten Lebens vorlagen. Hier handelte es sich um eine hochgiftige Lösung aus meist

giftigen Verbindungen wie Schwefelwasserstoff, Ammoniak, Kohlenmonoxid (siehe Miller-Experiment) aus denen Leben entstanden sein soll. Obwohl tausendfach wiederholt, bildete sich kein einziger DNA-Baustein, geschweige denn 3,4 Milliarden DNA-Bausteine.

Dabei entstand erst recht nicht eine lebende Zelle. Nur hypothetische Zeichnungen auf Papier (siehe später) gaukelten die Bildung von ersten Lebensformen (z.B. Bakterien) vor.

Selbst wenn es Leben gegeben hätte, wäre es sofort wieder durch die giftige Ursuppe (Miller-Experiment) zerstört worden.

Mein Kollege sollte belegen, dass die Evolution durch Mutation und Selektion zu eine Höherentwicklung (nach Darwins Evolutionstheorie) auch bei Fliegen führen kann.

Die Evolutionstheorie beruht auf der Behauptung, dass durch Mutation und Selektion das Leben von einer Urzelle zu einer Höherentwicklung bis zum Menschen möglich sei.

Mit „einfachen“ Fliegen müsste dies gut gelingen.

Wissenschaftliche Untersuchungsbefunde widersprechen Evolution

Alles deutet daraufhin, dass alle Lebewesen, außer dem Menschen, in einer nahezu gleichen Zeit geschaffen wurden.

Somit ist absolut ausgeschlossen, wie bereits in der Naturwissenschaft und Medizin gezeigt, dass es eine evolutionäre Entwicklung gegeben haben kann.

Alle Fakten (von Medizin, Genetik, Naturwissenschaften) sprechen gegen Evolution. Die tatsächlichen Fossilien-Befunde widersprechen der Evolution.

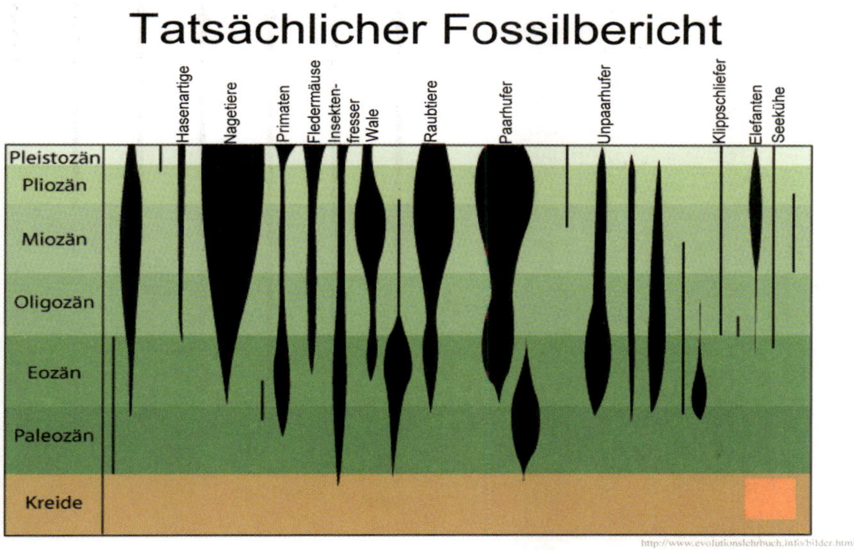

Die Abb. zeigt deutlich, dass die Lebewesen in einem relativ engen Zeitrahmen entstanden sind und zwar im Kambrium, somit ist die von Darwin oder Häckel aufgestellte Behauptung, dass sich die Lebewesen von einer Urzelle entwickelt haben, nachweislich falsch. (http://www.evolutionslehrbuch.info/bilder.html)

Entwicklung der Arten(s.u.) in der Evolutionstheorie <u>widerspricht</u> den Tatsachen

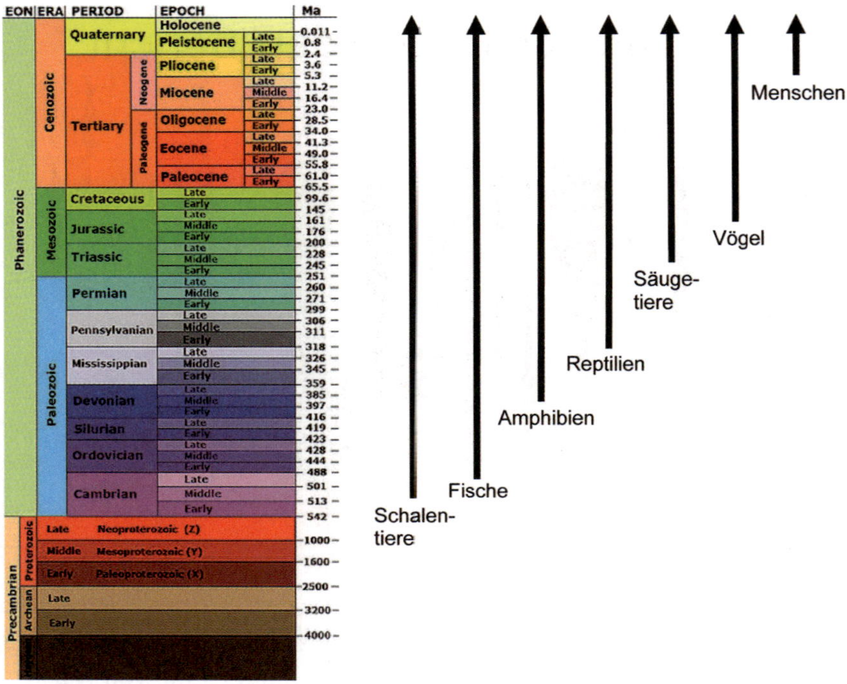

Wie die Tabelle deutlich zeigt und wir in der oben gezeigten Abbildung sehen können, stimmen die von den Evolutionsanhängern aufgestellten Abstammungslinien nicht mit den tatsächlichen Fossilienfunden überein.

Diese Abstammungskaskade hat es nie gegeben. Diese Evolution über die Entstehung der Arten musste deshalb manipuliert dargestellt werden, um eine Abstammung herzuleiten. Auch widerspricht diese Vorstellung der „Entstehung der Arten“ nach Darwin eindeutig den Fossilienfunden, der Genetik und der Biochemie und somit der Wissenschaft. Evolution entlarvt sich als Irrlehre.

Woher die Urzelle (Monea, erste Lebensformen) kam, aus der sich alles Leben entwickelt hat, konnten diese Anhänger jedoch bisher nicht klären.
Dabei ist das eine fundamentale Frage.

Alle diese Experimente (u.a. Miller), die zu einer Höherentwicklung führen sollten, sind **immer** gescheitert. Diese Ergebnisse werden auf der nächsten Seite beschrieben.

Auch der evolutionistische Rassenwahn Hitlers konnte keinen Superarier zeugen und ist auch daran gescheitert.
Was wir bereits aus der Medizin wissen, dass Mutation zum Untergang und Tod führen können, findet sich in diesem Vers wieder;

Krebs und Alzheimer sind Folgen einer Mutation.
Degeneration statt Höherentwicklung, das ist Evolution.

Achtung oder Missachtung der Naturgesetze

Die fundamentalste Frage ist die Frage nach dem Geist, der alles erdacht hat. Sie war auch die Frage Albert Einsteins: „Wer steht hinter diesen Gedanken?“ (siehe später)
Die Materie besteht aus Protonen, Neutronen und Elektronen und kann somit nicht denken. „Das denkende **Nichts** habe ich noch nicht entdeckt“.
Wer hat das „genial geordnete“ Universum geplant? Wer hat die genial geordneten Atome (siehe später) hergestellt?
Wer hat das Leben gebildet?
Darüber spricht man nicht, wenn man seinem Geist eine Denkblockade verordnet hat und somit einen Schöpfer-Geist negiert. Lieber sagt man 0 plus 0 = 1, weil dies genauso stimmt, als ob der Kosmos und das Leben, aus dem Nichts (im Widerspruch zu den Naturgesetzen) entstanden sei.

1. Hauptsatz der Thermodynamik: Keine Energie aus dem Nichts

Aus dem Nichts kann nichts kommen, das ist der 1. Hauptsatz der Thermodynamik (Naturgesetz). Die gesamte Energie des Universums kam aus dem Licht der Schöpfung: Gott sprach: „Es werde Licht und es ward Licht, das war der erste Schöpfungstag. Dies wissen wir auch aus Visionen berühmter Persönlichkeiten (u.a. hl. Hildegard von Bingen). Das Licht aus dem Nichts (kein Licht = Finsternis= null Energie) kommen kann, widerspricht allen Naturgesetzen. **Nach dem Licht wurde erst die Materie geschaffen und auch dies widerspricht den bisherigen Vorstellungen der Materialisten.**

Wahre Wissenschaft verachtet keine Naturgesetze

Deshalb wurde die entscheidende Grundfrage nach der Entstehung allen Lebens stets oder fast immer in der Evolutions-Theorie ausgeklammert. Ein Schöpfer darf nicht vorkommen bei einer Religion, die sich „Atheismus“ nennt. Ein Glaube ohne Schöpfer (Gott), würde sich selbst (z.B. als das „Denkende Nichts“ oder der „Atheismus-Wahn“) entlarven.
Deshalb hat man eine neue Religion (d.h. das Leugnen der Naturgesetze) geschaffen, die besagt, dass sich aus dem Nichts, im Widerspruch zu den Naturgesetzen, alles aus sich selbst erschaffen hat.
Wer will die Religion der Evolutions-Anhänger, das „Denkende Nichts“, das die Materie erschaffen haben soll und auch Atheismus genannt wird, annehmen? Eine Religion, in der das Menschsein wie Liebe und Nächstenliebe nicht vorkommt, sondern nur Kampf und Verdrängen.
Die Alternative lautet deshalb: Nur ein menschlicher Geist kann ein Computerprogramm schreiben und nicht die Computertastatur.
So kann nur ein Schöpfer-Geist, den man Gott nennt, den Kosmos in seiner Allmacht erschaffen haben. Diese Logik müsste jeder verstehen.
Bei diesem Gott ist die Liebe und Nächstenliebe das erste Gebot.

Das Fliegenexperiment endete katastrophal

Bei den Fliegen-Experimenten meines Kollegen zeigte sich nach vielen Versuchen genau das Gegenteil von dem, was man erwartete (eine Evolution). Die Ideologie der Naturgesetz-Leugner (Atheisten), dass Mutationen zu einer Höherentwicklung führe, trat nie ein.
Mutationen führten nur zu Degeneration und Tod. Es kam bei den tausenden Fliegen bei keiner einzigen Fliege zu einer Höherentwicklung der Nachkommenschaft. Es bildeten sich keine Superfliegen, Super-Hornissen oder Ähnliches aus, sondern es kam nur zu Katastrophen.
Das „evolutionäre Fliegenexperiment“ macht es deutlich:

Die Flügel waren verkümmert
oder die Beine verstümmelt,
Das Fliegen war meistens nicht mehr möglich.
Zum Schluss endete das Experiment für alle tödlich.

Jeder Mutationsversuch bestätigte: „Von nun an ging es bergab“.
Das war sinngemäß die Aussage des Kollegen.

Die Stabilität der Gene ist unübertroffen und steht im Widerspruch zur Evolutionstheorie.

Deshalb wurde zum letzten Mittel gegriffen, als alle giftigen Substanzen nicht mehr wirkten. Als alles nichts geholfen hatte, wurde die Bestrahlung mit sehr energiereichen Strahlen durchgeführt, um doch noch eine „positive Höherentwicklung" herbeizuführen. Das Ergebnis war dann eindeutig positiv im Sinne der Natur und der Naturgesetze.

Keine Fliege hatte die extreme Bestrahlung, d.h. die Mutationen überlebt.

Alle Fliegen waren am Ende tot. Die Konsequenz des Experiments war, alle Fliegen, die auch die stärksten Gifte (z.B. aus der Ursuppe) überlebt haben, waren danach tot. Man kann auch sagen, sie waren totmutiert.
Die Worte des Kollegen waren sinngemäß folgende:
„ Endlich hat die Tierquälerei ein Ende gehabt".

Darwin sagt: Mutation und Selektion führen zur „Evolution"
die Wissenschaft findet statt Höherentwicklung nur Degeneration.

Man müsste diese verbrecherischen Tierquälereien der Evolutionisten endlich verbieten, da viele Tiere schon wegen dieser Ideologie sinnlos leiden mussten. Aber diese evolutionistischen Tierquäler sterben nicht aus, weil sie besessen vom Evolutions-Wahn oder der Rassenideologie sind.

Naturgesetz widerspricht der Evolutionstheorie

Dabei sagt das Naturgesetz doch genau, dass seit über 100 Millionen von Jahren die Fliege immer schon eine Fliege war und dass sie seit Urzeiten - wie alle anderen Lebewesen- immer gleich war.
Die Stabilität der Gene, d.h. ihre Mutations-Resistenz, sichert einzig und allein das Überleben. Deshalb findet man bei Krankheiten wie Krebs oder dem erblichen Alzheimer eine mutagene Veränderung der DNA.

Mutation und Selektion führen zur Evolution,
ihre Folgen sind Untergang oder Degeneration.

2.Hauptsatz der Thermodynamik (Naturgesetz, Entropie-Gesetz)

Im 2. Hauptsatz der Thermodynamik und somit in den Naturgesetzen ist festgeschrieben, dass **es keine Höherentwicklung gibt** (auch nicht zu einer „Edelrasse"). Zu jeder Höherentwicklung ist eine Planung nötig. Aus Eisenschrott entsteht auch kein Auto, aus Aluminium kein Flugzeug.

Der Evolutionist Hitler ist auch mit der „Züchtung" seiner Arier-Rasse gescheitert. In seinem Buch „Mein Kampf" hat er seine Rassenideologie mit dem Sozial-Darwinismus und den Vorstellungen Darwins begründet.
Sein Buch" Mein Kampf" basiert auf den „pseudo-wissenschaftlichen Vorstellungen" des Darwinismus und Sozial-Darwinismus.

Mit einer kriminellen Energie, wie wir sie in der Menschheitsgeschichte noch nie erlebt haben, versucht man die Naturgesetze zu leugnen, um eine Ideologie, die Evolutionstheorie, zu verkaufen, die den Naturgesetzen widerspricht. Fälschungen mit unvorstellbaren kriminellen Manipulationen wurden vorgenommen, um Ideologien zu rechtfertigen. Auf diese Ideologien bauten Verbrechersysteme auf und rechtfertigten ihre Handlungen.

Das Leugnen der Naturgesetze ist eine Provokation gegenüber gläubigen Christen, Moslems und Juden.

In diesem Buch wird gezeigt, wenn der Mensch Naturgesetze leugnet, sich Ideologien anschließt, die sich gegen die Natur des Menschen wenden, wird es durch diese Ideologien zu millionenfachen Morden, Kriegen und Verbrechen gegen die Menschlichkeit kommen.
(Bei dieser Ideologie handelt sich stets um das Handeln gegen die Natur und die Naturgesetze.)

Das Übelste daran ist, dass sich Forscher daran beteiligen, unter Missachtung der Naturgesetze und der wissenschaftlichen Korrektheit. Sie führen Manipulationen durch, nur um diese Ideologie zu rechtfertigen, obwohl sie den Naturgesetzen widerspricht.

Das Leugnen der Naturgesetze ist antiwissenschaftlich (ideologisch) und ist eine Provokation nicht nur gegen Menschen, die an einen Gott glauben, sondern auch eine Missachtung der Dritten Welt.

Unterjochung des Menschen durch Kolonialismus

Auch der Kolonialismus, die Unterjochung von Menschen, beruht auf dieser Ideologie. Unterwerfung der ansässigen Bevölkerung wurde durch die Evolutionstheorie gerechtfertigt, da sie auf niedrigeren Stufen eingeordnet wurden, im Widerspruch zum christlichen Glauben.

Leider haben teilweise Philosophen zusammen mit diesen Ideologen, die im Widerspruch zu den Naturgesetzen stehen, die Basis für den kapitalistischen und kommunistischen Imperialismus gelegt und auch die Rechtfertigung zum Kolonialismus damit begründet. Afrikaner und Asiaten hatte man als Untermenschen betrachtet. Die Entwicklung des Menschen aus einer niedrigen Stufe, wie sie auch der Evolutionist Häckel gezeigt hat, war die Berechtigung für ihr falsches Verhalten.

Vor 98 Jahren wurden wir gewarnt vor der Evolution-Ideologie

Dabei wurden die Menschheit vor fast 100 Jahren (13. Oktober 1917) durch prophetische Aussagen von Maria (für Christen die Mutter Gottes, für Moslems die Mutter Jesu) gewarnt, „dass, wenn sich diese Irrlehren verbreiten, noch ein schlimmerer Krieg (2.Weltkrieg) und noch weitere Kriege kommen würden“. Damals in Fatima (Portugal) 1917 teilte uns Maria, (für Moslems Maria von Nazareth) noch bevor die Oktoberrevolution stattfand, mit, dass Russland dann seine Irrlehren (gemeint war der Kommunismus, vor allem wegen seiner Evolutionstheorie) auf die ganze Welt verbreiten werde.
Der Geist der Evolutionstheorie (siehe später) führte zu den Katastrophen des letzten Jahrhunderts.
Durch ein einmaliges Sonnenwunder, das über 80 000 - 100 000 Menschen gesehen haben, wurde diese Botschaft unterstrichen.

Charles Darwin (1809-1892) Naturforscher

Charles Darwin (1809-1892) Naturforscher aus England, gilt als der Begründer der Evolutionstheorie. In seinem Buch „Über die Entstehung der Arten“ legte er den Grundstein für seine Vorstellung, dass sich das Leben aus einer Urzelle (Prokaryonten, früher Monea genannt) durch Mutation und Selektion bis zum Menschen entwickelt habe.
Echte experimentelle Untersuchungen hat er nie durchgeführt.
Er war mit Sicherheit ein guter Beobachter der Natur. Nur hatte er nie erkannt, dass die Schöpfung sich durch eine genetische Vielfalt auszeichnet. Somit sind unterschiedliche Schnäbel von Finken bereits in den Erbanlagen der Finken vorhanden und nicht durch Mutation entstanden. Auch hat er nie Übergänge zwischen den einzelnen Tiergattungen gefunden.

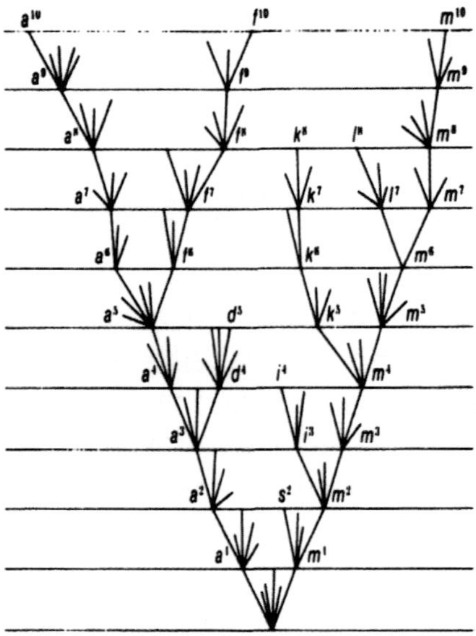

In der Abbildung hat Darwin einen Stammbaum des Lebens von einer „möglichen Urzelle“ aufgezeichnet. Durch Abzweigungen soll daraus das ganze Leben auf der Erde sich entwickelt haben. Aber in keinem Fall wurde je eine solche Abstammung nachgewiesen werden. **Genetisch** ist dies nicht möglich (DNA-Abbruch führt zum Untergang der Zelle). **Biochemisch** widerspricht es der Stabilität der DNA eines Organismus. **Naturwissenschaftlich** steht es im Widerspruch zu den Naturgesetzen. **Medizinisch** wäre es eine Katastrophe, da so viele Mutationen notwendig wären, dass es mit dem Leben nicht vereinbar ist.

Abbildung „Stammbaum“ nach Darwin zeigt, dass sich das Leben aus der Materie zu einer Zelle und diese Zelle sich zum Menschen entwickelt haben soll. Belege konnte er nicht vorweisen.

Darwin ist widerlegt: Eine gemeinsame Abstammung findet sich nicht, (keine Änderung der DNA findet statt) Kontinuierliche schrittweise Veränderung durch Naturprozesse, Entstehung neuer Organe und Funktionen ist medizinisch widerlegt.

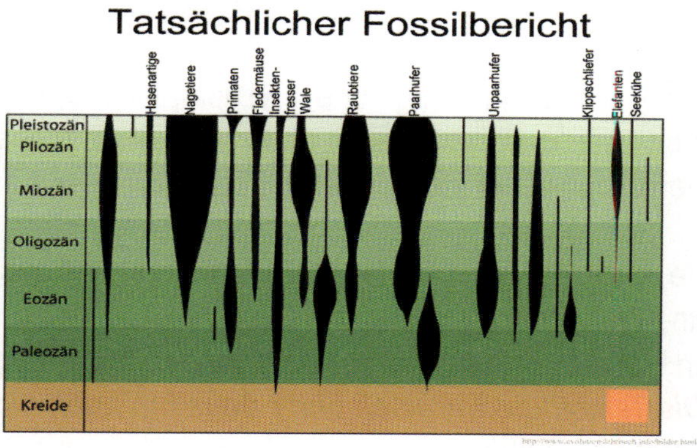

Die Abb. belegt, dass die tatsächlichen Nachweise der Fossilienfunde mit Darwins Abstammungslehre nichts zu tun haben und seine Vorstellung von der Entstehung der Arten auch der Wissenschaft in allen Punkten widerspricht www.evolutionslehrbuch.info/ bilder.html

Fehlende Zwischenstufen widersprechen Darwins-Abstammungslehre

Bis heute konnte keine einzige Zwischenstufe (ob genetisch oder biochemisch) dieser Entwicklungsstufen, die Darwin aufgeführt hat, gefunden werden. Seine Vorstellung widerspricht allen wissenschaftlichen Tatsachen. Somit beruht der Beginn dieser Ideologie nicht auf Tatsachen, sondern ist nur auf Fantasie aufgebaut.
Zum einen gibt es für die Evolutionstheorie keinen Beleg für die von Darwin aufgeführte Evolution (Zeichnung). Aber die Folgen dieser naturwissenschaftlichen Irrlehre waren katastrophal. Für Philosophen wie Marx zählte nicht der wissenschaftliche Beleg, sondern die politische Konsequenz, die er aus der Evolutionslehre zog.
Das Leben kann aus der Materie (als denkendes Materieteilchen) sich selbst erschaffen. Wissenschaftlich ist dies natürlich Schwachsinn, weil es genetisch, biochemisch nicht möglich ist und den Naturgesetzen widerspricht. Somit werden die Worte von Maria, der Mutter Gottes (für Moslems Maria von Nazareth) vom 13.Oktober 1917 in Fatima durch ein einmaliges Sonnenwunder vor 80 000 bis 100 000 Menschen unterstrichen, verständlich. ..wird Russland seine Irrlehren über die ganze Welt verbreiten“ (weil sie auf einer naturwissenschaftlichen Fälschung beruhte).

Naturwissenschaftliche und philosophische Irrlehren-Connection

Die Kombination der Irrlehre in der Naturwissenschaft, (Evolutions-Theorie) auf die sich die philosophische Irrlehre des Marxismus (Marx und Engels) beruft, führte durch ihre politische Umsetzung durch Lenin im zaristischen Russland zum Marxismus-Leninismus.
Wir kennen die zerstörerischen Folgen mit Bürgerkrieg. Neben vielen Millionen von ermordeten Russen und auch von Personen in anderen Völkern breitete sich der sozialistische Imperialismus über Osteuropa und Teile Asiens aus.

Liest man die Originalbriefe, begrüßen sowohl Marx als auch Engels als positiven Nebeneffekt an Darwins Werk die Zerstörung der Telelogie.
So schrieb Engels 1859 an Marx: ***„Übrigens ist der Darwin, den ich jetzt gerade lese, ganz famos. Die Teleologie war nach einer Seite hin noch nicht kaputtgemacht, das ist jetzt geschehen."***
(Engels an Marx, 12. Dezember 1859, in: Karl Marx – Friedrich Engels: Briefwechsel, Bd II: 1854–1860. Dietz Verlag Berlin 1949, S. 548).

Karl Marx jubelte: Endlich hatte er für seine kommunistische Ideologie die naturwissenschaftliche Begründung gefunden.
Und Marx schrieb 1861 an Ferdinand Lassalle: *„**Sehr bedeutsam ist Darwins Schrift und passt mir als naturwissenschaftliche Unterlage des geschichtlichen Klassenkampfs.** Die grob englische Manier der Entwicklung muss man natürlich in Kauf nehmen. Trotz allem Mangelhaften ist hier zuerst der ‚Teleologie' in der Naturwissenschaft nicht nur der Todesstoß gegeben, sondern der rationelle Sinn derselben empirisch auseinandergelegt."*
(Marx an Lassalle, 16. Januar 1861, in MEW Band 30, Dietz Verlag Berlin 1974, S. 578.)

Ernst Haeckel (*16.Februar 1834 in Potsdam; † 9.August 1919 in Jena) war ein deutscher Zoologe, Philosoph und Freidenker, der die Ideen von Charles Darwin zu einer speziellen Abstammungslehre ausbaute. Haeckel bezeichnete sich selbst als General-Feldmarschall Darwins. Von da an wurde die Abstammungslehre Darwins mit ihm zum Sozial-Darwinismus erweitert. Er trug neben Darwin und Huxley (genannt die Bulldogge Darwins) entscheidend zur Ausbreitung der Evolutions-Theorie und damit zur Grundlage des Sozial-Darwinismus bei. Dieser Sozial-Darwinismus war die Grundlage, auf die sich Karl Marx in seinem Buch „ Das Kapital" bezog.
Die Evolutionstheorie und der Sozial-Darwinismus sind die Basis, auf der der „wissenschaftliche" Sozialismus beruht und seine Rechtfertigung ableitete.
Nationalsozialistische Ideologen zogen Ausschnitte seiner Aussagen später als Begründung für ihren Rassismus und Sozial-Darwinismus heran,...
(R. J. Richards: The tragic sense of life: Ernst Haeckel and the struggle over evolutionary thought. The University of Chicago Press (2008) S. 446)

Rassismus und die Lehre von Untermenschen

Um zu belegen, wie aus einem Affen (oder Vorstufen des Affen) ein Mensch wird, wurde die „Wissenschaft" so betrieben, dass jeder einfältig ist, der diesen Schwindel nicht glauben wollte. Diese „Wissenschaft" wurde leider Lehrstoff für die Schüler und Studenten und galt als Vorlage, um vom Untermenschen zu sprechen.

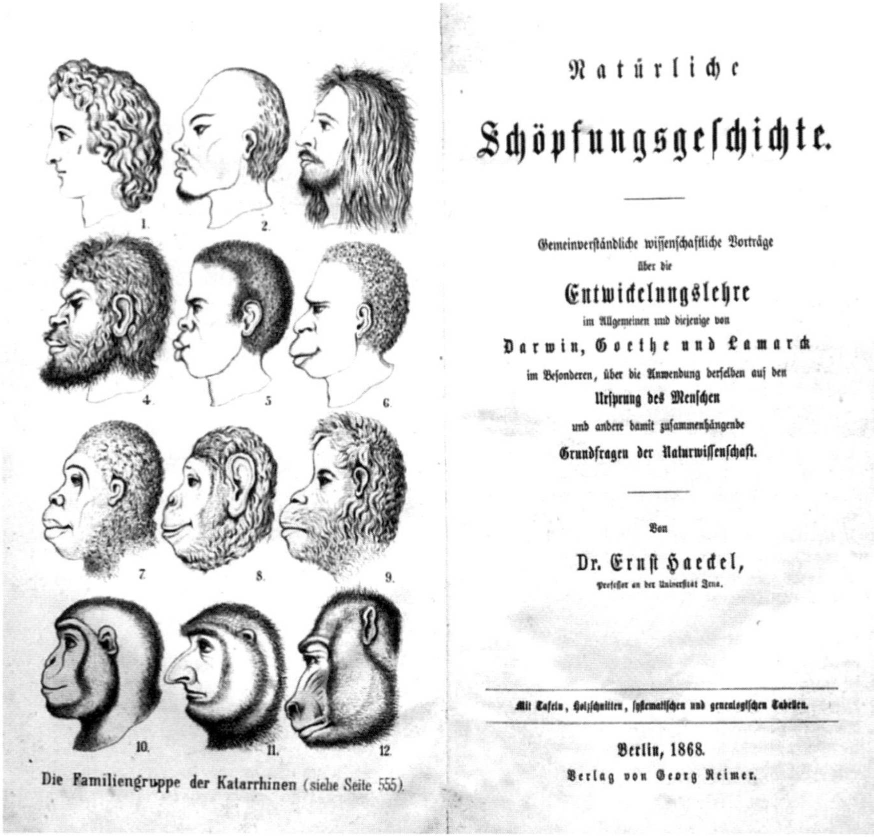

Die Familiengruppe der Katarrhinen (siehe Seite 555).

Natürliche

Schöpfungsgeschichte.

Gemeinverständliche wissenschaftliche Vorträge
über die
Entwickelungslehre
im Allgemeinen und diejenige von
Darwin, Goethe und Lamarck
im Besonderen, über die Anwendung derselben auf den
Ursprung des Menschen
und andere damit zusammenhängende
Grundfragen der Naturwissenschaft.

Von
Dr. Ernst Haeckel,
Professor an der Universität Jena.

Mit Tafeln, Holzschnitten, systematischen und genealogischen Tabellen.

Berlin, 1868.
Verlag von Georg Reimer.

Buch-Titel: **Natürliche Schöpfungsgeschichte,** wissenschaftliche Vorträge über die gemeinverständliche **Entwicklungslehre** im Allgemeinen und diejenige von Darwin, Goethe und Lamarck im Besonderen über die Anwendung derselben auf den Ursprung des Menschen und andere damit zusammenhängende Grundfragen der Naturwissenschaft.
Von **Dr. Ernst Haeckel** (Berlin, 1868 Verlag von Georg Reimer).

In seinem Buch über die Entwicklungslehre hat Haeckel die „natürliche“ Schöpfungs-Geschichte dargestellt. Wie jeder sehen kann, hat er auch hier eine Fälschung nach der anderen aufgereiht. Nie wurde eine derartige Entwicklung nachgewiesen. Alles war in seinen Arbeiten darauf abgezielt, dass sich das Menschengeschlecht aus einer Affenart entwickelt hat. Wo Tatsachen fehlen, da herrscht Ideologie.

Jedem sollte damit klargemacht werden, dass diese Entwicklung eine Tatsache sei, wenn ein Wissenschaftler eine Tafel vorstellt, dass der Mensch sich aus einer Affenart entwickelt hat.

Zur Stufe 1 hat sich der heutige europäische Mensch vom Affen (Stufe12) evolutioniert. Afrikaner und Asiaten waren noch nicht auf die europäische Stufe angekommen (noch nicht voll evolutioniert).

Deshalb hat Häckel die Abstammung noch mit einer Folge von 11 Bildern (die alle vorsätzlicher Betrug sind) optisch als evolutionäre Entwicklungsstufen belegt. Ein vorsätzlicher Betrug ist, wenn man nicht den geringsten Anhalt, keinen Beleg nachgewiesen hat für seine These. Er wollte seine Ideologie verkaufen.

Da gibt es noch eben solche Anhänger der Evolutionsideologie, die behaupten, dass diese Bilder nur nicht deutlich gezeichnet wären. Nur mit einer menschenfeindlichen Gesinnung gegenüber Nichteuropäern kann man so etwas behaupten.

Eine kriminelle Mafia verkauft uns dann noch die Entsorgung von Krebskranken mit Zyankali oder Morphium erfolgen muss, wie es Häckel vorschlug in seinem Rassenwahn. Man sollte auch minderwertiges Leben entsorgen zur Entlastung der Angehörigen (in „Lebenswunder" Häckel).

Wann kapiert man endlich, dass diese Verbrechen immer verbunden sein werden mit der naturfeindlichen Evolutionstheorie.

Wann kapiert man endlich, dass hier ein Rassismus verkauft werden soll. Die Evolutionstheorie führt deshalb zum ideologischen Rassismus, der für Millionen getötete Menschen in der Sowjetunion und in Deutschland im 3. Reich durch den Hitlerwahn verantwortlich ist.

Entwicklungsgeschichtliche Stammbäume

Häckel hat wie auch Darwin Stammbäume aufgestellt, um zu belegen, dass alles aus einer Urzelle entstanden sei. Diese Stammbäume sind Hypothesen und sind nie belegt worden. Auch hat es nie Zwischenstufen gegeben (Missing Link), mit denen die Stammbäume nachgewiesen werden konnten.

Somit ist alles und war alles nur Hypothese und Spekulation. So sollte man Forschung nicht betreiben, auch keine evolutionäre Forschung. Man kann solchen Wissenschaftlern nicht glauben und erst recht nicht vertrauen.
Manche Hypothesen kleidet man in ein Schema mit optisch schöner Verpakkung (Zeichnungen) und schon ist es passiert, dass einem die Leute das abnehmen.

Mittlerweile können wir sagen, dass diese Abstammungslehre eine Irrlehre (Abb. bei Darwin, Häckel), durch nichts belegt ist und sowohl genetisch, biochemisch, naturwissenschaftlich, und medizinisch nicht mit den Tatsachen übereinstimmt.
Es ist traurig, dass eine solche Auffassung von Wissenschaft zu katastrophalen Irrlehren in der Politik, in der Philosophie und in der Theologie führte.

Selbst der Theologe Rahner hat die Irrlehre Evolution nicht erkannt, und deshalb hat er Gott als unmittelbaren Schöpfer verkannt.

Darwin und der Sozial-Darwinismus

Hitler hat in seinem Buch „Mein Kampf" mit diesen sozial-darwinistischen Darstellungen seine Ideen vom Kampf der Rassen gerechtfertigt. Er war ein Verehrer von Häckel und Darwin- Anhänger. Seine Rede zur Lage der Nation war voll von der Vorstellung Darwins geprägt (s.o.). Wie später gezeigt wird, hatten deshalb die Verbrecher Lenin, Hitler, Stalin, die sich auf Darwin und den Sozial-Darwinismus beriefen, kein Unrechtsbewusstsein bei den millionenfachen Morden gehabt.
Eine „Evolution" aus der Materie benötigt keine Moralgesetze und somit keinen Gott. Keiner muss sich dann rechtfertigen für Verbrechen gegen die Menschlichkeit. Deshalb hatten Lenin, Hitler und Stalin kein Unrechtsbewusstsein. Lenin wurde noch nie in Russland verurteilt.

Häckel nannte sich General-Feldmarschall Darwins.

Der Fälscher Häckel, er nannte sich General-Feldmarschall Darwins, trug durch seine „populären Schriften" sehr zur Verbreitung des Darwinismus in Deutschland bei. Er hatte den Lehrstuhl für Anatomie (Zoologie) an der Universität in Jena (Deutschland).

Zuvor hat in gleicher Weise auch Darwin eine Abstammungsgeschichte zu seinen Zeichnungen geschrieben. Folglich baute Häckel auf diese hypothetische Zeichnung eine Weltbild auf, das belegt, wie schon zuvor bei Darwin, dass sich alles aus einer Urzelle entwickelt hat.

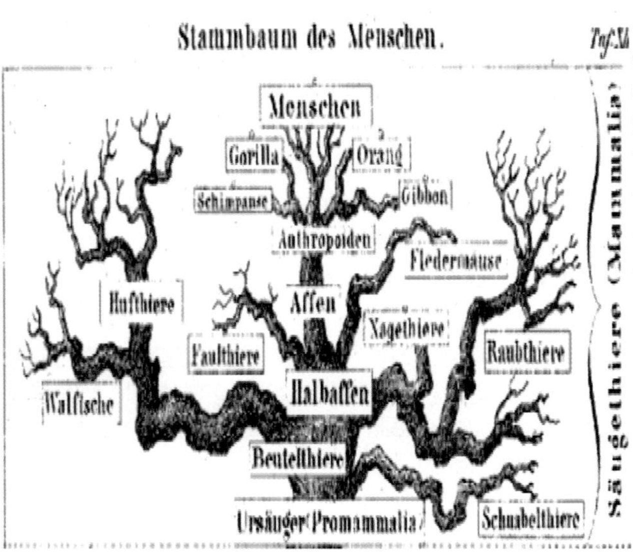

Jeder konnte sich vorstellen, wenn Häckel als Universitäts-Professor eine Graphik vorgetragen hat, dass der Mensch von einem Affen oder seinen Vor-Affen abstammt, dann ist diese Aussage eine Tatsache. Er sagt natürlich **nicht**, dass es nur seine Hypothesen sind, die wissenschaftlich nicht belegt sind.

Häckel hat einen Stammbaum (s.o.) gezeichnet, der von der Urzelle (Monea) ausgeht (siehe später) und sich evolutioniert hat bis zum Menschen. Hier wurde nur der oberste Teil von dieser Tafel aufgeführt. Wie sich die Säugetiere entwickelt haben sollen, wird in dieser Graphik gezeigt.
Dabei ist kein einziger Übergang je belegt worden, weder durch Fossilienfunde noch durch biochemische, genetische oder naturwissenschaftliche Belege.
Jeder kann somit erkennen, wie die Forschungen der Evolutionstheorie stattfinden, ob sie auf tatsächlichen wissenschaftlichen Belegen oder nur auf (fantasievoll gezeichneten) Übergängen beruhen.

Mit seinen „wissenschaftlichen Untersuchungen" hat er sein so genanntes **„Biogenetisches Grundgesetz"** (Häckel) aufgestellt.
Es besagt: „Die Ontogenese rekapituliert die Phylogenese."
Nach diesem „Naturgesetz" soll sich bei der Entwicklung des Embryos die ganze evolutionäre Entwicklung von der Urzelle Monea bis zum neugeborenen Kind wiederholen.
Die Ontogenese beschreibt die Entwicklung von der Zeugung bis zur Geburt.
Die Phylogenese beschreibt die stammesgeschichtliche Entwicklung, d.h. die Entwicklung von der Urzelle bis zum Menschen. Somit soll die Entwicklung

des Menschen vom Fisch mit Kiemen-Atmung bis zum Menschen mit Lungenatmung innerhalb der embryonalen vorgeburtlichen Entwicklung stattfinden. **So wurden alle, auch die menschlichen Embryo-Bilder gefälscht, um die Entwicklung (wie in den Bildern von Häckel aufgeführt) einer Abstammung von Meerestieren (Fisch) zum Menschen zu belegen.**

Zusätzlich verkaufte er dann noch eine Religion, den Monismus. Der Monismus ist eine Art geistige Kraft, die der Materie als ein geistiges Element innewohnen soll. Alle bemerkten nämlich, dass es schwer zu vermitteln ist, dass Sand- oder Staub-Körner beschlossen haben könnten, dass sie mit ihrer „materiellen Intelligenz" aus sich heraus eine Urzelle zu schaffen.
Deshalb verkauften sie eine Religion, den Monismus, dazu, der diesen Unsinn versucht zu erklären.
Diese „Sektenstifter von damals" müssen sich totgelacht haben über die dummen Zuhörer, dass sie auf diese Dummheit hereinfielen und solchen Unsinn glaubten (Sie konnten somit „erklären", dass ein genialer Schöpfer, der alles geplant und erschaffen hat, nicht nötig wäre).
Nahezu den gesamten Sozial-Darwinismus von Häckel übernahmen die Nazis, aber den Monismus lehnten sie vollkommen ab. Denn selbst sie hatten seine Vorstellung einer „geistigen Materie" nicht für voll genommen. Auch die Sozialisten und Kommunisten hielten nichts davon.

Somit wird auch verständlich, dass Häckel auf dem damals größten **Freidenker-Kongress 1904 in Rom** sich zum **Gegen-Papst** hat ausrufen lassen. Seine Rassismus-Vorstellungen passten zu den Freidenkern und Atheisten, aber nicht zum Christentum.

Er soll ein wortgewaltiger „Freigeist" gewesen sein und er vertrat seine Ansichten mit großem Nachdruck und scheute keinen Konflikt auch mit seinen Lehrern (z.B. Prof. Aschow, der Begründer der Pathophysiologie).

In seinem 1866 aufgestellten Buch „die moderne Entwicklungsgeschichte des Menschen" postulierte er (Häckel), dass sinngemäß jedes Lebewesen alle Entwicklungsstufen von den einfachsten Lebensformen bis hin zum Menschen bei der Zeugung bis zur Geburt wiederholen soll.

Häckel hat gefälscht

(Zitat der Nobelpreisträgerin Volhard- Nüsslein in der WZ „Die Zeit“)

Dafür hat er (Häckel) eine Zeichnung angefertigt, in der dokumentiert wird, dass im frühesten embryonalen Stadium von Fisch, Schwein und Affe zum Menschen alle Embryos gleich aussehen und sich dann erst später zu den einzelnen Tierarten entwickeln.
Die tatsächlichen embryonalen Entwicklungen sind zwei Seiten später

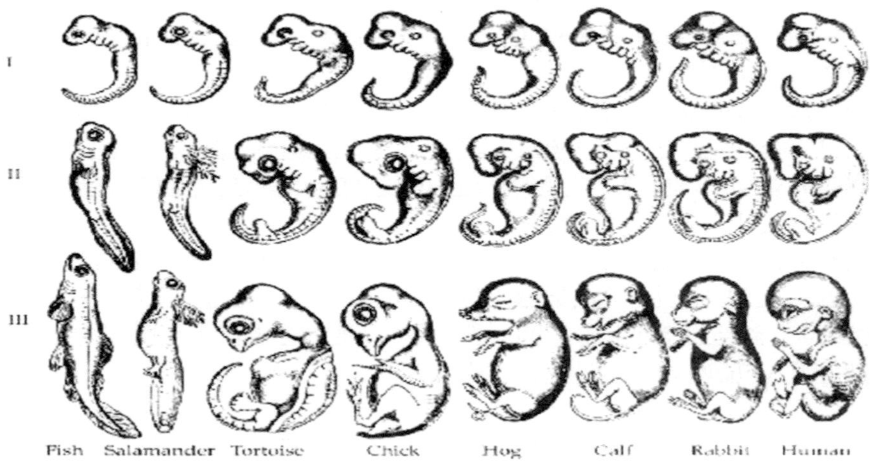

dargestellt.
Diese Abbildungen (nach Häckel) der embryonalen Entwicklung waren eine der größten Fälschungen in der Menschheitsgeschichte (Richardson). Häckel nahm einen menschlichen Embryo, teilte ihn den Fischen, Schildkröten, Hunden Kaninchen und Menschen zu und zeigte durch **Phantasie-Zeichnungen** in verschiedenen Stufen, dass sich die genannten Tiere aus dem gleichen Embryo entwickeln sollten.

Der menschliche Embryo Häckels besitzt auch keine Arme und auch keine Beine, entgegen allen frühzeitigen menschlichen Embryos.

Dafür werden dem menschlichen Embryo Furchungen auf den Brustkorb gelegt, um eine Kiemenatmung zu simulieren. Der menschliche Embryo hatte nie Kiemen besessen, sondern er hat nur Lungenanlagen, wie auch der Delphin. Der menschliche Embryo (Häckels) hatte auch keine Füße, da nie ein Fischstadium durchgemachte. Auch hier findet erneut der Evolutionsbetrug seine Fortsetzung. Somit kann man sagen, alle embryonalen Bilder der Evolutionisten sind Betrug, nur die geborenen Tiere sind das einzig Echte an der Evolutions-Ideologie.

Was für ein erbärmlicher menschlicher Embryo, ohne Arme, ohne Beine, ohne Lunge, ohne Verbindung und ohne Nabelschnur zu seiner Mutter, die ihn ernährt. Hier sehen Sie tatsächlich, wie ein wahrer „evolutionierter Embryo" aussehen muss.

Hier betrachte man das Zitat von J. Huxley:

„Der schlagende Beweis für die Evolution ist die Embryologie", oder man könnte als Zitat kommentieren z.B. mit:

„Der schlagende Beweis für die Evolution ist die Embryologie (Huxley)
Das belegt, mit Betrug in der Wissenschaft, gilt man als Evolutionsgenie"

Fälschungen durch Darwins Propagandisten Haeckel

Diese Fälschung war eine der größten kriminellen Machenschaften durch den Evolutionisten Häckel (Zitat Richardson), weil er durch Täuschung und Betrug der Öffentlichkeit klar machen wollte, dass sich aus einem einzigen Stammbaum das gesamte menschliche Leben entwickelt hat (Zitat: Blechschmidt).

Die Basis dieses Stammbaums wurde damals Monea genannt. Monea bedeutete damals so viel wie Urzelle. Die Monea als Begriff ist veraltet. Wir sprechen heute von Prokaryonten, d.h. Vorzellen, weil sie ihre Erbanlagen noch nicht in einem Zellkern gespeichert haben. Einfachste Vorzellen sind jedoch schon so komplex, dass sie Millionen DNA-Bausteine benötigen, um ihren Stoffwechsel zu steuern.

Auch hier zeigen diese Urzellen (dazu zählen auch die Bakterien), im Gegensatz zu Darwins Vorstellungen und der Evolutionstheorie, dass sie genetisch äußerst stabil sind. Deshalb mutieren sie nicht. Sie sind seit Urzeiten immer noch die gleichen. Wie später gezeigt, sind nach Milliarden von Generationen die Coli-Bakterien immer noch mit den ersten Bakterien dieser Gattung verwandt. Es fand nie eine Evolution statt.

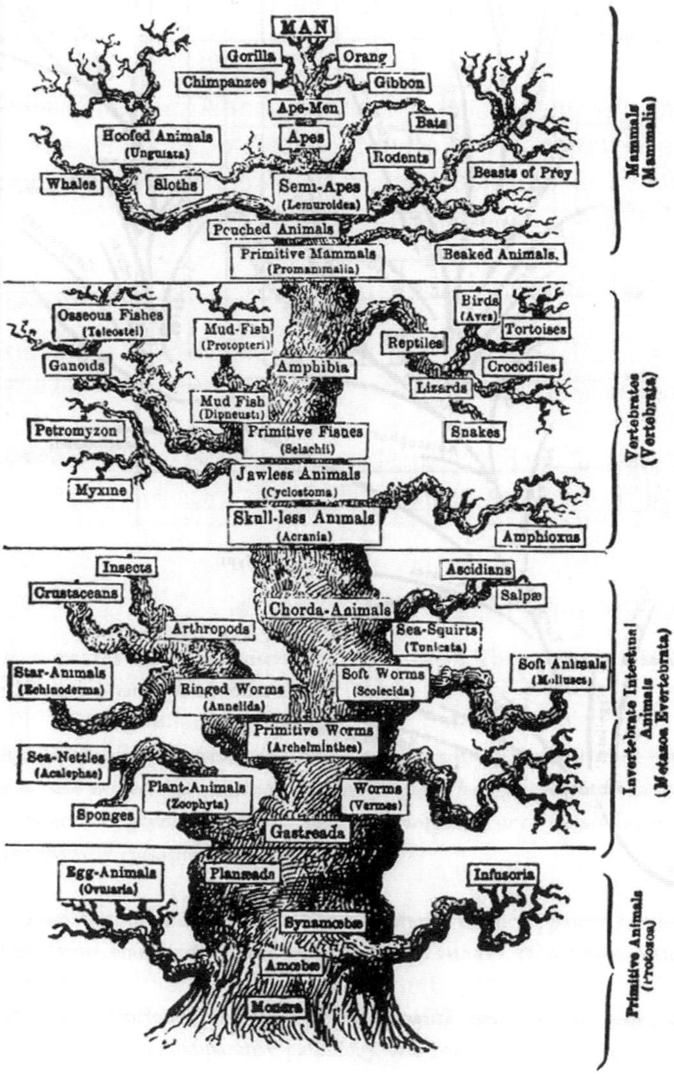

Häckels Zeichnung:
Der Lebensbaum soll die Entstehung der Lebewesen von der Urzelle bis zum Menschen belegen.
Kein einziger Übergang ist je belegt worden.
Es sollte belegen, dass Schöpfung nicht stattfand, sondern die Evolution.
Ähnliche Bilder gibt es heute noch als Unterrichtsmaterial in den Schulen. Schön gezeichnet, damit die Schüler erneut auf den Betrug hereinfallen sollen, genauso wie vor über 100 Jahren. (Abb. werden später gezeigt.)

Über 100 Jahre setzte sich der Betrug in der Lehrmeinung fort.

Über 100 Jahre war dieser Betrug Haeckels in den Lehrbüchern und als Lehrmeinung gültig, nur um die Evolutionstheorie als wissenschaftliche Wahrheit hinzustellen.
Richardson hat deshalb gesagt, dass Häckel gefälscht hat und auch alle bedeutenden Wissenschaftler, die tatsächlich embryonale Untersuchungen von Menschen durchführten.

Abb. (s.u.) zeigt die Fälschungen Häckels, die in der oberen Reihe aufgeführt sind. Die untere Reihe zeigt die echten Embryos, die zu den Tieren gehören. Diese kriminelle Energie ist nicht zu überbieten.

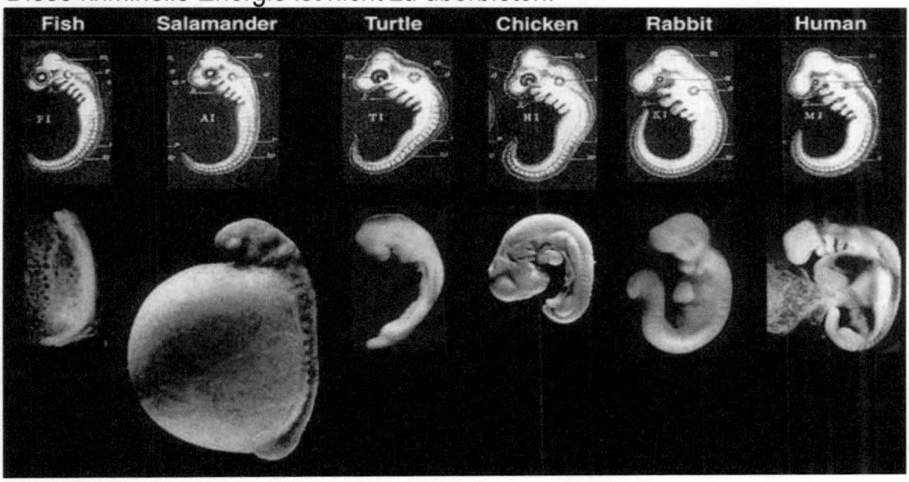

So untersuchte allein Prof. Blechschmid, Direktor an der Universität in Göttingen, ca. 30.000 Embryos, die wegen einer Eileiterschwangerschaft operativ entfernt werden mussten. Hier handelt es sich nicht um Abtreibung, sondern um lebensnotwendige Rettung der Mutter.
Blechschmidt zeigte deutlich, dass mit den Vorstufen der Organbildung in der ersten Woche sich der Mensch schon von anderen Lebewesen unterscheidet.

Die sogenannten Kiemen (Furchungen über der Brust) sind Manipulationen am Embryo. Hier wollte man der Öffentlichkeit vortäuschen, dass der Mensch eine Kiemenatmung als Embryo hat.

Der menschliche Embryo hatte nie Kiemen.

Der menschliche Embryo wurde mit über sieben Furchungen gezeichnet, dabei stellen die 3 tatsächlichen Furchungen Gesichtsteile wie Ober-, Unter-Kiefer dar und haben keine Lungen- oder Kiemen-Funktion.
Keine einzige embryonale Entwicklung der Tiere war in den Zeichnungen Häckels in der Natur nachweisbar. Die Zeichnungen waren ein hinterhältiger Betrug, nur um die Öffentlichkeit zu täuschen. Er forderte ständig, dass in den Schulen diese Irrlehre (d.h. Fälschungen) gelehrt werden muss.

1. Unesco-Direktor J. Huxley hält embryonale Fälschungen für Beweise der Evolutionstheorie

Der Betrug hielt sich ca.100 Jahre lang. Der erste Direktor der UNESCO, J. Huxley hat sich im Jahre 1958 auf diese Fälschungen berufen indem er sagte: „Die Embryologie ist der schlagendste Beweis für die Evolutionstheorie."

J. Huxley, The Wonderful World of Life; The Story of Evolution 1958, p. 15:
"Die Embryologie gibt uns den schlagendsten Beweis für Evolution. Viele Tiere, die als Ausgewachsene extrem unterschiedlich sind, sind als Embryonen schwer auseinander zu halten. Du selbst, als du ein junger Embryo warst, warst sehr ähnlich zu den Embryos der Eidechsen, Hasen, Hühner, Katzenhaie und anderer Wirbeltiere. Die einzige vernünftige Erklärung ist, dass wir Wirbeltiere alle durch gemeinsame Abstammung verbunden sind" (J. Huckley).

Warum waren 100 Jahre Betrug und Fälschungen nicht angreifbar?

Hier wird deutlich, der Betrug und die Täuschung haben sich über 100 Jahre gehalten, obwohl sich Verbrechersysteme (Nationalsozialismus, Kommunismus) auf dieser Evolutionstheorie beriefen und ihre „Pseudo-Wissenschaft" darauf aufbauten.

Mittlerweile sind jedoch von Wissenschaftlern, die tatsächlich Untersuchungen an Embryonen von Lebewesen durchführten, diese Fälschungen Häckels wissenschaftlich absolut widerlegt worden. In dem Buch Haeckels „Anthropologie" (1874)

sind von rechts nach links verschiedene Tiere und der Mensch in jeweils drei Entwicklungsstufen s.o. aufgeführt.
Somit sollte der Öffentlichkeit klargemacht werden, dass sich alle diese Lebewesen aus dem gleichen Embryo entwickelt haben. Somit wurde die Evolutionstheorie als ein aus sich selbst entwickeltes Phänomen dargestellt.
Dabei sind diese Bilder von embryonaler Entwicklungen Fälschungen. Mutig hat auch die Genetikerin und Nobelpreisträgerin Nüsslein-Volhard diese Bilder als Fälschungen bezeichnet (Zitat: Zeit).

Frau **Christiane Nüsslein-Volhard** (* 1942 in Magdeburg) ist eine deutsche Biologin. Sie studierte 1962-69 Biologie und Biochemie in Frankfurt und Tübingen. Sie erhielt 1995 den Nobelpreis für Medizin und Physiologie für ihre Forschungen über die genetische Steuerung der Embryonalentwicklung. Sie ist wie kaum eine Wissenschaftlerin in Bezug auf embryonale Entwicklungen kompetent.

Erich Blechschmidt (*13.November 1904 in Karlsruhe † 19.April 1992 in Freiburg im Breisgau) war ein deutscher Anatom.
Er war Direktor des Anatomischen Instituts der Medizinischen Fakultät der Universität Göttingen. Sein Spezialforschungsgebiet war die Embrygenese, vor allem die Morphologie der frühen vorgeburtlichen Stadien des Menschen.
Erich Blechschmidt widerspricht der von Haeckel formulierten Biogenetischen Grundregel, nach der die Entwicklung des menschlichen Embryo in ihrer Frühphase die stammesgeschichtliche Entwicklung nachvollziehe (Haeckel: Die Ontogenese rekapituliert die Phylogenese).

Demgegenüber sei der menschliche Embryo von der Befruchtung an charakteristisch menschlich und trage die spätere Individualität in sich. Er hatte auch nie eine Kiemenatmung (Blechschmidt)
(Biogenetisches Naturgesetz).

Wozu auch sollte dieser Unsinn von Kiemenatmung gut sein.
Wer eine Ahnung von Medizin hat weiß, die Sauerstoff-Aufnahme des menschlichen Embryos funktioniert völlig anders, d.h. nie über Kiemen. Ebenso

sagte es der Mediziner und ehem. Direktor der Anatomie **Prof. Dr. Blechschmidt,** der kompetent ist wie kein Zweiter. Er hat über 30 000 menschliche Embryos untersucht. Beide sagen, dass Häckel im Bereich der wesentlichen Aussagen gefälscht hat.

Diese Fälschungen, die die Grundlage für den Irrlehren-Dogmatismus der Evolutionstheorie sind, wurden 100 Jahre lang als Wahrheit und Lehrstoff an den Schulen und Universitäten gelehrt, zum Teil bis heute.

Naturwissenschaftlich und medizinisch steht diese „vorgetäuschte Weisheit" im Widerspruch zu den Naturgesetzen. Es gab und kann auch nie eine Höherentwicklung aus einer niederen Entwicklungsstufe geben.
Oder aus Schrott entsteht von sich aus kein Flugzeug. Eher zerfällt ein Flugzeug in Schrottteile.

Diese Tatsache ist durch den 2.Hauptsatz der Thermodynamik, also durch ein Naturgesetz gesichert. **Das Entropiegesetz besagt, dass alles der Unordnung zustrebt und nie zu einer höheren Ordnung führt.**

Ohne Plan gibt es keine Ordnung und kein Naturgesetz.

Ein Papierstapel auf dem Schreibtisch, der durch Wind vom Schreibtisch fliegt, wird ohne menschliches Zutun nicht wieder als geordneter Papierstapel auf einem Schreibtisch erscheinen. Ebenso eine Tierart, deren Genetik gestört (mutiert) wurde. Sie ist meist krank und wird von den Fresstieren gejagt und getötet.

Kein echter Arier oder wahrer Sozialist wurde gefunden

Deshalb ist auch der ideale „arische Supermann" Hitlers oder der „ideale" Sozialist oder auch Kommunist durch die anderen Massenmörder Lenin und Stalin nicht geglückt. Das Gegenteil ist der Fall. Diese Irrlehren führten zu Verbrechen gegen die Menschlichkeit mit Millionen von Toten.

Genialität von Gregor Mendel wurde nicht erkannt.

Später wird gezeigt, dass weder Darwin noch Häckel die heute hoch geachteten Forschungsergebnisse von Gregor Mendel über die Vererbungslehre beachtet haben.
Sie (Darwin, Häckel, Huxley) hätten sofort erkennen müssen, dass sie auf dem Irrweg sind. Sie hätten dieses der Natur und den Naturgesetzen widersprechende sogenannte „Biogentische Grundgesetz" weder formulieren noch in die Welt setzen dürfen, weil es auf Hypothesen, Betrug und Fälschung beruht und nicht auf naturwissenschaftlichen und medizinischen Fakten.

Bahnbrechende wissenschaftliche Entdeckungen von Gregor Mendel

Der Entdecker der Mendelschen Regel {Gregor Mendel}, der z.B. auch aufzeigte, wie unsere Blutgruppen vererbt werden, hat vor über 150 Jahren fundamentale Regeln für die Vererbung erkannt und aufgestellt.

Gregor Mendel, der Entdecker der Vererbungsgesetze, wird heute als Vater der Genetik bezeichnet.
Im Gegensatz zu den Evolutions-Anhängern belegte er durch tausende Untersuchungen seine Aussagen und formulierte seine Gesetze, die noch heute gültig sind.
Er unterscheidet sich somit deutlich von Häckel oder Darwin, die durch hypothetische Zeichnungen unter anderem bei der Entstehung der Arten nie stattgefunden Entwicklungen vortäuschten.

Genetische Vielfalt ist das Überlebenskonzept der Lebewesen. Im Gegensatz dazu steht das degenerative Konzept (Mutation) Darwins

Mendel erkannte bereits, dass die (von Gott geschaffenen) Erbanlagen eine genetische Vielfalt und eine hohe Komplexität aufweisen. Die genetische Vielfalt widerspricht den primitiven und einfältigen Vorstellungen Darwins, Haeckels, Huxley oder ihrer Anhänger und somit der Evolutionstheorie.
Mendel erkannte zur damaligen Zeit, dass in unterschiedlichen farbigen Hülsenfrüchte (z.B. Erbsen), der Beleg für die große genetische Vielfalt (Komplexität) einer Lebensart bereits vorhanden ist.
Die Blutgruppen des Menschen werden auch nach den Mendelschen Regeln vererbt.
Deshalb kann es sein, wenn der Vater die Blutgruppe A hat und die Mutter die Blutgruppe B, dass das gemeinsame Kind die rezessive Blutgruppe 0 haben kann. Nach Darwins-Ideologie ist dies unvorstellbar, da sich die rezessive Blutgruppe 0 durchsetzt.

Darwin erkannte Komplexität der Genetik nicht

Dagegen erkannte Darwin nicht, dass die unterschiedlichen Schnäbel bei Finken, ein Charakteristikum dieser Tierart möglich sein können. Die vielen Varianten, auch der Schnäbel, sind in den Genen bei Finkengattungen bereits vorhanden, bevor eine Tierart diese genetische Variante benötigt.
Hier liegt also eine geniale Schöpfung bei den Genen vor und keine Mutation.

Ein Beleg für die Komplexität einer genial geschaffenen Tierart braucht keine Mutation.

Die genetische Vielfalt einer Tiergattung hat nichts mit einer Mutation zu tun, deshalb haben wir auch viele Pferde- oder Hunderassen als Beleg. Die Komplexität der Erbanlagen hat Darwin einfach nicht erkannt, weil er sich bei Mendel nicht schlau gemacht hat.

Genetische Vielfalt hat nichts mit Mutation zu tun. Genetische Vielfalt widerspricht einer Mutation.

Der Fehlschluss, dass jede Lebensart multiple Varianten beinhalten kann und keine Mutation notwendig ist (z.B. um die Schnabelform bei Finken zu ändern), ist die fundamentale Fehleinschätzung Darwins und der Evolutionisten.

Von Darwin angefangen, über Häckel, Huxley und weitere Anhängern dieser Ideologie ist dies bis heute noch nicht bekannt, obwohl uns die Genetik, Natur und Medizin immer das Gegenteil beweisen.

Darwin hielt diese geänderte Schnabelform für eine Mutation, die durch Selektion entstanden sein soll.

Wir kennen heute über 200 Hunderassen, die sehr unterschiedlich aussehen können. Diese sind keine durch Mutation und Selektion, entstandenen neuen Tierarten, sondern sie bleiben genetisch weiterhin Hunde. Sie sind keine Mutationen, sondern sie sind genetisch Hunde und keine Mutanten einer neuen Tierart (z.B. Katzen). Bei uns zu Hause bei meinen Eltern hat sich die Katze an den Hund gekuschelt, ohne dass eine neue Gattung entstand.

Genetische Vielfalt widerspricht der Mutation

Die Vorstellungen Darwins über die Mutation sind biochemisch, genetisch und medizinisch heute völlig widerlegt. Keine neue Mutation ist nötig für die Anpassung an die Natur, sondern die geniale Komplexität der Schöpfung beinhaltet mehrere genetische Varianten z.B. die Schnabelformen bei Finken als Möglichkeit der Anpassung. Dagegen führt eine Mutation nahezu immer, wie wir aus der Medizin wissen, zu Krankheit, Unfruchtbarkeit und Tod.

Die Schöpfung ist genial angelegt und widerspricht somit der evolutionären Klonen-Ideologie. Mutationen führen zu Krankheiten und ihren Folgen. (Biogenetische Naturgesetz)

Die Biochemie, Genetik, Medizin und Natur im Widerspruch zu Darwins Evolutionstheorie.

Häckel (1834-1919) ein deutscher Mediziner, der jedoch nicht (erfolgreich) als Arzt arbeitete, hatte einen Lehrstuhl für Zoologie an der Universität in Jena, und war der größte Unterstützer Darwins in Deutschland. Er hat den Sozial-Darwinismus propagiert.
Sozialdarwinismus (s. Wikipedia) ist eine sozialwissenschaftliche Theorierichtung, die einen biologistischen Determinismus vertritt. Sie war in der zweiten Hälfte des 19. Jahrhunderts und bis zum Ersten Weltkrieg sehr populär. Sie wendet Teilaspekte des Darwinismus auf menschliche Gesellschaften an und fasst deren Entwicklung als Folge natürlicher Selektion beim „Kampf ums Dasein“ auf. Die unterschiedlichen Spielarten des Sozialdarwinismus stimmen in drei Kernaussagen überein:

1 Darwins Theorie der Auslese ist in sozialer, ökonomischer und auch moralischer Hinsicht maßgeblich für die menschliche Entwicklung.

2 Es gibt gutes und schlechtes Erbmaterial. (->Rassengesetze waren die Folge)

3 Gute Erbanlagen sollen gefördert, schlechte ausgelöscht werden. (Auslöschen von unwertem Leben, siehe Häckel)

Kritisiert wird am Sozialdarwinismus unter anderem eine unkritische Übertragung von biologischen Gesetzmäßigkeiten auf menschliche Gesellschaften. (In Hitlers Buch „Mein Kampf“ sind diese Vorstellungen Grundlage seiner Gedankenwelt, seines Irrwegs und somit seines „Kampfes“). Karl Marx: „Endlich haben wir die naturwissenschaftliche Begründung für unsere sozialistischen Vorstellung“.
Der Darwinismus führte folglich zum Faschismus und Kommunismus.
Häckel und Darwin ergänzten und unterstützten sich gegenseitig in ihren Anschauungen. Dies wird in späteren Zitaten gezeigt.
Häckels Vorstellung fasste seine Ideologie in ein „Biogentisches Grundgesetz“ zusammen. Ein Grundgesetz zu formulieren ohne Belege und wissenschaftliche Untersuchungen entspricht schon einem Größenwahn, der für Ideologen typisch ist.
Er hat sich für einen Freigeist gehalten und hatte die Vorstellung, er müsse die ganze Welt mit seinen „Lehren“ beglücken.
Auf einem Freidenker-Kongress (1904) in Rom hat man ihn sogar zum Gegenpapst ausgerufen. Andere linke Autoren betitelten Haeckel als Rassismus-Papst. Deshalb beschimpfte er jeden als ewig Gestrigen, wenn er seiner Ideologie nicht folgte. Zitat: „Schriften gegen Keppler-Bund.“ (Keppler-Bund, Vereinigung evangelischer Gelehrter).

Sozial-Darwinismus und Rassismus sind Geschwister

Sie fragen sich natürlich, warum ich für diese Person so viel Papier beanspruche: Weil er mit seinen Büchern und Schriften Entscheidendes über die Ideologie des Sozial-Darwinismus und des Nationalsozialismus geliefert hat. Wir können den Nationalsozialismus nicht verstehen, wenn wir die Basis dieser Irrlehren nicht aufdecken.
Die „Evolutions-Ideologie“ lieferten das Fundament, auf das der Nationalsozialismus aufgebaut ist. Hätte man die Evolutions-Ideologie als Fehler erkannt, dann gäbe es keinen Nationalsozialismus auch kein Buch „Mein Kampf“ und auch nicht den massenmordenden Sozialismus.

Noch schlimmer war, dass er Behinderte und Kranke, darunter waren auch Krebskranke genannt, durch Zyankali oder Morphium beseitigen wollte.

Zitate belegen diese Vorstellungen der Evolutionisten über Euthanasie:

Als einer der ersten deutschsprachigen Autoren, der die Tötung Schwerkranker – auf ihren Wunsch – und Schwerbehinderter – ohne ihre Zustimmung – forderte, wurde Haeckel auch zum Vordenker und Wegbereiter der freiwilligen und unfreiwilligen „Euthanasie“ in Deutschland. Schon drei Jahre vor der Programmschrift *„Die Freigabe der Vernichtung lebensunwerten Lebens“* von Alfred Hoche und Karl Binding (1920) hatte er in *„Ewigkeit“* (1917) über „die unheilbar an Geisteskrankheit, an Krebs oder Aussatz Leidenden, die selbst ihre Erlösung wünschen“, „neugeborene Kinder mit Defekten“ und „Missgeburten“ unmissverständlich geschrieben: „Eine kleine Dosis Morphium oder Zyankali würde nicht nur diese bedauernswerten Geschöpfe selbst, sondern auch ihre Angehörigen von der Last eines langjährigen, wertlosen und qualvollen Daseins befreien“ (S. 35). Darin klingt der Begriff der „Ballastexistenzen“ bereits an, und mit seinen Ausführungen über den angeblich geringeren „Lebenswert“ verschiedener Menschengruppen *(Lebenswunder, 1904, S. 291–315)* hatte Haeckel schon zuvor maßgeblich zur Idee von „lebensunwertem Leben“ beigetragen (siehe Wikipedia) als Basis für den Rassismus.

Somit wurde sogar eine Anleitung für das Töten von „minderwertigem Leben“, wie Häckel und seine Anhänger der Evolutionstheorie es verstehen, schon schriftlich verkündet (1878).

Minderwertiges Leben sollte somit entsorgt werden, damit das Erbgut des Volkes nicht gemindert wird.

Die Nationalsozialisten haben sich auf diese sogenannten „pseudowissenschaftlichen Erkenntnisse“ dieser Darwinisten berufen. Wie man diese nicht gewünschten oder minderwertigen Personen entsorgen kann, hatte Häckel bereits vorgeschlagen, nämlich sie mit Zyankali oder Morphium zu beseitigen. Somit wird deutlich, welchen Geist diese Ideologie beinhaltet.

Wie eine korrupte und kriminelle Wissenschaft sich verhält.

Keine dieser Zwischenstufen vom Fisch zum Menschen wurde je gefunden, noch genetisch nachgewiesen oder in der Natur beobachtet. Hier wird mit Manipulation und Betrug eine Beziehung vorgetäuscht, obwohl es biochemisch gar nicht möglich ist. Unterschiedliche Chromosomen führen zum Kettenabbruch der DNA und somit ist keine Zeugung möglich. Der Affe hat 48 Chromosomen und der Mensch 46 Chromosomen, und es gibt noch viele weitere Unterschiede. Eine Zeugung oder der Verlust von 2 Chromosomen ist mit dem Leben nicht vereinbar.
Was durch Fakten nicht belegt werden kann, wird hier durch Manipulation und Betrug optisch dargestellt.

,

In der Abbildung 1 und 2 sehen Sie genau, wie Manipulationen auch heute noch stattfinden und demonstriert werden.

Wenn eine manipulierende (d.h. korrupte) Wissenschaft der Allgemeinheit suggeriert, wie eine Evolution vom Affen zum Menschen stattgefunden haben soll, werden solche Abbildungen zur Täuschung genutzt. **Selbst der Affe muss menschliche Füße tragen, um eine Manipulation glaubhaft zu machen.**

Im Buch Darwins „Über die Entstehung der Arten", das 1859 erschien, hat er in einer ähnlichen Abbildung auf der ersten Seite die Entwicklung vom Affen zum Menschen über Zwischenstufen aufgezeigt.
Dabei wissen wir heute, dass keine einzige dieser Zwischenstufen (Missing Link) gefunden wurde, wie sich später herausstellte.
Selbst der Affe wird mit Menschenfüßen dargestellt, um den Betrug (weil dadurch ein aufrechter Gang erst möglich wird) zu perfektionieren.

Die Manipulation der Frühmenschen.

So wurde auch z.B. der Neandertaler vor 100 Jahren mit einem Affenfuß dargestellt, um eine Zwischenstufe zwischen Affen und Mensch zu verkaufen. Nachdem sich durch viele Knochenfunde und DNA- Bestimmungen herausgestellt hatte, dass der Neandertaler eine Menschengattung war, wird er heute wie ein normaler Mensch dargestellt, der ein vergleichbares Aussehen hat. Er wird ähnlich dargestellt wie ein Ureinwohner in Australien.

Vor 100 Jahren war im Neandertaler-Museum der Neandertaler als eine Zwischenstufe zwischen Mensch und Affen eingestuft. Heute wird er wie ein „normaler Mensch" dargestellt, was er auch tatsächlich war.

Diese Hypothesen, Manipulationen und Lügen sind vorsätzliche Täuschungen der Öffentlichkeit, nur um zu beweisen, dass der Mensch vom Affen abstamme. Solche Manipulationen widersprechen den tatsächlichen wissenschaftlichen

Befunden, medizinischen, genetischen und biochemischen Untersuchungen und den Naturgesetzen.
Die Evolutionslüge zeigt uns manipulierte Entwicklungen durch eine nicht stattgefundene Evolution (Mutation durch Selektion). Durch die Zeichnung einer hypothetischen bzw. spekulativen Entwicklung über Zwischenstufen (Abb. Häckel u. andere) vom Affen zum Menschen soll die Evolution stattgefunden haben. Diese Entwicklung fand nie statt. Sie konnte durch keine Zwischenstufen jemals wissenschaftlich nachgewiesen werden.
Durch das Auffinden der Füße zeigte sich bei den Hominiden, die bisher als Zwischenstufen beschrieben wurden, dass es sich tatsächlich um Affenarten (z.B. dem Typ Australopithecus, eine Affenart) handelte.

B. Wood from Ann Gibbons, Science 2002 (295), S. 1219:

“Ich habe gerade meinen Studenten erzählt: Es tut mir leid, aber ich weiß nicht mehr, wie ich den frühesten Hominiden vom frühesten Schimpansen-Vorfahren unterscheiden kann“.

“Es ist eine einfache unvermeidliche Wahrheit, dass praktisch alle Mitglieder einer Biospezies im Grunde stabil bleiben, mit kleineren Fluktuationen.“
(Niels Eldredge, *The Pattern of Evolution 1998 p.157*)

In keinem Fall war eine derartige Zwischenstufe zwischen Mensch und Affe als Entwicklung auch aus Fossilienfunden nachweisbar. Sie widerspricht nachweislich den biochemischen Tatsachen. Eine solche Entwicklung widerspricht unserer Genetik, den Naturgesetzen und unseren tatsächlichen Fakten der Medizin, weil Millionen von DNA-Bausteinen geändert werden müssten.

Hier zeigt sich erneut, dass, was naturwissenschaftlich nicht belegt werden kann, durch Manipulation ersetzt wird. Dieses Verhalten ist symptomatisch für die Anhänger einer Ideologie, wie auch der Evolutionstheorie. So kann man Forschung nicht betreiben.

Mit krimineller Energie zur Evolutionstheorie.

Diese manipulierten Zeichnungen werden ständig als Beleg für die Evolutionstheorie auch heute noch vorgetragen, ohne dass man mitteilt, dass es sich hier um nichtbelegte Hypothesen handelt. Somit konnte noch kein einziger tatsächlicher wissenschaftlicher Beweis festgestellt werden. Keine solche der gezeigten Zwischenstufen vom Affen zum Menschen wurde genetisch belegt oder durch Funde nachgewiesen.
Vorsätzlich wird diese Manipulation verschwiegen, um die Öffentlichkeit zu belügen. Eine Evolution, die medizinisch überhaupt nicht möglich ist, weil stets ein DNA-Abbruch bei der Replikation (u.a. auch bei Fortpflanzung) stattfindet.

Unter Replikation oder Reduplikation versteht man die Vervielfältigung des Erbinformationsträgers DNA in einer Zelle nach einem semikonservativen (von lateinisch *semi* „**halb**"; *conservare* „erhalten") Prinzip. Dabei handelt es sich in der Regel um eine exakte Verdoppelung der DNA.

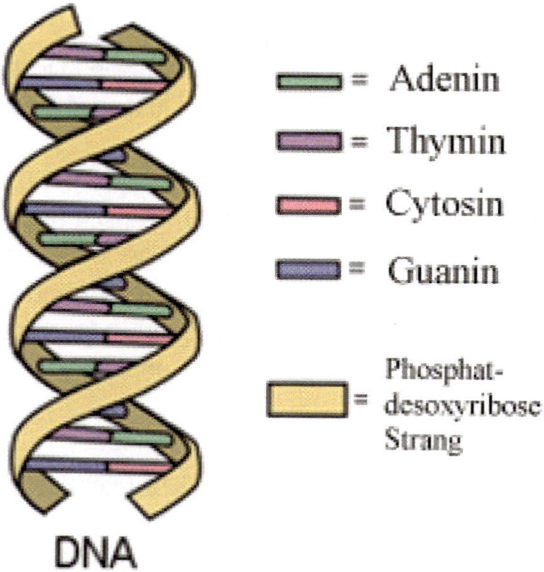

Wie beschrieben ist mit Hilfe von den 4 Basen, mit je einem Phosphat und einer Desoxy-Ribose (Zucker) eine DNA geformt, sodass die gesamte Information und Funktion einer Zelle darin gespeichert ist. Dafür benötigt ein Mensch pro Zelle 3 400 000 000 dieser Bausteine. Ein Zufall ist, dass sie noch richtig geordnet sind.

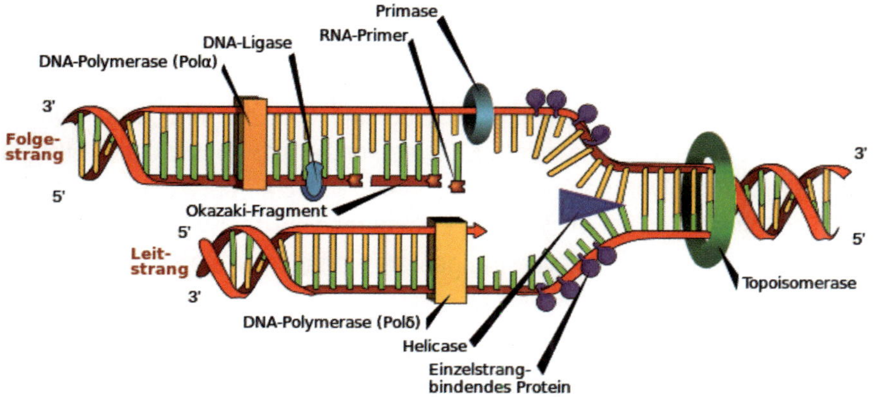

So werden bei den ersten Lebensformen (Bakterien) bereits in 20 Minuten über 1 Million DNA-Bausteine (Nukleotiden) zu einem neuen Bakterium gebildet. Tritt ein Fehler (Mutation) ein, dann ist das Ende des Bakteriums besiegelt.

Millionenfache Unterschiede in Gen-codierenden DNA-Abschnitten

Bisher meinte man, dass bei Menschen und Schimpansen etwa 98,5 % der Basenpaare, aus denen die DNA besteht, miteinander identisch sein sollen. Daher gingen Forscher davon aus, dass die restlichen 1,5 % für die Unterschiede zwischen Mensch und Schimpanse verantwortlich sind. Dies trifft nur für einige wenige Abschnitte der DNA zu.

Wäre nur 1,5% Unterschied zwischen Mensch und Schimpanse, der dem Menschen am ähnlichsten Affenart, so wären dies bei 3 Milliarden DNA-Bausteinen, 45 Millionen DNA-Bausteine, die geändert werden müssten. Ein unglaublich große Zahl, die durch keine Mutation möglich wäre.
Und in keinem Fall je in der Natur nachgewiesen wurden konnte!

Medizin und Genetik widersprechen Mutationen

Aus der Medizin und Genetik wissen wir, dass ein einziger DNA-Baustein für Krebs oder erblichen Alzheimer verantwortlich ist und oft mit der Gesundheit oder dem Leben nicht mehr vereinbar ist. Wie sollten dann über 100.000.000 DNA-Bausteine geändert werden ohne Schaden für den Menschen? Dies wäre der absolute Tod für eine Zelle oder ein Lebewesen.

Die Komplexität der DNA ist durch neues Wissen über ihre gewaltige Information noch gar nicht im Ansatz erkennbar.

Es müssten zusätzlich auch die Enzyme und die DNA-Matrizen (Vorlagen) geändert werden. Nur bestimmte Enzyme können die notwendigen Bausteine und Stoffwechselvorgänge steuern. (Als Matrize bezeichnet man den Polynukleotidstrang (DNA), der einer Polymerase bei der Synthese eines neuen komplementären Nukleinsäurestranges als Vorlage für die Nucleotidsequenz dient).

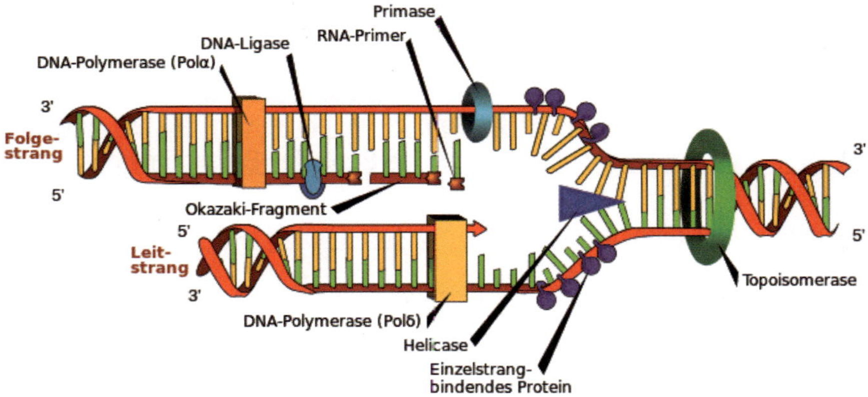

Abb. Polymerase: Zeigt, dass die Neubildung einer DNA nur durch genaues Ablesen der alten DNA möglich ist, da bei Fehlern Krankheiten oder Tod auftreten. **Wie ein Reisverschluss nur bei genauer Übereinstimmung von Beginn an funktionieren kann, so kann nur die DNA, die millionenfach komplexer ist, funktionieren, wenn sie übereinstimmt.**

Somit sagt das **biogenetische Naturgesetz** im Sinne der Natur, dass jede Mutation schädlich. bzw. tödlich ist.

Das völlige Gegenteil sagt die Evolution, die auf Mutation setzt.
Und wie sich später zeigt, sind noch mehr unterschiedliche Merkmale dafür verantwortlich, so dass ein derartiger Übergang vom Schimpansen zum Menschen überhaupt nicht möglich sein kann.

Die Chromosomen-Anzahl zwischen Affenarten und Mensch unterscheiden sich.

Chromosomen und Gene stimmen auch bei unterschiedlichen Säugetieren nicht miteinander überein. Der Mensch hat 46 Chromosomen und alle Affenarten haben 48 Chromosomen. Somit kommt es zum DNA-Kettenabbruch und zu keiner Kreuzung (Gott sei Dank).
Jeder erkennt sofort, wenn er ein Minimum an genetischem, bzw. medizinischem Verständnis hat, dass er vorsätzlich betrogen worden ist, um eine Abstammung vom Affen vorzutäuschen.
Genauer wurden diese 98,5 % (siehe oben) Basenpaare von einer Forschungsgruppe des Riken- Genomforschungszentrum in Yokohama untersucht.
Sie verglichen die DNA-Sequenz des Schimpansen-Chromosoms 22 mit derjenigen des entsprechenden menschlichen Chromosoms 21.
Die Untersuchung bestätigte zwar, dass sich lediglich 1,44 % der Basenpaare voneinander unterscheiden, aber in denjenigen DNA-Regionen, die für die Codierung von Proteinen (Eiweiße) zuständig sind, fanden die Forscher überraschenderweise große Unterschiede:

In 83% der 231 verglichenen Gene waren die Unterschiede so groß, dass die Aminosäuren-Folge des jeweiligen Proteins verändert sind.

Fast 68.000 entweder fehlende oder überschüssige Sequenzen, was etwa fünf Prozent des Chromosoms entspricht, waren unterschiedlich.
„Wir wussten schon, dass wir auf DNA-Ebene den Schimpansen ähnlich sind“, sagte Untersuchungsleiter Todd Taylor der Zeitschrift Nature. „Aber wir haben einen viel höheren Prozentsatz von Unterschieden gesehen, als man vermutete.“ Nun wollen Taylor und seine Mitarbeiter entschlüsseln, welche der veränderten Proteine für besonders wichtige Funktionen zuständig sind.
Schon geringste Unterschiede selbst von einer einzigen Aminosäure kann maximale Effekte auslösen und sogar zu tödlichen Krankheiten (wie Krebs beim Menschen) führen, wie wir im nächsten Abschnitt sehen werden.
(Siehe Buch: M. Alzheimer, Dr. Dr. G. Weth)

Die Alzheimer-Plaques werden nur durch eine einzige Aminosäure verursacht.

In einem anderen Buch von mir (Morbus Alzheimer- eine Erkrankung, die Ihren Schrecken verliert-) wird gezeigt, dass bei der Alzheimer-Erkrankung eine einzige Gen-Änderung vorliegt. Allein eine einzige falsch eingebaute Aminosäure von Millionen Aminosäuren kann schon verantwortlich für die Bildung der Plaques sein. Diese Plaques sind Ablagerungen von Eiweißen im Gehirn.

Daher ist die richtige Zusammensetzung der Proteine ganz entscheidend und wichtig für die Gesundheit eines Lebewesens. Man weiß heute, dass diese einzige falsch eingebaute Aminosäure im APP (Amino-Präkursor-Proteins) zur Bildung des β-Amyloids führt. (siehe Buch: "Morbus Alzheimer-eine Erkrankung, die ihren Schrecken verliert-, Dr. Dr. G. Weth).

So führt (beim erblichen Alzheimer) eine einzige falsche Aminosäure zur Spaltung an der falschen Stelle des Amyloid- Präcursor-Proteins. Diese führt zur Bildung der Plaques aus zwei Eiweißstücken.
Somit wird deutlich, dass bereits eine einzige falsche Aminosäure in einem Protein (Eiweiß), das aus 78 Aminosäuren besteht, schon zu einer Ablagerung von unlöslichen Eiweißverklumpungen (Plaques) führen kann und so auch zu einer schweren Krankheit mit Demenz führt.
In meinem Buch „Morbus Alzheimer..." **habe ich darauf hingewiesen, dass jedoch durch unsere Entdeckung die nicht erbliche Alzheimer-Erkrankung vermeidbar ist.** Diese schreckliche Erkrankung können wir durch einen Test rechtzeitig erkennen und somit durch eine kausale Therapie vermeiden.

Zwischen Affen und Mensch sind zum Teil hunderttausende Aminosäuren-Folgen in einem Gen verändert. Wenn schon, wie bei der DNA ein einziger falscher DNA-Baustein als Ursache einer Erkrankung vorliegt, dann führen erst recht tausende bzw. Millionen veränderte Aminosäuren-Folgen (Eiweiße) zu Krankheiten.

Abbildung: **Affe** – keine Sprache - **Mensch**: komplexe Sprache auch im hintersten Urwald und das seit Tausenden von Jahren

Das Erbgut von Mensch und Schimpanse weicht doch stärker voneinander ab, als bislang angenommen. Demnach teilen Schimpansen „nur“ 95% ihrer DNA-Bausteine mit dem Menschen.

Die Erbanlagen (DNA) sind bei allen Organismen in Chromosomen gespeichert: Die folgende Tabelle zeigt eine kurze Übersicht der Chromosomen bei einigen Säugetieren.

Säugetiere	Anzahl Chromosomen
Mensch	46
Schimpanse	48
Gorilla	48
Orang-Utan	48
Rhesusaffe	42
Koboldmaki	80
Fledermaus (Myotis)	44
Hausmaus	40
Goldhamster	44
Wanderratte (Rattus norvegicus)	42
Schwein (Sus scrofa)	38

Die Gene von Säugetieren sind sehr unterschiedlich.
Der Mensch besitzt nur 46 Chromosomen. Davon sind 46 vom Vater und 46 von der Mutter, die sich zu 46 Chromosomen-Paare zusammenlegen. Die sogenannten Menschenaffen (Schimpanse, Gorilla und Orang-Utan) haben 2 Chromosomen mehr.
Somit ist eine Abstammung absolut ausgeschlossen (biogenetisches Naturgesetz). Auch Rhesusaffen und Koboldmaki unterscheiden sich vom menschlichen Genom, ebenso wie Fledermaus, Hausmaus, Goldhamster und Wanderratte.
Selbst das Schwein mit 38 Genen unterscheidet sich erheblich vom Menschen, obwohl das Schwein sogar ebenso einen Herzinfarkt bekommen kann.
So sind viele Merkmale unterschiedlich, insbesondere zwischen Affen und Mensch, wie später noch an der Anatomie (Körperaufbau) gezeigt wird.
Im Einzelnen werden jetzt die Unterschiede zwischen Menschen und Affengenom aufgeführt.

Unterschiede zwischen Menschen- und Schimpansen- Genom:

1) Der Mensch hat 46 Chromosomenpaare, (46 Chromosomen von der Mutter und 46 vom Vater = 46 Chromosomenpaare) der Schimpanse hat 48 Chromosomenpaare (biogenetisches Naturgesetz).

2) An den Enden jedes Chromosoms gibt es besondere Sequenzen, die man Telomere oder Abschlusskappen nennt. Bei den Affen sind es etwa 23 Kilobasenpaare, beim Menschen nur 10 Kilobasenpaare (biogenetisches Naturgesetz).
Die Telomere spielen eine ganz wichtige Rolle beim Alterungsprozess. Bei jeder Zellteilung gehen Teile der Telomere verloren, sodass das Leben beim Menschen auf ca. 120 Jahre begrenzt ist. Beim Affen ist die Lebenserwartung wesentlich niedriger, weil die Telomere beim Affen eine andere Struktur haben als beim Menschen (biogenetisches Naturgesetz).
Selbst wenn wir annähmen, dass ein Chromosom zwischen Mensch und Affe durch eine „hypothetische“ Vorstellung gleich wäre (was durch Mutation nicht möglich ist), so würde eine Zeugung, d.h. die Entstehung neuen Lebens, selbst daran scheitern (biogenetisches Naturgesetz).

3) Während 18 Chromosomenpaare nahezu identisch (dies gilt auch für nahezu viele andere Tierarten) sind, befinden sich in den Chromosomen 4, 9 und 12 ihre dazugehörigen Gene und Markierungen in einer anderen Reihenfolge (biogenetisches Naturgesetz).

4) Beim Y-Chromosom (männliches Geschlechts-Chromosom) finden sich die meisten Unterschiede zwischen Mensch- und Affenart, sodass auf keinen Fall eine Zeugung oder Abstammung zwischen Affen und Mensch biochemisch und genetisch möglich ist(biogenetisches Naturgesetz).

5) Im Chromosom 21 gibt es große Regionen, die komplett unterschiedlich sind. Hier fehlt uns genetisch noch das Verständnis, was die einzelnen DNA-Abschnitte aussagen.

6) Manche Gene müssen gleich sein, da der Aufbau des Stoffwechsels ähnlich sein muss, da diese Tiere uns zur Nahrung dienen und fremder Aufbau der Aminosäuren, Fette und Kohlenhydraten zu Krankheit führen könnte. **Deshalb können auch gentechnisch veränderte Nahrungsmittel zu Krankheit führen.**

7) Das Schimpansengenom ist 11,5% grösser als das menschliche Genom...! Selbst wenn beim Affen und Menschen die gleichen Chromosomen vorlägen, käme es ebenfalls zu keiner Zeugung zwischen Affe und Mensch, weil aufgrund des größeren Schmipansengenoms es zu einem DNA-Kettenabbruch käme und somit keine Zeugung möglich wäre. Außerdem stimmen die Telomere, die Abschluss-Kappen der Chromosomen nicht überein.

(Zitat: **Roy John Britten, Molekularbiologe,** Upper Canada College, University of Virginia, Johns Hopkins University über Entdeckung der wiederholten DNA-Sequenzen)

Nach dem Zitat von Roy John Britten wird folgendes über die DNA-Sequenzen gesagt:
„Bisher war bekannt, dass der Unterschied im Genom zwischen Affe und Mensch 1,5 und 2% beträgt, so dass es angeblich naheläge, eine Verwandtschaft zwischen Affen und Menschen zu vermuten. Roy J. Britten fand nun jedoch heraus, dass der Unterschied nahezu 5% beträgt, wenn man auch Insertionen (Einfügungen) und Delationen (Löschungen) berücksichtigt (Lit. später). Es könnte außerdem gut sein, dass noch größere Unterschiede gefunden werden, denn bisher hat man erst einen kleinen Bruchteil des ganzen Genoms verglichen. Von den insgesamt 3,4 Milliarden Basenpaaren im menschlichen Genom wurden bis im Jahr 2008 etwa eine Million verglichen.

L. R. Berger and P. V. Tobias, *Journal of Human Evolution* 1996, S. 343, 347 zeigten, dass kaum ein Unterschied bei den Schienbeinen von Australopithecus africanus (Lucy) und Affen ist.

Zitat: "Wir hinterfragen deshalb die Fähigkeit dieses Schienbeins, auf dieselbe Weise zu funktionieren wie in einem menschlichen obligatorisch erdgebundenen Zweibeiner... Australopithecus africanus war extrem affenähnlich in seiner Morphologie, und möglicherweise an das Leben in Bäumen angepasst... Wir sind erstaunt wegen der Tatsache, dass nicht ein einziges Merkmal verwendet werden kann, um dieses Schienbein unzweideutig von dem eines Schimpansen zu trennen..."

Kein Leben ohne DNA, keine DNA ohne Leben

Kein Leben ohne DNA, keine DNA ohne Leben ist biochemisch eine Tatsache. Bei einigen Viren kann die Erbinformation als RNA (Ribonukleinsäure) z.B. beim Aidsvirus anstelle der DNA (Desoxyribonukleinsäure) gespeichert werden.

Unterschiede zwischen Menschen- und Schimpansen-Genom:

Wie gesagt fand der Molekularbiologe Roy J. Britten heraus, dass der Unterschied nahezu 5% beträgt, ohne Insertionen (Einfügungen) und Delationen (Vernichtungen) zu berücksichtigen. Das bedeutet, dass mindestens 75 Millionen „richtige“ Mutationen nötig gewesen wären, um aus einem Affen- Vorfahren einen modernen Menschen zu machen.
Selbst wenn in einer dieser Populationen jedes Jahr (!) eine vorteilhafte Mutation hinzugekommen wäre, so wären insgesamt 75 Millionen Jahre nötig gewesen. Die Entwicklung der Menschheit soll angeblich bloß 2 Millionen Jahre betragen haben. Es muss nochmals darauf hingewiesen werden, dass bisher keine sinnvollen Mutationen beim Menschengenom nachweisbar waren. Nicht einmal eine einzige vorteilhafte Mutation wurde in den letzten 1000 Jahren beschrieben.
Bei einigen malariaresistenten Patienten ist auch die genetische Variante (Sichelzell-Anämie) nicht günstig für den Menschen. Dies ist auch keine positive genetische Mutation, sondern eine genetische Veranlagung. Wir haben an der Universitätsklinik Würzburg zum ersten Mal in Deutschland eine Patientin mit diesen Krankheits-Symptomen behandeln müssen. (Publikation: Mössner und Weth). Diese genetische Variante kann erhebliche gesundheitliche Probleme bereiten.

Zeit für eine Evolution (vom Affen zum Menschen) ist Illusion

Nach Schätzungen des Genetikpioniers J.B.S. Haldane wären realistischer Weise sogar mindestens 2,5 Milliarden Jahre im idealsten Falle notwendig gewesen, um bei positiven Mutationen (die nie stattfinden) aus einem Affen einen Menschen zu schaffen.
Hiermit wird deutlich, nirgendwo wird so viel gelogen und manipuliert wie in der Evolutionstheorie.
Selbst einfache Pflanzen und lebende Tiere haben eine hohe Anzahl an DNA-Molekülen. So hat selbst der Lungenfisch 100x mehr DNA-Bausteine als der Mensch.
Interessant ist auch, dass der Gemüsekohl mehr Gene hat als der Mensch.
Man nimmt heute an, dass der Mensch 23.000 Gene hat.

Tabelle: Anzahl der Gene von Lebensformen:

	Genomgröße	Gene	Gendichte
Gemüsekohl Brassica oleracea	5,99–8,68 × 10^8	100.000	599–868
Mensch	3,38 × 10^9	23.000	10
Teichmolch Triturus vulgaris	2,5 × 10^{10}		
Lungenfische Lepidosiren paradoxa	7,8 × 10^{10}		

[1]in Basenpaaren [2]Anzahl der Gene pro Millionen Basenpaare (Wikipedia)

Hausmaus- Genom:

Im Zellkern sind die Erbanlagen der Maus in zweimal 20 Chromosonen organisiert, und zwar in zweimal 19 Autosomen plus zwei Geschlechtschromosomen. Das vollständige Genom einer Labormaus wurde erstmals 2002 analysiert; es besteht wie das menschliche aus etwa 3 Mrd. Basenpaaren. Die Anzahl der Gene wird auf 24.000 geschätzt.

Unterschiede der Anatomie zwischen Mensch und Affe

Die Unterschiede in der Anatomie zwischen Mensch und Affe sind gewaltig.
Das Gehirn zeigt deutliche Größenunterschiede, sodass die menschliche Gehirnmasse etwa die doppelte Größe hat wie die von einem Menschenaffen. Auch die Nervenzellen sind anders gestaltet.
Selbst die Sinnesorgane sind unterschiedlich. Die Augen des Affen liegen sehr tief im Schädel, so dass er nur das Blickfeld vor den Füßen hat und nicht in die Ferne blicken kann.
Dies wird unterstützt durch den Rundrücken und die Kopfneigung. Würde der Affe einen aufrechten Gang haben, wie der Mensch, so würde er über alle Gegenstände, die vor seinen Füßen liegen, stolpern, weil er sie nicht erkennen kann, aufgrund der Augenstellung. Er würde nämlich das Blickfeld vor seinen Füßen nicht erkennen können.
Selbst die Hand ist in seiner Form keineswegs vergleichbar mit der des Menschen. Sie ist so geformt, dass man einen Ast oder einen kleineren Baum greifen kann. Für ein komplexes manuelles Geschehen ist diese Hand völlig ungeeignet. Selbst wenn man die Tastatur eines Klaviers ändern würde, so könnte ein Affe mit seiner Hand nie Klavier spielen oder Strickarbeiten machen.

Gott sei Dank, im wahrsten Sinne des Wortes, sind die Affen nicht zu manueller Tätigkeit fähig, man hätte sie sonst wahrscheinlich schon längst als Arbeitssklaven missbraucht.
Im menschlichen Gehirn haben wir einen Bereich für manuelle Funktionen und die Hand, die an Komplexität kaum zu überbieten ist.
Sie beansprucht ca. 40 % aller motorischen Funktionen. **Hier unterscheidet sich der Mensch fundamental von allen anderen Lebewesen und ist eine eigene Schöpfungsform, die mit keiner Tierart vergleichbar ist.**

Das Knie ist bei allen Affenarten stets gebeugt, auch die Hüfte steht nicht in einem gestreckten Winkel zum Körper, sondern ist angewinkelt.
Somit wäre ein aufrechter Gang für Affen eine Qual. Sie sind überhaupt nicht dazu geeignet, sich eine menschliche Gangart anzueignen.
Die Muskel-, Sehnen und Knochenstruktur widerspricht in allen Punkten denen eines Menschen.
Die Bildmanipulation wie oben erwähnt, ist an kriminellen Machenschaften nicht zu überbieten.
Der Fuß des Menschen unterscheidet sich deutlich von dem des Affen. Da der Mensch aufrecht geht, muss der Großzeh besonders gestaltet und betont sein. Beim Affen steht der Großzeh ab. Dieser Fuß ist für längeres Gehen nicht geeignet. Zum Greifen und Festhalten eines Astes, um also auf dem Baum zu leben, ist dieser Affen-Fuß optimal.

Wie sie in den Bildern (S.60) sehen können, wurde vor über 100 Jahren im Neandertalermuseum in Düsseldorf der Neandertaler noch als Zwischenglied (Boyle) zwischen Affe und Mensch dargestellt, mit Rundrücken, gebeugten Knien und abstehendem Großzeh.
Dies war ebenfalls eine Fälschung. Heute wird er in diesem Museum wie ein normaler Mensch dargestellt.
Es tut mir leid, aber ich muss hier die Tatsachen aufführen, damit endlich die Fälschungen aus den Lehrbüchern und öffentlich-rechtlichen Rundfunk- und Fernsehanstalten verschwinden.

Hier zeigt sich der evolutionistische Hintergedanke, man muss nur die Menschen wieder degenerieren, damit sie als Arbeitssklaven eingesetzt werden können.

Deshalb wurden auch afrikanische Völker mit voller Absicht affenähnlich dargestellt, damit man sie als Arbeitssklaven missbrauchen kann.
Dieser Kolonialismus und seine Rechtfertigung durch die Evolutions-Ideologie muss endlich als das hingestellt werden, was er ist, ein Verbrechen gegen Menschlichkeit.

Fossilienfunde widersprechen der Evolution

Bei den Fossilienfunden hat man zunächst versucht, gewisse Schädelformen als Zwischenglieder zwischen Mensch und Affe darzustellen. Bei vielen dieser Menschenaffenarten, die zum Teil ausgestorben sind und die man als Zwischenglieder bezeichnet hat, hat man ganze Skelette gefunden und dabei festgestellt, dass der große Zeh sich deutlich von den großen Zehen des Menschen unterscheidet.
Der menschliche große Zeh ist notwendig zur Stabilisierung des aufrechten Gangs und der abstehende große Zeh bei den Menschenaffen ist notwendig um einen Ast zu umgreifen und ein sicheres Festhalten in Bäumen zu gewährleisten. Deshalb hat man erkannt, dass man z.B. den Hominiden (früher als Vorstufe zum Menschen bezeichnet) Rudolfensis als Zwischenstufe zwischen Affen und Menschen postulierte und dann, als man den Fuß entdeckt hatte, sofort erkannte, dass es sich um eine Affenart handelte.
Es ließen sich tausende Unterschiede aufzeigen, die allein durch die Millionen DNA-Änderungen in den Erbanlagen dafür verantwortlich sind, dass nie ein Mensch vom Affen abstammen kann.
Weil man diese Fälschungen besonders unterstreichen wollte, hat man den Piltdown-Menschen (Bild später) aus einer manipulierten menschlichen Schädelkalotte und einem Affenkiefer zusammengebastelt und 50 Jahre lang als Zwischenglied zwischen Affe und Mensch verkauft.

Der Affenfuß zeigt deutlich, dass er eigentlich eine Greiff-funktion hat und nichts mit dem Fuß eines Menschen, der eine **Lauffunktion** hat, zu tun hat. Der Affe im Buch Darwins ist manipuliert.

In der Abb. sehen sie einen Affenfuß. Man muss sich schon fragen wie man mit so einem Fuß kilometerweit laufen soll.

Besonders ein aufrechter Lauf ist absolut nicht möglich. Wie sollten auch genetisch über 100 Millionen von DNA- Veränderungen stattfinden? Jeder hat mittlerweile begriffen, dass wir Betrügern auf den Leim gingen, die uns nur ihre Ideologie verkaufen wollten. Und sie haben sich bis heute noch nicht entschuldigt.

Es folgen Verse zu Ihrer Entspannung und Aufheiterung
statt evolutionärer Manipulation und Verdummung

Darwins- Titelbild: Die Entstehung der Arten
hat nie stattgefunden,
es sind nur gefälschte Fakten

selbst Darwins Affe hat gefälschte, d.h. menschliche Füße
dabei weiß jeder, dass der Affenfuß stets greifen müsse.

Biochemie (z.B. Enzyme) widerspricht der Evolution

Enzyme als Lebensbausteine mit katalytischer Funktion

Um Leben zu erhalten und auch Leben aufzubauen, das heißt Zellen neu zu bilden, ist es notwendig, die DNA als zentrales Steuerungs-Molekül für die Bildung der Zellen zu schaffen.

Dazu sind ein Nukleotid (eine Base), ein Zucker (Ribose bzw. Desoxy-Ribose) und ein Phosphat notwendig.
Diese drei Bestandteile müssen verknüpft werden zu einem DNA-Baustein, der Nukleotid genannt wird. Diese Bildung des DNA-Bausteins ist nur mit Enzymen möglich.

Enzyme sind sehr große und komplexe Moleküle, meist aus mehreren tausend Atomen zusammengesetzt, die nur durch lebende Zellen hergestellt werden können.

Bisher ist es weltweit in keinem Labor gelungen, diese komplexen Moleküle aus den einzelnen Bestandteilen (Atomen) korrekt zusammenzusetzen. In der freien, unbelebten Natur sind sie nicht lebensfähig.

Somit wird deutlich, dass Enzyme nur durch lebende Zellen hergestellt werden können und somit in der freien Natur nie entstehen konnten. Somit erfüllt sich erneut das Naturgesetz.
Dass Enzyme nur in lebenden Zellen gebildet werden können und somit bestehen, ist nur durch Leben möglich.

Erste Erfahrung in der Biochemie:
Meine ersten Erfahrungen in der Biochemie und Arbeit mit den Enzymen führte zu einem Aufschrei eines Forschungsdirektor eines großen Pharmakonzerns. Wir sollten mit den Enzymen , die er mitgebracht hatte, die Wirkung der Enzyme überprüfen. Als ich die Vorschrift anwendete, die lautete daß die Lösung mit den Enzymen geschüttelt werden muß tat ich dies kräftig, wie es in der Chemie üblich ist. Der Herr Direktor wies mich darauf hin, dass man mit Enzymen so umgehen muß, wie mit einem neugeborenen Baby. Somit muß jedem klar sein, daß diese Enzyme, selbst bei optimalen Bedingungen nicht in der freien Natur überleben könnten und erst recht nicht neu entstehen können.

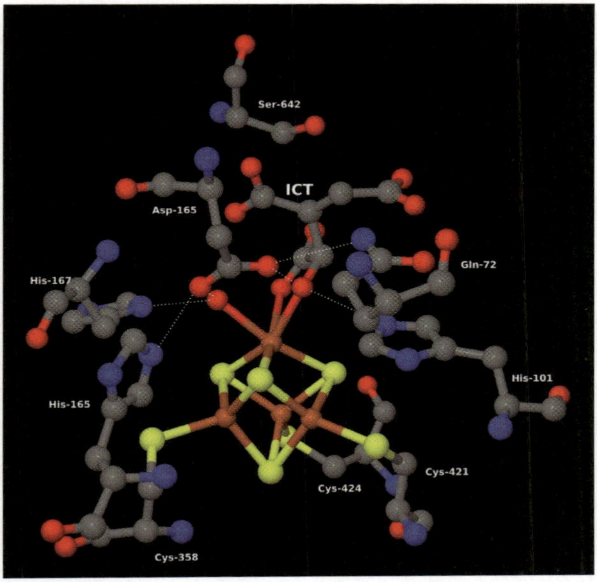

Enzym: Aconitase, welches die Umstellung der Zitronensäure zur Isozitronensäure katalysiert. Wer nicht erkennt, dass eine derart komplexe Struktur, die wir in der Biochemie nicht herstellen können, nicht von sich aus entsteht, der hat keine Ahnung oder er leidet an einem Evolution-Wahn.
Kein Mechanismus kann aus der unbelebten Natur solche Produkte erschaffen.

Wer ein Minimum an biochemischem Verständnis hat, würde sofort erkennen, dass es sich bei einem Enzym um eine sehr komplexe Struktur handelt. Sie kann nur in lebenden Organismen gebildet und stabil gehalten werden. Wir können bis heute diese Strukturen, selbst wenn man nur die Einzelteile hat, nicht herstellen, weil es nie gelingen würde, die Aminosäuren korrekt zu verknüpfen.
Es grenzt schon an Größenwahn oder Unkenntnis, dies alles durch Zufall zu erklären und entstehen zu lassen.

Die Empfindlichkeit der Enzyme

Im Blut des Menschen muss ein genauer pH-Wert (Maß für den Säure-Basen Haushalt) vorliegen, dieser pH-Wert muss um 7,4 betragen. Nur bei diesem neutralen Säure-Basenhaushalt, der nur bei 7,38-7,42 schwanken darf, arbeiten unsere Enzyme normal. Bei einem pH-Wert von 6,2 kommt es fast immer zu einer vollkommenen Einstellung der Enzymaktivität und dies ist oft nicht mehr mit dem Leben vereinbar. Somit kann eine Übersäuerung des Organismus zum sofortigen Tod führen. Deshalb wird auf den Intensivstationen immer der Säure- Basen- Haushalt bestimmt, damit man den Stoffwechsel im

Körper aufrechterhalten kann. (biogenetisches Naturgesetz)
In der freien Natur ist es unmöglich, dass ein Säure-Basenhaushalt von 7,4 stabil gehalten werden kann. Deshalb sind auch die Überlebenschancen von Enzymen in der freien Natur gleich null.

Ursuppe hätte jedes Leben zerstört und keinesfalls erzeugt

In der sogenannten Ur-Atmosphäre (Miller-Experiment) hat entweder eine stark saure oder stark basische Lösung existiert und somit hätte laut den Naturgesetzen, falls es Enzyme überhaupt gegeben hätte, kein einziges Enzym funktionsfähig überleben können (biogenetisches Naturgesetz).
Betrachte man den Magensaft, der einen pH-Wert von etwa 1 hat, so sieht man: Dieser ist somit über zehntausend Mal saurer als das Blut.
Der saure Magensaft ist deshalb notwendig, damit Lebensmittel und natürlich auch die Enzyme verdaut werden können, um sie als Nahrung aufzunehmen (biogenetisches Naturgesetz).
Wie sollen diese komplexen Steuerungsmechanismen durch Zufall entstehen, dass ein einzelnes Organ in seinem Verhalten vollkommen von anderen Organen sich absetzt, ohne dass eine geniale Planung hinter diesem Mechanismus stände (biogenetisches Naturgesetz).

Ohne Planung kein Überleben

Ein weiterer wichtiger Punkt ist die Abtötung von möglichen Krankheitserregern im Magen durch die Säureproduktion, die Krankheitskeime zerstört. Ohne diese (geplante) keimarme Nahrungsaufnahme hätte die Menschheit nie überlebt.
Somit wird jedem deutlich, welche geniale Planung hinter dieser Lebensform der Zelle und eines Organismus steckt, sodass eine Arbeitsteilung der einzelnen Organe besteht, die die Nahrung aufbereiten (zerlegen) und soweit vorbereiten, dass sie von anderen Zellen aufgenommen werden können (biogenetisches Naturgesetz). Hiermit zeigt sich deutlich, dass hier das Entropiegesetz belegt, dass es nur durch Planung und Schaffung von Leben die Komplexität des Lebens (Schöpfung) erklären kann. Wir wissen, dass Patienten die zu wenig Magensäure haben, Probleme mit ihrer Gesundheit haben.

In der Abbildung auf Seite 19 wird ein Nukleotid gezeigt, aus dem ein DNA-Baustein besteht.

Der „DNA-Baustein", die kleinste Einheit unserer Erbanlagen

In jeder Körperzelle finden sich 3,4 Milliarden DNA-Bausteine vom Vater und 3,4 Milliarden DNA-Bausteine von der Mutter. Sie bilden 3,4 Milliarden Basenpaare bei der Zeugung eines Menschen.
Diese DNA-Bausteine müssen genau übereinstimmen, damit es zu einer Zeugung kommt. In dieser DNA ist die Information gespeichert, wie sich ein Mensch entwickelt. Für jedes Lebewesen und auch für Pflanzen gilt bei der Zeugung, dass nur dann ein neues Leben entstehen kann, wenn die DNA (Erbanlagen) übereinstimmt.

Jedes Lebewesen ist somit ein Original

Jedem wird sofort deutlich, dass für die Millionen von Lebensformen die Zeit für die Milliarden von Mutationen nie ausgereicht hätte, um so viele Organismen zu schaffen (biogenetisches Naturgesetz).

Bruno Vollmert, Lehrstuhlinhaber für Polymerchemie, schrieb das bedeutendste Lehrbuch für Polymerchemie.

Laut Bruno Vollmert wären 10^{200} DNA-Moleküle notwendig, um alle diese Lebensformen durch Wahrscheinlichkeit herzustellen. Eine Zahl, die so utopisch ist, dass sie belegt, dass Leben überhaupt nicht entstehen kann.
In unserem Weltall sind nur 10^{78} Atome vorhanden. Somit ist nach der Wahrscheinlichkeitsrechnung eindeutig belegt, dass Evolution nicht durch Zufall entstanden sein kann. (biogenetisches Naturgesetz).
Die Gesamtzahl unserer Körperzellen liegt bei 10-100 Billionen und jede Körperzelle beinhaltet genau die gleiche DNA(biogenetisches Naturgesetz).

Informations-Technologie und Informatik widersprechen der Evolution:

Wie bei der Besprechung des Biogenetischen Naturgesetzes (S. 220, Nr. 2) in diesem Buch bei der Vermehrung von Bakterien (Prokaryonten) gezeigt wird, findet die Doppelung der DNA von über 2 x 3 000 000 (3 Mill.) DNA- Bausteinen z.B. bei Coli-Bakterien (Prokaryonten) innerhalb von 20 Minuten statt.

Kein Computer-Programm kann nach dem heutigen Stand der Technik die Information von 3 Millionen DNA-Bausteinen innerhalb von Minuten in der richtigen Reihenfolge ablesen.
Diese richtige Reihenfolge ist ohne Ausnahme notwendig, da die DNA das Konservativste ist, was es gibt und absolut antievolutionär ist. Jeder Ablesefehler würde eine Mutation bedeuten und meist führt dies zum Untergang des Bakteriums.
Deshalb sind die Coli-Bakterien seit über 1000 Millionen Jahren immer noch die gleichen wie heute.
Weiterhin müsste es noch diese Informationen weiterreichen durch die Bildung einer messenger DNA (m-DNA) zur Bildung von:
Zuckermolekülen wie Ribose, Glucose und weiterer Zucker zur Bildung der DNA-Bausteine, da für jeden dieser 3,4 Milliarden DNA-Bausteine bei Menschen eine Des-Oxy-Ribose nötig ist.
Oxy-Ribose- Bildung ist viele Millionen mal nötig (Zucker, als Teil der RNA) und für weitere Funktionen.
Des- Oxy- Ribose- Bildung ist viele Millionen mal nötig (Zucker, als Teil der DNA) und weiterer Funktionen.
ATP- Bildung ist viele Millionen mal nötig zur Energie-Bereitstellung und zur Aufrechterhaltung des Stoffwechsels und weiterer Funktionen.
Aminosäure- Bildung ist viele Millionen mal nötig zum Eiweißaufbau und für die Enzymbildung und vielen weiterer Funktionen.
Fettsäure-Bildung ist viele Millionen mal nötig für Fettstoffwechsel und für die Zellmembran und weiterer Funktionen.

Diese Informationsweitergabe, Steuerung und Produktion eines Bakteriums ist nach 20 Minuten abgeschlossen.

Wer kann diese geniale Planung, die für einen Wissenschaftler unbegreiflich ist, überhaupt erfassen. Natürlich nur größenwahnsinnige Ignoranten, wie Lenin, Hitler, Stalin und ihre heuchlerischen, intellektuellen Fußsohlenlecker als Anhänger der Evolutionstheorie halten Milliarden von Stoffwechselvorgängen für Peanuts.

DNA-Steuerung eines Körpers

Durch einen genialen Schöpfungsakt führt die DNA jeder Zelle aber nur diese Arbeit aus, die sie in dem entsprechenden Organ als Funktion zu leisten hat (biogenetisches Naturgesetz).
Somit wird deutlich, dass die Gehirnzelle nicht die Funktion einer Leberzelle ausführen kann. Eine Magenzelle, die für die Salzsäureproduktion verantwortlich ist, dürfte im Gehirn ihre Funktion nicht ausführen, denn dort würden sich die Gehirnzellen sofort auflösen und das Leben wäre beendet. Obwohl sich Hautzellen permanent erneuern können, arbeiten Gehirnzellen ein Leben lang, das heißt sie können bis zu 120 Jahre arbeiten. Im Einzelnen kann jetzt nicht darauf eingegangen werden, über andere Organfunktionen zu berichten, da es zu komplex wäre, alle Aspekte zu berücksichtigen. Die Bibliotheken könnten die Bücher nicht aufnehmen über Leistungen der Zellen für das Leben.

Der Energiestoffwechsel der Zelle

Wie bereits am ersten Schöpfungstag, als mit Licht die Energie für das ganze Universum und für die Herstellung der Materie bereitgestellt wurde, so muss auch für die Zellfunktion die Energie bereitgestellt werden.
Die Energie für unsere Zellen kommt wie für das Universum nicht aus sich selbst, sondern muss bereitgestellt werden und so verarbeitet werden, dass sie körpergerecht verwertbar ist. Aus unserer Nahrung mit Kohlehydraten, Fetten und Eiweiß kann der Energiestoffwechsel einer Zelle nicht funktionieren, weil die Zelle mit diesen Bestandteilen den Stoffwechsel eines höheren Organismus wie des Menschen nicht ausreichend ernähren kann (biogenetisches Naturgesetz).

Mitochondrien

Mit Hilfe von Energiefabriken, auch Kraftwerke der Zelle genannt, ist es möglich, den Stoffwechsel zu optimieren, sodass aus einem Zuckermolekül statt zwei ATP (Adenosintriphosphat) 38 ATP gebildet werden.
Dies ist durch einen genialen Mechanismus (Zitratzyklus) möglich, bei dem pro Sekunde in einem einzigen Körper Milliarden von Elektronen verschoben werden, sodass statt 2 ATP insgesamt 38 ATP gebildet werden können, mit Hilfe von Sauerstoff.

Körperliche Energiegewinnung nur durch schöpferischen Akt möglich

ATP ist die Energieform, mit der der Körper seinen Energiestoffwechsel betreibt. Durch die Abspaltung eines Phosphats werden etwa 7 kcal frei für einen Stoffwechselvorgang. Diese 7 kcal können dann die notwendige Energie liefern, z.B. für Enzymreaktionen oder für die Verknüpfung von Phosphat mit einem Nukleotid, um einen DNA-Baustein aufzubauen.

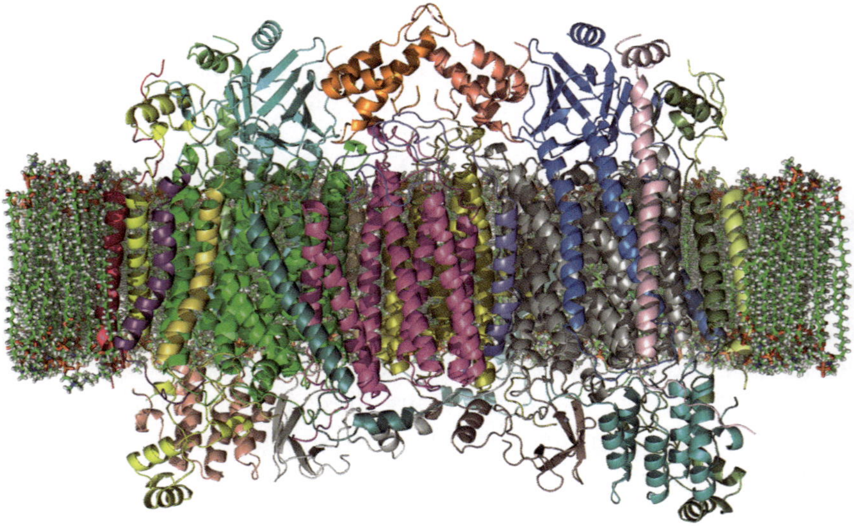

Abb. Cytochrom C Die Komplexität ist nicht zu übersehen. Diese Enzyme sind bereits bei den ersten Lebewesen nachweisbar.

Eines der wichtigsten Enzyme ist die Cytochrom C-Oxidase in den Mitochondrien. Man kann sich die komplexe Struktur kaum vorstellen. Sie kann Wasserstoff an Sauerstoff binden und somit Wasser bilden und somit körpereigene Energie (ATP) bilden. Diese Oxidation (Verbrennung) wird bei 37 Grad durchgeführt. Bisher kennen wir kein technisches Verfahren, bei dem eine Verbrennung bei 37 Grad und noch darunter funktioniert.

10-100 Billionen Körperzellen

In jeder dieser 10-100 Billionen Körperzellen befinden sich mehr als 1000 Mitochondrien. Im Herzen befinden sich etwa 2000 und im Gehirn etwa 10000 Mitochondrien pro Zelle. Da wir 100 Millionen Gehirnzellen haben und 10000 Mitochondrien pro Gehirnzelle vorhanden sind, befinden sich im Gehirn 1000 Milliarden (1 Billion) Mitochondrien.

Jede Gehirnzelle benötigt Sauerstoff, um zu überleben. Ohne diesen Stoffwechsel kommt es sofort zum Untergang von Gehirnzellen. Deshalb ist ein Verlust an Sauerstoff für 5 Minuten mit dem Leben nicht mehr vereinbar. Somit ist eine Reanimation bei Herzstillstand oder bei akuter Bewusstlosigkeit absolut lebensnotwendig.
Somit wird deutlich, dass das Gehirn, obwohl es nur 5% der Körpermasse hat, 20 % der Energie verbraucht. Eine Fettzelle hingegen hat nur etwa 500 Mitochondrien (biogenetisches Naturgesetz).
Dies geht nur durch eine Planung, die so differenziert konstruiert sein muss, dass es zu keiner Fehlsteuerung kommen darf. Würde eine Gehirnzelle mit einer derartig geringen Zahl an Mitochondrien wie eine Fettzelle arbeiten, wäre unsere intellektuelle Leistung, wie wir sie beim Menschen haben, überhaupt gar nicht möglich (biogenetisches Naturgesetz).

Dies alles setzt Planung voraus und ist nicht durch Zufall zu erklären.
Ein Mensch bildet pro Tag durchschnittlich 70 kg ATP als Energiepaket, um die Körperfunktion aufrechtzuerhalten (biogenetisches Naturgesetz).
Somit wird deutlich, ohne Planung, ohne Stabilität der genetischen Information, ist dies nicht möglich. Eine Evolution durch Mutation würde sofort zu einem Untergang führen und somit jedes Leben sofort auslöschen.

In jedem Vorgang dieser Zellfunktionen müssen tausende Stoffwechselvorgänge zuerst durch Planung vorbereitet werden. Keine Mutation, keine Selektion, und auch keine Evolution könnten solche genialen Lebensvorgänge schaffen.
Nur Schöpfung garantiert diese Stabilität der DNA, sie garantiert, dass nicht durch Mutation dieser einmalige Stoffwechsel zerstört wird, und lässt die Aufrechterhaltung des Lebens seit Millionen Jahren stabil bleiben. Durch Mutation kann auf keinen Fall die Genetik über Millionen von Jahren gesichert werden.
Man muss schon etwas Unverständnis mitbringen, wenn man nicht erkennt, dass hier eine Mutation (bei Milliarden von Ladungs- bzw. Elektronenvorgängen und Ionenverschiebungen pro Minute) zum Untergang der Zelle und zum Tod führen würde.
Über Milliarden von Jahren (auch in den ersten Lebensformen) wurde durch Mutationsresistenz dieses System stabil gehalten (biogenetisches Naturgesetz). Die Erbanlagen unserer DNA Bausteine müssen seit Milliarden von Jahren immer mutationsresistent sein, da medizinisch Mutation zu Tod und Untergang und nicht zur Weiterentwicklung führt.
Selektion und Mutation, die Ideologie der Evolutionstheorie steht wie immer im Widerspruch zu den Naturgesetzen.
Auch das Entropiegesetz widerspricht in diesem Punkt in allen Bereichen der Evolutionstheorie.

In der Abbildung auf Seite 19 sehen Sie DNA - Bausteine, die unsere Erbanlagen beinhalten. Ein DNA- Baustein besteht aus einer Base, einem Fünffachzucker, der Desoxyribose genannt wird (einfachhalber sprechen wir von Ribose) und einem Phosphat (-Molekül). Diese 3 Bausteine müssen zu einen DNA Baustein verbunden werden. Nur durch Enzyme ist dies möglich. Und diese Enzyme können nur durch eine DNA hergestellt werden. Somit ist biochemisch eindeutig belegt, dass Leben nur durch Leben entstehen kann, weil nur eine DNA die Enzyme herstellen kann, die für die Bildung selbst für einen einzigen DNA- Baustein notwendig ist. Durch ein weiteres Enzym kommt es zur Verknüpfung einzelner DNA-Bausteine und zum Aufbau der Erbanlagen. Dieser DNA-Strang entweder vom Vater oder von der Mutter ist „verschmolzen", zu einem entsprechenden DNA-Doppelstrang verknüpft.

In der Abbildung auf den Seiten 62 u. 299 sehen Sie, dass dieses Basenpaar über Wasserstoffbrückenbindungen (H-Bond) verbunden ist, sodass die DNA stabil bleiben kann.

Mehrfach habe ich schon darauf hingewiesen, dass sich dazwischen kein Wassermolekül befinden darf, weil es **sofort** zu einem Kettenabbruch und zur Zerstörung der DNA kommen würde.

In der Abbildung auf Seite 62 sehen Sie nochmals schematisch, wie das DNA-Molekül in seiner Helixstruktur, die damals von Watson und Krick zum ersten Mal beschrieben wurde, dargestellt wird.

Diese DNA-Struktur ist so in den Genen manifestiert.
Wird ein Stoffwechselvorgang eingeleitet oder eine Vermehrung dieser Zelle veranlasst, so kommt es zu einer Entfaltung der DNA mit Hilfe einer Polymerase, einem Enzym, das hilft bei der Vermehrung der DNA-Abschnitte.
Informationen aus der DNA führen durch Einsatz der entsprechenden DNA-Polymerasen zur Steuerung einer Zelle. Die Duplizierung einer Zelle ist noch wesentlich komplexer, sodass hier nicht darauf eingegangen werden kann. Dies zeigt nur, wie genial das Leben angelegt ist und nichts mit der Einfältigkeit und der hirnlosen Konzeption einer Evolutionstheorie zu tun hat. Die Planung für diese Steuerung von Stoffwechsel und Vermehrung der Zelle muss vorher in der DNA festgelegt worden sein.

Da die Steuerung der Zelle universal ist, muss sie auch seit Milliarden von Jahren stabil sein (biogenetisches Grundgesetz).
Im Gegensatz zur Evolutionstheorie darf keine Selektion durch Mutation stattfinden.
Selbst bei der Maus sind manche Gene zu 99,7 % mit dem Menschen gleich, obwohl nicht einmal der dümmste Evolutionist glaubt, dass der Mensch von der Maus abstammt.

Die Embryologie gibt uns den „schlagenden Beweis“ für die Evolution

J. Huxley hat in seinem Buch: „The Wonderful World of Life”, (The Story of Evolution 1958, p. 15), das Zitat gebracht, dass die Embryologie der schlagende Beweis für die Evolution ist.

Er versuchte zu belegen, „dass viele Tiere, die ausgewachsen sehr unterschiedlich sind, als Embryos schwer auseinanderzuhalten sind.
Selbst die jungen Embryos von Eidechsen, Hasen, Affen oder Menschen sind sich sehr ähnlich“. Er folgerte daraus, dass sie alle auf eine gemeinsame Abstammung zurückgehen.

In der Abbildung (p.44) zeigte er Beispiele, wie Fische, Schweine, Menschen als Embryo alle gleich aussehen und er wollte damit belegen, dass die Evolution von einer einzigen Zelle ausgegangen sei und somit die Embryologie der Beweis für die Evolution sei.

Häckel hat als erstes diese Fälschungen durchgeführt als er einen menschlichen Embryo nahm, ihn sowohl dem Fisch, dem Salamander, der Taube, dem Huhn, dem Hasen und natürlich auch dem Menschen zuordnete.
Dann zeichnete er mit einer unglaublichen kriminellen Energie Zwischenstufen zu den oben aufgeführten Lebewesen, um die Evolution zu belegen.
(Abb. p. 44 + 47)

Unsere Rundfunk- und Fernsehanstalten, unsere Presse und unsere Schulbücher hatten diesen kriminellen Wissenschaftsbetrug voll übernommen und dies gilt teilweise heute noch als Lehrmittel in den Schulen (s. später). Keiner hinterfragte diese Manipulationen.

Untersuchungen von Prof. Blechschmidt

Prof. Dr. Blechschmidt war Lehrstuhlinhaber an der Universität in Göttingen und hat über 30.000 Embryos aus Eileiterschwangerschaften untersucht.

Diese Embryos wurden deshalb entnommen, weil es keine echten Schwangerschaften waren, weil nur eine Einnistung des Eies in der Gebärmutter eine echte Schwangerschaft ist. Hier handelt es sich nicht um Abtreibungen, da diese Embryos nicht überlebensfähig sind und auch eine Lebensgefahr für die Mutter besteht.

Er konnte wie kein anderer Wissenschaftler zeigen, dass bei einem Embryo bereits innerhalb von weniger als 8 Tagen ein Unterschied zwischen Mensch und anderen Embryos von Tieren bestand. Und jeder Embryo war bereits ein Original.
Somit konnten die Fälschungen Häckels eindeutig als Betrug entlarvt werden.

Die Kiemenlüge beim menschlichen Embryo

Selbst ich musste ein Referat halten, wo ich in der Embryologie über die Kiemen beim Embryo berichten musste. Aber nur deshalb, weil mir auch zuvor Lügen erzählt wurden, bzw. mir nur manipulierte Lehrinhalte vorlagen. Ich fragte mich schon, warum ein Embryo Kiemen zum Atmen im Uterus der Mutter benötigt, da er doch seinen Sauerstoff und die Nahrung über die Nabelschnur von der Mutter bekommt. Es macht doch keinen Sinn, warum Kiemen angelegt werden sollten, da sie funktionslos gewesen wären.
In dem Fruchtwasser, in dem der Embryo schwimmt, gibt es doch keinen Sauerstoff, Kiemen wären nutzlos. Sie müssten dann später in Lungen umgewandelt werden. Nur eine unsinnige evolutionäre Planung kann einen solchen paranoiden Plan sich ausdenken. Ein unsinniger Energieverlust wäre die Folge. In der Fruchtblase der Mutter, in dem der Embryo schwimmt, könnten die Kiemen, wie bei den Fischen, keinen Sauerstoff aus dem Fruchtwasser herausfiltern.
Außerdem benötigt die Fruchtblase keinen Sauerstoff. Somit sind die Kiemen doch nutzlos.
Ich habe diese sinnlose Konstruktion nie verstanden, wenn alles so einmalig genial geplant ist in der Natur, warum werden völlig unnötige und somit unsinnige Kiemen angelegt.
Sie sehen, auch ich wurde für dumm verkauft von der evolutionären Lügenmafia.
Es gibt keine stammesgeschichtliche (phylogenetische) Abstammungsbelege,

wie von „modernen“ Abstammungs-Lehrmeinungen (s. Häckel „Moderne Abstammungslehre“: „Die Ontogenese wiederholt die Phylogenese“), sondern sie sind Fälschungen (Richardson).

Irrlehre in den Lehrbüchern

Die als Kiemen „verkaufte“ Faltungen beim menschlichen Embryo waren etwas ganz anderes, nämlich Teile des Kopfes z.B. Oberkiefer, Unterkiefer und Rachen und somit keine Kiemen, die ein Beleg für die Evolutionstheorie, für die Abstammung von den Fischen sein sollten. Kiemen für Fische sind notwendig, um aus dem Wasser Sauerstoff zu entnehmen, um ihn dem Blutkreislauf zur Verfügung zu stellen. Beim Menschen haben die Lungen diese Funktion, um Sauerstoff aus der Luft aufzunehmen und an das Blut abzugeben.

Hier ist erneut belegt, wie in der gesamten Evolutionstheorie wissenschaftliche Tatsachen und Fakten umgedeutet werden, um eine Ideologie zu verkaufen, nur um Schöpfung durch einen Schöpfer zu leugnen.

Ich konnte mir auch nicht vorstellen, wie Kiemen sich in Lungen umwandeln sollten. Dies kennt man nicht einmal bei den Delphinen, die im Meer leben. Es wäre bei diesen Säugetieren (Delphine) im embryonalen Stadium nicht sinnvoll, statt über Lungen über Kiemen zu atmen. Obwohl sie Meerestiere sind, atmen sie mit Lungen.
Aber so ist es in der Wissenschaft und Lehre, man muss auch Irrlehren gegen die Vernunft und Logik lernen und unterrichten, wenn sie zum Irrlehren-Dogmatismus beitragen, obwohl man hier spürt, dass etwas nicht stimmen kann.
Wie sagte Goebbels (Propaganda-Minister des Evolutionisten Hitlers)? „Man muss nur die Lügen ständig wiederholen, dann nehmen die Leute diese als Wahrheit an“.
So konnte Prof. Blechschmidt zeigen, dass die Faltenbildung, die man für Kiemen hielt, bereits bei tausenden menschlichen Embryos ab 3 ½ Wochen belegen, dass es sich um Ober- und Unterkiefer, also um Gesichtsbestandteile handelte und nie Ansätze von Kiemen vorhanden waren.
Diese Fälschungen in der Embryologie wurden als der schlagende Beweis

für die Evolutionstheorie noch von J. Huxley gewertet, der dies 1958 noch behauptete.

Sein Großvater (Huxley) hat mit Darwin übereingestimmt, dass die evolutionäre Entwicklung durch Mutation und Selektion stattfand und die Triebfeder für die Entstehung der Arten ist. Dabei wird gezeigt, dass jede Form von Abstammung bzw. Übergang von einer Gattung zu einer weiteren Gattung ein Betrug war.

In der Abbildung Seite 46 ist belegt, wie der Betrug von Häckel selbst dokumentiert wurde.

J. Huxley wurde noch der erste Präsident der UNESCO (UNO). So kann man sehen, mit welchen Irrlehren man Karriere machen kann.

In der nächsten Abbildung sehen Sie einen 6 ½ Wochen alten Embryo, der nicht einmal 2 cm groß ist und schon ein kleines Näschen hat.

In der Abbildung sehen Sie einen 21mm großen Embryo, der schon einen vollausgebildeten Schädel hat, mit Händen und Armen. Bei keinem Lebewesen finden wir solche Ausprägungen im Gegensatz zu Häckels Zeichnungen.

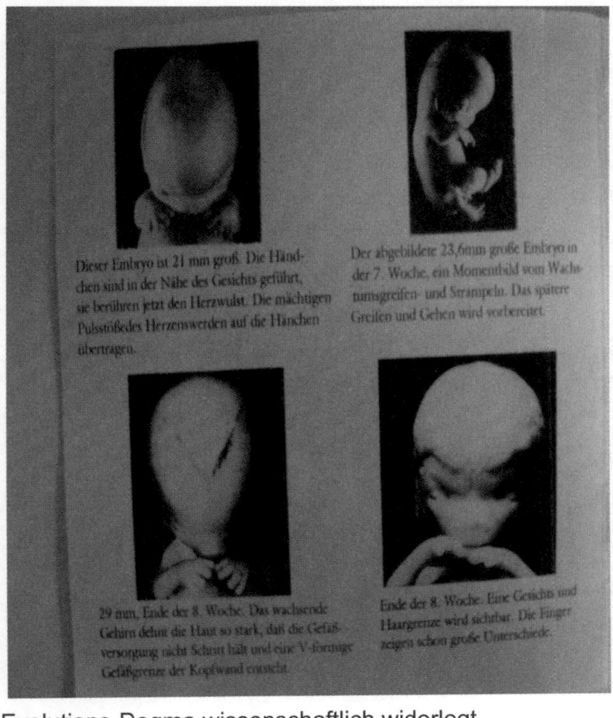

Im Gegensatz zu den „Untersuchungen" Häckels sind hier tatsächliche embryonale Bilder gezeigt, die Prof. Dr. Blechschmidt auf wissenschaftlicher Basis erstellt hat. Es ist ein Drama, was uns über hundert Jahre von den Darwinisten vorgegaukelt wurde. Bereits zu Beginn finden sich Hände und Füße. (Vgl. dagegen Huxley)

Die Hände sind in der Nähe des Gesichtes und ein Embryo in der achten Woche zeigt schon im Gesicht die Haargrenze am Schädel.
Auch die Finger sind schon deutlich ausgeprägt. Und die Gesichtsform wird ebenfalls deutlich sichtbar.

Die Öffentlichkeit und der Wissenschaftsbetrug von Huxley

Michael Richardson beschrieb in der Times London am 11. August 1997 (S. 14), was Häckel tat. Er nahm einen menschlichen Embryo und kopierte ihn und dabei gab er vor, dass der Salamander und das Schwein und die anderen auf der gleichen Entwicklungsstufe gleich aussehen würden.
Sie sehen nicht gleich aus, sie sind Fälschungen.
Michael Richardson schrieb: „Dies ist einer der schlimmsten Fälle von Wissenschaftsbetrug."

C. Hickman et al., schrieb 2001, dass die Kiemenbögen keine Vorstufen von Atmungsfunktionen, weder in Embryos von Menschen noch bei anderen Säugetieren sind, sondern es sind Kopfteile.

Man muß sich schon die Frage stellen, warum diese Betrüger die an Wissenschaftsbetrug nicht zu überbieten sind nur in wenigen Zeilen in der Zeitung (Times) erwähnt wurden (dies ist geradezu erschreckend)
Haben Sie schon je einmal in unseren öffentlichen rechtlichen Rundfunkanstalten von einem Journalisten gehört, dass er den Betrug von Häckel und Huxley offenlegt?
Diese Fälschungen sind wissenschaftlich belegt und sie werden immer noch in Rundfunk und Fernsehen als Wahrheit verkauft und der Betrug wird verschwiegen.
Diese Manipulationen, wie sie typisch sind für Nationalsozialisten und Kommunisten, finden sich hier und heute noch im vollendeten Irrlehren-Dogmatismus unserer Rundfunk- und Fernsehanstalten.

Warum werden diese kriminellen Machenschaften in der Wissenschaft, (die so offensichtlich sind) vertuscht? Will man vorsätzlich die Öffentlichkeit belügen?

Im Folgenden wird nochmals auf die neueren Untersuchungen eingegangen, in dem gezeigt wird, dass der Mensch vom Homo habilis oder Homo erectus (Mensch) überhaupt bzw. gar nicht abstammen kann.

B. Wood und M. Collard publizierten in der Science 1999 (284) S. 66-70, den Vergleich von Homo habilis und dem Menschen.
Der Homo habilis wurde bisher als Vorstufe des Menschen eingestuft.
Von der Gehirngröße und Körpergewicht unterscheidet er sich vom Menschen. Dies ist jedoch noch kein absoluter Beleg dafür, dass hier eine Verwandtschaft vorliegen könnte. Aber entscheidend ist, wie bereits oben ausgeführt, dass die Hände und Langknochen (Arme und Beine) beim Homo habilis die eines Kletterers sind. Beim Menschen sind die Knochen von den Armen und Beinen völlig anders gestaltet. Wie oben aufgeführt, zeigen die Affen einen abstehenden Zeh zum Greifen von Ästen, während der anliegende große Zeh beim Menschen zur Stabilisierung des aufrechten Ganges notwendig ist.
Er zog somit die Schlussfolgerung, dass vom Homo habilis der Homo entfernt werden und dem Typen Australopithecus zugeordnet werden sollte.
Der Australopithecus wird heute als eine ausgestorbene Affenart betrachtet. Auch Lucy gehörte zu dieser Gruppe.
Eine ähnliche Schlussfolgerung gilt auch für Homo Rudolfensis.

Früher schrieb bereits R.J. Clark und P.V. Tobias in der Science 1995 (269) S. 521, 524, dass die Entdeckung von vier Fußknochen die Belege liefern, dass der Australopithecus-Fuß einen affenähnlichen großen Zeh besaß, der von den anderen Zehen abstand und hoch mobil war und somit nicht mit einem menschlichen großen Zeh, der für den aufrechten Gang notwendig ist, vergleichbar ist.
Hier sind genetische Unterschiede vorhanden, die sich in tausenden von DNA-Bausteinen (=DNA-Molekülen) zwischen Menschen und Affen unterscheiden.

Sprache und Syntax zeichnen alle Menschen aus

Kein Affe kann eine Sprache erlernen. Es ist doch erwiesen, dass die Menschen vor 3000 Jahren schon so sprachen wie heute. Wer Latein oder Griechisch gelernt hat, der kennt Sprache und Syntax. Der Affe ist auch nach Millionen Jahren nicht höher evolutioniert. Wer die Afrikaner versklaven will, muss an die Evolution glauben.

Vollständige Syntax und Grammatik **Keine Syntax, keine Grammatik**

Der Fuß des Australopithecus unterscheidet sich nicht von dem eines Schimpansen

Es ist erfreulich, dass B. Wood aufrichtigerweise seinen Studenten mitteilte, dass es ihm leid tut, man könne die frühen Hominiden (angebliche Vorstufen des Menschen) von frühesten Schimpansen-Vorfahren (Abbildung s.19) kaum unterscheiden.
Ein Eingeständnis, das belegt, dass diese Affenvorfahren nichts mit dem Menschen zu tun haben und nur ein Versuch waren, eine Evolution vorzutäuschen, die nie stattgefunden hat.

Jede Tierart hat viele Unterrassen

Die Rasse eines Tieres unterscheidet sich völlig von der Rasse eines anderen Tieres. Millionen DNA-Bausteine sind heute genetisch der Beleg für den Unterschied jeder Tiergattung.
Abbildung: Hunderassen

Hundert Hunderassen gibt es. Die Abbildung der Hunde zeigt die genetische Vielfalt einer Tiergattung. Nie ist eine Mutation nötig. Sie sind somit untereinander fortpflanzungsfähig.

Wie oben aufgeführt, ist eine Zeugung nur innerhalb einer Rasse möglich. So kann sich eine Tierart z.B. bei Hunden in mehr als 200 Hunderassen aufspalten, auch eine Kreuzung innerhalb dieser Hunderassen ist möglich und es können dann auch weitere neue Hunderassen entstehen. Aber es ist keine Kreuzung zwischen Hund und Katze möglich, selbst wenn sie im gleichen Haushalt wohnen und sich auch gut verstehen. Bei uns zuhause schmiegte sich unsere Katze stets an den Hund an, aber sie waren nie Geschlechtspartner.

Innerhalb einer Paarhufenart, wo die Verwandtschaft sehr eng ist, kann es zu einer Kreuzung kommen, die Nachkommen dieser Kreuzungen sind aber meistens nicht mehr weiter zeugungsfähig.

Hier findet man, dass die DNA relativ ähnlich (gleiche Chromosomenzahl) ist und nicht so unterschiedlich wie zwischen Affen und Mensch, die sich in der Länge von über 11 % unterscheiden.

Somit ist auch eine Kreuzung zwischen Menschen und Affen nicht möglich, weil der Mensch nicht vom Affen abstammt. Nur derjenige, der glaubt, er stamme vom Affen ab, darf sich intellektuell auf dieser horizontalen Ebene bewegen.

Kein Afrikaner glaubt, dass er vom Affen abstamme

Jeder Afrikaner ist stolz auf sein Wissen und erklärt, jetzt ist endlich der Beweis geliefert, dass wir von Gott und nicht vom Affen abstammen.

Die Europäer werden jetzt dafür bestraft, dass sie uns versklavt haben und uns als Untermenschen betrachtet haben, deshalb müssen sie jetzt glauben, dass sie vom Affen abstammen würden. (pers. Mitteilung eines Wissenschaftlers Dr. S.)

Zusammenfassung des 1 Kapitels - Resümee.

Rassen und Artenbildung sind durch Verlust der genetischen Variation hervorgerufen und durch Herauszüchten von bestimmten Eigenschaften.
Typisch dabei ist, dass diese isolierten Züchtungen immer noch weiterhin Nachkommen züchten können.
Isolation und Inzucht führt zu Genabschaltung bzw. Genverlust. Der Nachteil von natürlicher Selektion ist, dass, wenn es zu einer neuen Umweltsituation kommt, so können diese Inzuchtformen Nachteile erleiden und zum Aussterben führen, wie wir dies vermutlich bei einigen Affenarten erlebt haben.
Man geht heute davon aus, dass es durch Züchtung zu einer stärkeren Ausprägung bestimmter Gene kommt und andere Gene abgeschaltet werden, da durch Schöpfung eine hohe Komplexität der Gene vorhanden ist. In der Evolution wäre nur ein Klon möglich.

Neue wissenschaftliche Zusammenhänge über Affe und Mensch

Wie in früheren Untersuchungen mitgeteilt wurde, unterscheidet sich die menschliche DNA zum Affen um 1%. Dies ist mittlerweile als Mythos nachgewiesen. Grund war die Feststellung, dass bei diesen Untersuchungen nur 1% der DNA untersucht wurde. Mittlerweile wissen wir, dass das Affengenom um über 11% größer ist, als das menschliche. (Cohan, Science 2007 (316) p. 1835)

Geschwind et. al. zeigte, dass die Gehirn-Gene einen Unterschied von 17,4% zwischen Affe und Mensch aufzeigen.
Dies ist nicht nur ein charakteristischer Unterschied zwischen der Funktionstüchtigkeit der Hand zwischen Affe und Mensch, sondern es geht vor allem um die intellektuelle Leistungsfähigkeit. Die Neuronen unterscheiden sich gewaltig zwischen Affe und Mensch.

Zusammenfassend kann gesagt werden, dass aufgrund der Genetik, der Erbanlage von Tier- und Pflanzenwelt und der Komplexität des Lebens, die Evolutionstheorie absolut nicht haltbar ist.

Triebfeder der Evolution fand nie statt

Die Triebfeder der Evolution, Selektion durch Mutation, ist für die Entstehung des Lebens aus anorganischen Teilchen wie Sand, Staub, Lehm und Gasen naturwissenschaftlich nicht möglich. Die „vermutete Ursuppe“ (Miller-Experiment) hätte Leben, selbst wenn es vorhanden gewesen wäre, vernichtet, da sie hoch giftig ist.
Eine Entstehung wäre absolut ausgeschlossen, da weder Enzyme noch DNA vorhanden waren noch hätten überleben können.

Evolution widerspricht den Naturgesetzen

Die Evolution widerspricht den Naturgesetzen, da sie dem zweiten Hauptsatz der Thermodynamik widerspricht. Hier wird eindeutig das Entropiegesetz verletzt, weil es nie eine Höherentwicklung gibt.

Keinen einzigen Erbanlagenbaustein (DNA-Baustein) gibt es in der unbelebten Natur und er kann laut Naturgesetz dort auch nicht entstehen.
Ein DNA-Baustein besteht aus einem Phosphat, einem Zucker (Ribose, genauer Desoxyribose) und einer Base, diese drei Bausteine bilden einen DNA-Baustein (Seite 19), aber nur mit Enzymen.
Wie oben gezeigt wurde, können diese Enzyme jedoch nur durch Leben entstehen, außerdem können auch nur diesen Basen und die Ribose (Zucker) durch Leben entstehen.

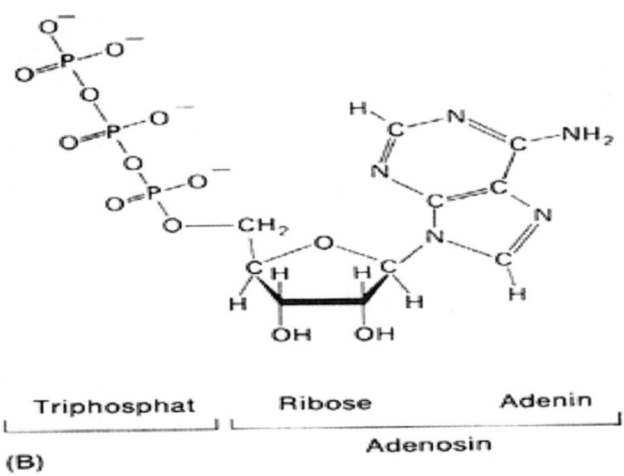

Abb.
Adenosin-Tri-Phosphat
Die Energie für die Stoffwechsel-vorgänge der Zelle werden durch ATP (Abb.) geliefert.
Auch hier muss zuvor Leben vorhanden sein, um diese Substanz zu bilden.

Somit wird deutlich, dass ohne Leben weder eine Base, noch ein Zucker noch die Energie (ATP) aus Sand und Lehm entstehen kann (biogenetisches Grundgesetz).

Die Verknüpfung von einem Zucker mit dem Nukleotid kann auch nur durch Enzyme stattfinden, sodass absolut belegt ist, dass Leben nur durch Leben entstehen kann.

Es müssen deshalb die Naturgesetze um ein Gesetz erweitert werden, das lautet: „Leben kann nur durch Leben entstehen". Deshalb haben wir ein biogenetisches Naturgesetz formuliert.

<u>Die Herstellung von Eiweißen (Proteinen)</u>

Eiweiße sind ein wichtiger Bestandteil unserer Nahrung.
Wir können zwar ohne Kohlenhydrate leben, das heißt ohne Zuckermoleküle, aber nicht ohne Eiweiß, weil Eiweiß ein wesentlicher Bestandteil unseres Lebens ist.
Selbst von Eiweiß allein kann man ohne Kohlenhydrate leben, aber nicht umgekehrt.
Dies liegt daran, dass Kohlenhydrate nicht zu Eiweiß (ohne Leben) aufgebaut werden können, dagegen können Eiweiße in Kohlenhydrate (nur mit Leben) umgewandelt werden.

Deshalb sind Eiweiß, oder wie sie in der Naturwissenschaft genannt werden, Proteine, lebensnotwendige Bestandteile und sie werden in einem komplexen Vorgang in der Zelle gebildet.
Um ein Verständnis für diese lebensnotwendigen Produkte zu bekommen, möchte ich in wenigen Worten und sehr stark vereinfacht, die biochemischen Zusammenhänge darstellen.

Wie ein Eiweißmolekül auszusehen hat, ist in den Erbinformationen der DNA gespeichert.
Muss ein neues Proteinmolekül hergestellt werden, um zum Beispiel Muskeln aufzubauen oder den Gehirnstoffwechsel zu unterstützen, so muss die Information aus der DNA, aus den Erbanlagen einer Zelle abgelesen werden.

Die Messenger-DNA (m-RNA)

Die Messenger-DNA (m-RNA) wird durch Aufdrehen der DNA gebildet und durch Anlegen von Ribonukleinsäuren wird eine Information vom Zellkern durch Bildung der sogenannten Messenger-RNA (Boten-RNA) hergestellt, um die Information zur Bildung eines Proteins zu erhalten.

Diese Messenger-RNA, die die Information für den Bau eines neuen Proteins enthält, benötigt jetzt erneut Enzyme, man bezeichnet sie als S30 und S50 Ribosomen (Biogenetisches Gesetz).
Mithilfe dieser extrem komplexen Enzyme werden dann Aminosäuren in genau definierter Reihenfolge aneinander angelagert (biogenetisches Naturgesetz).
Die Information dieser Ribonukleinsäure aus der Messenger-RNA muss zuvor ebenfalls aus der DNA kommen. Ohne Planung und Vorhersehung ist diese komplexe Steuerung gar nicht möglich (biogenetisches Naturgesetz).
(Publikation: Prof. Vollmert: „Die Entstehung der Lebewesen in naturwissenschaftlicher Sicht." S.49 Gustav Siewerth Akademie Band 5)

Nur linksdrehende Aminosäuren können verwendet werden

In der Zelle dürfen nur linksdrehende Aminosäuren zur Bildung von Eiweißen eingebaut werden. Bei jeder technischen Herstellung von Aminosäuren in einem Labor entsteht immer ein Racemat, das heißt immer eine rechtsdrehende und eine linksdrehende Aminosäure in gleicher Anzahl. Aber im menschlichen Eiweiß dürfen nur linksdrehende Aminosäuren verwendet werden (biogenetisches Grundgesetz).

Man sollte sich einige Minuten Zeit nehmen, um sich allein die Bildung von Eiweißen vorzustellen. Unser Organismus kann pro Sekunde Tausende von diesen Aminosäuren korrekt aneinander lagern, ohne dass Fehler auftreten (biogenetisches Naturgesetz).

.

Bei Morbus Alzheimer wissen wir, dass eine einzige falsche Aminosäure die Ursache für Plaques-Bildungen und somit für Ablagerungen im Gehirn verantwortlich ist (s. B. Morbus Alzheimer, eine Erkrankung, die ihren Schrecken verliert. Dr. Dr. Weth)

Man kann sehen, dass immer 3 Basen für eine Aminosäure kodieren (z.B. GAA). Diesen komplexen Vorgang durch Zufall zu erklären, widerspricht jedem logischem Verständnis (biogenetisches Naturgesetz).

Die Urknalltheorie und ihr Begründer Georges Edouard Lemaître

Georges Edouard Lemaître (* 17. Juli 1894 in Charleroi, Belgien; † 20. Juni 1966 in Löwen, Belgien) war ein belgischer Theologe, Priester und Astrophysiker. Er gilt als Begründer der Urknalltheorie (Siehe s.o.).

Beginn des Kosmos widerlegt den Materialismus.

Seit über zwei Tausend Jahren verkauften uns die Materialisten ihre Ideologie, dass die Materie der Anfang des Kosmos war. Aus dieser Materie soll sich dann alles entwickelt haben. Diese Irrlehre wurde ebenso entlarvt wie die Entstehung des Lebens, als sie behaupteten aus der sogenannten Ursuppe sei die erste Zelle entstanden, die sich bis zum Menschen weiterentwickelt hat.

Aus dem Nichts kann Nichts kommen, das ist eine Tatsache, weil es ein Naturgesetz ist und unser Leben und die Materie nur durch Naturgesetze geregelt wird.

Oder:
wissenschaftlich kann aus dem Nichts nur das Nichts entstehen.
Die Naturgesetze schuf Gott durch Schöpfung und innerhalb einer Sekunde schuf Gott die Energie des Alls.

Wie oben gezeigt kann Leben nur durch Leben entstehen (biogenetisches Naturgesetz) und somit kann es nur durch Schöpfung möglich sein. Evolution ist ausgeschlossen, weil es den Naturgesetzen widerspricht. Denn, chaotische Zufälle können im Widerspruch zu den Naturgesetzen niemals neue Strukturen wie eine DNA erschaffen.
Wissenschaftlich ist es eine Tatsache, dass ohne Enzyme niemals ein einziges Mal ein DNA-Baustein hergestellt werden kann. Wie sollten dann 3,4 Milliarden entstehen können für einen einzigen Menschen.

Somit gilt auch in der Physik, der Chemie und auch in anderen Wissenschaften, dass nur Planung, also ein durchdachter Schöpfungs-Akt in Frage kommen kann.

Wer könnte eine derartige Energie erschaffen, dass aus einem **<u>Lichtblitz</u>** die Energie für Milliarden von Galaxien, Milliarden von Sonnen pro Galaxie und ihre unzählbaren Planeten kommen kann.
Eine einzigartige Person kann nur in Frage kommen. Diese Person wurde uns laut Offenbarung der Bibel auch als der **<u>Schöpfer des Kosmos und des Lebens</u>** genannt. Ihr Name ist **<u>Gott</u>** der Schöpfer des Himmels und der Erde.
Wer hält uns für so dumm, dass wir uns aufbinden lassen, dass im Widerspruch zu den Naturgesetzen die gesamte Energie des Universums aus dem Nichts entstehen kann. Woher sollte dieses gewaltige Licht, dass der Beginn des Kosmos war, herkommen.
Alle Elemente auf der Erde unterliegen einer Ordnung.
Das Leben kann sich nur aus bestimmten geformten linksdrehenden L-Aminosäuren bilden. Die DNA, in der unsere Erbanlagen gespeichert sind, besteht auch Milliarden von DNA-Bausteinen.

Mit Betrug und Fälschungen in der Embryologie fing die Täuschung an,
wenn ein Affe zum Menschen wird, dann spricht man vom Evolutionswahn,

Die Evolution(s-Hypothese) widerspricht, wissenschaftlichen Tatsachen
Deshalb kann man aus Nichts plus Nichts den Urknall machen

Auch hier ist diese Materialisten-Ideologie erneut durch die Entdeckung des Urknalls, weil das Universum einen Beginn hat, als Lüge und Betrug entlarvt worden.

Die logisch und intelligent konstruierte Materie (siehe unter „Perioden-system“) setzt Planung voraus. Die Ordnung der Galaxien, Sonnen und Planeten wurden erst später geschaffen.
So wurde das Licht zu Beginn der Schöpfung als erstes geschaffen und zwar auf Grund der Naturgesetze. <u>Genau so wie es in der Bibel steht.</u>

Georges Edouard Lemaître ist der Vater der Urknall-Theorie:
Das Universum hat sich aus einer Singularität expandiert.

Seine wissenschaftlichen Arbeiten als Mathematiker, als auch als Astrophysiker, wurden zunächst abgelehnt, da sie dem gängigen Vorstellungen des Materialismus widersprachen, die davon ausgehen, dass die Materie der Beginn des Kosmos und auch des Lebens sei.

Aus dem Leben und Werk von **Georges Edouard Lemaître**
Schon in jungen Jahren wollte Lemaître Priester und Wissenschaftler werden. Als 17-Jähriger wechselte er von einer Jesuitenschule zur Katholischen Universität Löwen. Nach dem Krieg setzte er seine Studien in Löwen fort, wechselte jedoch vom Fach Technik zu Physik und Mathematik. Durch seine Kriegserlebnisse geleitet, schrieb er sich zusätzlich im Priesterseminar der Erzdiözese Mechelen ein.
1920 promovierte er mit der Arbeit *L'approximation des fonctions de plusieurs variables réelles („Näherung von Funktionen mehrerer reeller Variablen").* 1923 wurde er ordiniert. Mit seinem von Charles-Jean de La Vallée Poussin erlernten starken mathematischen Hintergrund setzte er seine Studien nun bis 1924 an der Universität Cambridge fort, wo Arthur Eddington ihn in die moderne Stellarastronomie und die numerische Analyse einführte.
Zwischen 1924 und 1927 folgte ein Studium am Massachusetts Institute of Technology mit Promotion. 1925 übernahm er an der Universität Löwen eine Teilzeitprofessur.
In Löwen begann er, seine Ideen zur **Expansion des Universums** aufzuschreiben. Erstmals erschien seine Arbeit 1927 in den *Annales de la Société scientifique de Bruxelles*, einer eher wenig bekannten Fachzeitschrift. Damit erschien seine Arbeit, die bereits wesentliche Grundzüge der Expansion des Universums darlegte, zwei Jahre früher als die Arbeiten Edwin Hubbles, dem das Konzept von der Expansion des Universums heute zugeschrieben wird.
Obwohl Lemaître der Erstentdecker war, er war sehr bescheiden, so versuchte er nie, ein Erstentdeckerrecht zu beanspruchen.
Lemaître beschäftigte sich zwangsläufig auch mit der Frage nach der Vereinbarkeit von katholischer Schöpfungslehre und wissenschaftlicher

Urknalltheorie. Im Dezember 1940 wurde er aufgrund seiner wissenschaftlichen Leistungen in die Päpstliche Akademie der Wissenschaften berufen. 1960 wurde Lemaître Präsident der Akademie; mit diesem Amt, das er bis zu seinem Tode bekleidete, war die Verleihung des Titels eines päpstlichen Prälaten verbunden.
In den 1950er Jahren verfolgte Lemaître mit großem Interesse das Aufkommen der elektronischen Rechenanlagen, der Computer. 1958 ließ er den ersten derartigen Apparat der Universität Löwen installieren.

Singularität oder der Beginn des Universums

Die Urknalltheorien werden nicht in einem Punkt im Raum, sondern in einem Punkt der Zeit („t = 0") als singulär bezeichnet. Sie beschreiben also nicht den Urknall selbst, sondern nur die Entwicklung des Universums danach (ab einem Alter von ca. 10^{-43} Sekunden), laut Definition. In der Anfangssingularität sind Raum und Zeit nicht vorhanden. Angaben darüber, wie groß sie war oder wie lange sie bestand, kann mit Sicherheit mit weniger als eine tausendstel Sekunde angegeben werden.
Somit dauerte der erste Schöpfungstag keine 24 Stunden. Viele Atheisten wollten mir klar machen, dass Gott dafür mehr Zeit benötigte. Wenn Gott soviel Energie für das ganze Universum in weniger als einer tausendstel Sekunde schaffen kann. Danach sind Wunder, die es auch noch heute gibt nur Peanuts.

Diese Zeit-Angabe ist sowieso relativ, da es noch keine Sonne gab, die für uns eine Zeitberechnung erst ermöglichte. Siehe bitte auch die Aufzeichnungen der hl. Hildegard, die diesen Lichtblitz als ersten Schöpfungstag aus dem Mund Gottes in einer Vision schon vor über 800 Jahren gesehen hat. Damals konnte sich dies keiner vorstellen, dass Licht der Beginn der Schöpfung sein soll.

1964 wurde Lemaître emeritiert. Zu seinen berühmtesten Schülern zählen André Deprit, einer der Erfinder der modernen Technik der schnellen Fourier-Transformation (mathematischer Algorithmus), und Georges Papy, Spezialist der Didaktik der modernen Mathematik.

Lemaîtres Korrespondenz ist leider minimal erhalten geblieben.

Die Entdeckung der kosmischen Mikrowellenstrahlung, erhärtete. seine Urknalltheorie. Kurz vor seinem Tod erfuhr Lemaître noch von dieser Entdeckung die seine Theorie erhärtete.

<u>Der Begriff „Urknall" sollte eine negative Beurteilung dieser Theorie sein</u>

Die Entstehung des Universums aus dem „Urknall" wurde als Unsinn angesehen, da Materialisten und Atheisten die Materie für den Beginn des Kosmos hielten. Deshalb wollte man diese wissenschaftliche Tatsache lächerlich als „Urknall" verballhornen.

Auch hier ging die Evolutions-Ideologie
vor der wahren Wissenschaft in die Knie.

Das Urlicht, wie es die hl Hildegard gesehen hat
kam aus Gottes Mund das war die erste Schöpfungstat.

Da hilf den Atheisten auch kein fälschen und betrügen
Materie steht nicht am Beginn, dass sind Evolutions-Lügen

Dawkins sagt die Schöpfung sei nur ein Gotteswahn.
doch gibt´s es die Naturgesetze nur durch einen Gottes-Plan

Das Chaos hat nachweislich laut Naturgesetz keinen Plan,
Ein Gehirn ohne Plan leidet an einen schizophrenen-Wahn

Lemaître stellte seine Ideen auf einem Kongress in London vor, der sich mit dem Ursprung des Universums und der Spiritualität beschäftigte. Er beschrieb seine Vorstellungen vom Ursprung des Universums als „Uratom", „ein kosmisches Ei, das im Moment der Entstehung des Universums explodierte". In diesem „Uratom" soll die gesamte heute im Universum vorhandene Materie zusammengepresst gewesen sein (Der Autor: Diese Energie kann nur als Licht vorliegen). Er zog dabei unter anderem die Rotverschiebung weit entfernter Galaxien heran. Seine Kritiker bezeichneten danach seine Theorie als Urknalltheorie (oder *Big Bang*). Eddington und auch Einstein lehnten sie zuerst ab, weil sie ihrer Meinung nach zu sehr an die christliche Vorstellung von der Erschaffung der Welt angelehnt war und weil sie vom physikalischen Standpunkt aus viele Unschönheiten hatte, wie beispielsweise Singularitäten (was heute von keinem mehr bestritten wird. Der Streit darüber hielt über mehrere Jahrzehnte an).

Albert Einstein bestätigt Lemaître

Auf einem Treffen (1933) gelang es Lemaître schließlich, Einstein von seiner Theorie zu überzeugen, nachdem er sie ihm in allen Einzelheiten dargelegt hatte.

Im Januar 1933 war der Georges Lemaitre, der auch katholischer Priester war, unterwegs mit Albert Einstein in Kalifornien auf einer Reihe von Seminaren. Seine detaillierte Urknall-Theorie überzeugte Einstein sehr und er applaudierte Lemaîtres.

Albert Einstein sagt über die Theorie Lemaîtres:

„Dies ist die schönste und befriedigendste Erklärung der Schöpfung, die ich jemals gehört habe".

Späte Bestätigung: Zwei Jahre vor Lemaîtres Tod entdeckten Arno Penzias und Robert Wilson die sogenannte Hintergrundstrahlung. Durch diese Entdeckung der beiden amerikanischen Wissenschaftler wurde endgültig seine Theorie bestätigt.

Hinweise auf den Big Bang

Ausgestattet mit modernster Technik und nach unzähligen Untersuchungen entdecken die beiden amerikanischen Astrophysiker Penzias und Wilson in Holmdelb (USA) im Mai 1964 eine schwache Radiowellenstrahlung,
die aus allen Himmelsrichtungen mit gleicher Intensität auf die Erde einfällt.
Eine solche kosmische Hintergrundstrahlung ist der endgültige Beweis für die Richtigkeit von Abbé Lemaîtres Urknalltheorie.
Sie gilt als direkter Beweis der Urknall-Theorie von Georges Lemaître.
Penzias und Wilson, erhielten dafür 1978 den Physik-Nobelpreis.

Papst Pius XII. ernennt den Priester und Entdecker Lemaître, zum Präsidenten der Päpstlichen Akademie der Wissenschaften.

Auf einer Tagung im November 1951 akzeptierte die *Päpstliche Akademie der Wissenschaften* Lemaîtres Theorie. Papst Pius XII. führte in einem abschließenden Vortrag aus, der mit dem Urknall zeitlich festlegbare Anfang der Welt sei einem göttlichen Schöpfungsakt entsprungen.

Entwickler der Urknalltheorie und gläubiger Christ
Abbé Georges Edouard Lemaître bestätigte den 1.Schöpfungstag

„Im Anfang schuf Gott Himmel und Erde.... Gott sprach: es werde Licht - und es wurde Licht." Die Entstehung der Welt wie sie in der Bibel im Buch Genesis beschrieben ist.
Das 1. Buch Mose ist keine wissenschaftliche Abhandlung.

Dieser Auffassung ist auch Georges Lemaître, studierter Astrophysiker und Katholischer Theologe.

Big Bang

Der Belgier präsentiert der Weltöffentlichkeit im Jahr 1927 eine Theorie, die die Entstehung des Universums mit einem großen Knall zu erklären versucht. Es ist die Geburtsstunde des Big Bang, des Urknalls.

Eine solche kosmische Hintergrundstrahlung ist der endgültige Beweis für die Richtigkeit von Abbé Lemaître Urknalltheorie.
Zwei Jahre vor seinem Tod erfährt Abbé Lemaître durch die Entdeckung der beiden amerikanischen Wissenschaftler endgültig seine Bestätigung.

Ein Priester und das Universum
Jahrzehntelang hat sich der belgische Priester mit der Entstehung des Universums beschäftigt, als Student an den Universitäten von Cambridge und Massachusetts, als Dozent an der Leuvens-Universität in Belgien.
„Wenn sich Galaxien voneinander entfernen, dann müssen sie in der Vergangenheit näher zusammengestanden haben. Sehr wahrscheinlich war in einer noch weiter zurückliegenden Vergangenheit das gesamte Universum in einem einzigen Punkt, sozusagen in einem Uratom konzentriert."
Und aus diesem Uratom, so schlussfolgert Lemaître weiter, entstand mit Hilfe des Urknalls das Universum.

Auslöser des Urknalls
Die Antwort auf die Frage: wer wiederum der Auslöser für diesen Urknall war, hat nicht der Physiker sondern der Theologe Lemaître gefunden. Nie haben seine wissenschaftlichen Überlegungen seinen Glauben an Gott ins Wanken gebracht.

Abbé Georges Lemaître stirbt am 20. Juni 1966 im belgischen Löwen.

Ehrungen:
Am 17. März 1934 erhielt Lemaître den Francqui-Preis, die höchste wissenschaftliche Auszeichnung Belgiens, aus der Hand König Leopolds III.
1936 Jules-Janssen-Preis

Das klassische Standardmodell der Urknalltheorie wird nach ihm *Lemaître-Universum* genannt.

Anlässlich seines 100. Geburtstages hat seine Geburtsstadt Charleroi die zum Flughafen führende Hauptstraße nach ihm benannt.

Das Institut für Astronomie und Geophysik der Katholischen Universität Löwen trägt seinen Namen.

Asteroid des Hauptgürtels, (1565) *Lemaître*, wurde nach ihm benannt.

Der Mondkrater *Lemaître* trägt seinen Namen.

Das fünfte Automated Transfer Vehicle (ATV) der ESA zur Versorgung der Internationalen Raumstation trug den Namen *Georges Lemaître*.
Lit:J J O'Connor and E F Robertson: *University of St. Andrews.*
Georges Henri-Joseph-Edouard Lemaître. Abgerufen am 22. Juli 2014.

Quellen:

Ulf von Rauchhaupt, *Der Vater des Urknalls*, Frankfurter Allgemeine Sonntagszeitung vom 20. Juli 2014, Seite 46

Georges Henri-Joseph-Edouard Lemaître: *Un univers homogène de Masse constante et de rayon croissant, rendant compte de la vitesse radiale des nébuleuses extra-galactiques.* Provided by the NASA Astrophysics Data System.

G. Lemaitre: *Un Univers homogene de masse constante et de rayon croissant rendant compte de la vitesse radiale des nebuleuses extra-galactiques.*
In: Annales de la Societe Scientifique de Bruxelles, A47, 1927, S. 49–59.

G. Lemaître: *Expansion of the universe, A homogeneous universe of constant mass and increasing radius accounting for the radial velocity of extra-galactic nebulae.* Monthly Notices of the Royal Astronomical Society, Band 91, März 1931, S. 483–490, abgerufen am 22. Juli 2014.

Mario Livio: *Mystery of the missing text solved. In: Nature, Band 479, 2011, S. 171–173,*

Francis Schussler Fiorensa, John P. Galvin: Systematic Theology: *Roman Catholic Perspectives (Theology and the Sciences).* 2011, Verlag Fortress Press, U.S, ISBN 9780800662912, S. 230.

Hartmut Lohmann: Georges Lemaître. In: *Biographisch-Bibliographisches Kirchenlexikon (BBKL).* Band 4, Bautz, Herzberg 1992, ISBN 3-88309-038-7, Sp. 1402–1405.

Harry Nussbaumer: *Achtzig Jahre expandierendes Universum. In: Sterne und Weltraum* ISSN 0039-1263, Jg. 46 (2007), Nr. 6, S. 36–44.

Wolfgang Schatz: *Georges Lemaître.* In: Astro-News, herausgegeben vom Astronomischen Arbeitskreis Pforzheim 1982 e.V., Ausgabe 3, 2012, S. 17–18.

Hans-Joachim Blome: *Die Entdeckung des Urknalls : Georges Lemaître und die moderne Kosmologie.* München: C.H.Beck, 2016. ISBN 340669215X.

Veröffentlichungen von G. Lemaitre im Astrophysics Data System (ADS)

Nachrufe auf G. Lemaitre im Astrophysics Data System
‚A Day Without Yesterday', Georges Lemaître & the Big Bang (engl.)
Revolution unseres Weltbildes. Der Vater des Urknalls.

Teil 2 - Natur widerspricht Zufall

Wissenschaftlicher Teil

Es gibt keine denkende Materie, die selbst Leben zeugen kann.

Bei der Diskussion darüber, ob das Universum (siehe später) durch Zufall oder durch Schöpfung entstanden ist, muss man sich an den Naturgesetzen orientieren. Das Universum und das Leben können nur durch Planung und Gesetzmäßigkeit geschaffen und erhalten werden. Die Zufallswahrscheinlichkeit kann man natürlich in einem geschlossenen System überprüfen. Aber die chemischen Reaktionen und die Herstellung neuer Verbindungen richten sich jedoch stets nach den Naturgesetzen und müssen durch Planung (Schöpfung) geschaffen werden.

Bisher haben die Anhänger der Evolutionstheorie leider überhaupt noch nicht erkannt, dass sie sich auch bei jeder Form von Leben und natürlich auch von anorganischen Produkten, das heißt von reiner Materie, sich auch auf die Naturgesetze beziehen müssen.

Mittlerweile sollte jeder erkannt haben, dass Materie kein Geist innewohnt, der von den ersten Evolutionisten durch den Monismus postuliert wurde.

Es gibt keine denkende Materie, die selbst Leben zeugen kann.

Die Materie besteht stets aus den vier Bestandteilen Protonen, Elektronen, Neutronen und Positronen.

Aus diesen Grundbausteinen ist unser Kosmos aufgebaut und auch alle Elemente im Periodensystem.

Das Periodensystem

Selbst das Periodensystem zeigt uns, dass die Elemente im Kosmos eine genaue Ordnung einhalten und klar definiert sind durch ihre physikalischen Eigenschaften. So haben die Alkali-Elemente (z.B. Natrium, Kalium) nur ein Elektron auf der äußersten Elektronen-Bahn (Schale) und die Halogene (Chlorid, Fluorid) aber 7 Elektronen.
Um die Elektronenzahl von 8, die notwendig ist um die Elektronenschale zu sättigen, vereinigen sich die Alkalimoleküle mit den Halogenen und bilden so stabile Moleküle, wie z.B. Kochsalz (Natriumchlorid).

Jedes Atom enthält nur 3 Teile

Selbst wenn man noch weiter in den Atomkern eintritt, liegt hier eine unglaubliche Ordnung vor. Das Silber-Atom oder Gold-Atom besteht im Atomkerninnern nicht aus Silber oder Gold-Atomteilchen sondern nur aus Neutronen und Protonen, ebenso das Natriumatom oder Chlorid-Atom oder jedes weitere Atom. Auf der Elektronen-Schale befinden sich die Elektronen. Nur durch die Anzahl der Protonen und der Neutronen im Atomkern ist ein Element wie Gold, Silber, Natrium oder Chlor charakterisiert.

Die Kern-Energie ist gewaltig

Die Energie, die einen Atomkern zusammen hält ist gewaltig, sodass man durch Spaltung von einem Uran-Kern Energie (Atom-Energie) gewinnen kann, Stellen Sie sich vor, welche Energie notwendig war, um diese Atome aus dem Licht in genau der richtigen Reihenfolge zu erschaffen.
Nur die genaue Anzahl dieser Protonen bzw. Neutronen machen das typische Bild eines Elements aus.
Es ist unglaublich komplex, wie man sieht, dass diese vielen möglichen Bestandteile von jedem Element und deren Verbindungen durch einen genialen einfachen Aufbau eines Atoms möglich ist. Deshalb sind mit wenigen Atomen millionenfache Verbindungen möglich.
Es ist also kein Chaos, sondern es ist höchste Ordnung, sodass wir Elemente haben, die unsere Erde zusammenhalten und kein chaotisches Wirrwarr vorliegt.

Betrachtet man unsere Elemente, die im Periodensystem genau definiert sind, so wird deutlich, dass dahinter nur ein genialer Schöpfungsakt stehen kann, diese Elemente sind so genial konstruiert, dass sie die Sterne und den Kosmos zusammenhalten.

Abb. Periodensystem

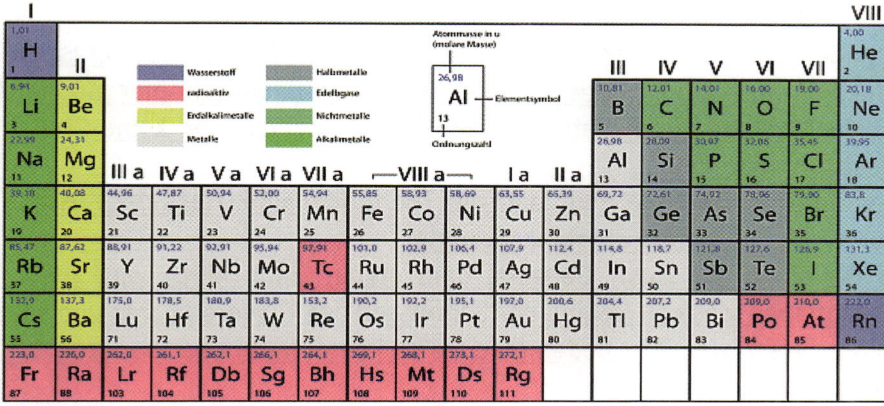

Das Besondere daran ist, dass diese Elemente genau in der gegebenen Zusammensetzung vorhanden sein müssen, damit das Leben auf der Erde überhaupt möglich ist. So spielen Kohlenstoff und Silizium, die vier Verbindungen eingehen können, eine entscheidende Rolle in der organischen (Kohlenstoff) und in der anorganischen (Silizium) Natur.

Wer nur ein bisschen von dieser Chemie begriffen hat, erkennt, wie genial selbst die kleinsten Elemente aufgebaut sind. Kein evolutionäres Chaos kann diese Ordnung schaffen (durch die „denkende“ Materie).

Der erste Hauptsatz der Thermodynamik (Naturgesetz)

Der erste Hauptsatz der Thermodynamik befasst sich mit Energie und Materie. Er wird als Energieerhaltungsgesetz bezeichnet.
Eines der bestbelegten Naturgesetze (Schöpfungsgesetze) überhaupt, ist im Energieerhaltungsgesetz festgelegt. Es besagt, dass Masse und Energie nicht verloren gehen und somit auch nicht neu entstehen können.

Licht, Materie in Form von Wärme, Elektrizität, Schall, und elektromagnetische Strahlung können teilweise oder voll ineinander übergehen, jedoch sich nicht aus sich selbst entwickeln oder entstehen.

Somit wird deutlich, dass Masse und Energie zusammenhängen und nichts aus dem Nichts entstehen können.

Aus dem Nichts kann keine Energie oder Masse entstehen. Daher ist die Erschaffung (Planung) des Kosmos nur durch einen Schöpfer möglich, da der Kosmos durch Naturgesetze (Gottes-Gesetze sind keine Chaos-Gesetze) geordnet ist.
Somit belegt der erste Hauptsatz der Thermodynamik, dass der Kosmos nur durch Schöpfung entstehen konnte.
In der Bibel, im Buch Genesis, dem ersten Buch Mose wird genau beschrieben, dass zu Beginn der Schöpfung das Universum leer und wirr (ohne Geist) war. Wirr bedeutet, dass es keine Naturgesetze (durch den Geist geordnet) gab.

Erst durch die Schöpfung kam Ordnung in den Kosmos.
Im Weiteren wird in der Bibel beschrieben: „ Am Anfang der Schöpfung sprach Gott: „Es werde Licht“ und es ward Licht. Das war der erste Schöpfungstag.
Für jeden wahren Naturwissenschaftler kann aus Null, d.h. aus dem Nichts, plus Null, nur Nichts entstehen.
Ohne Ordnung, d.h. ohne Naturgesetze, ohne Planung kann nichts eins werden. Somit kann auch das Universum und das Leben (Ordnung) nicht aus dem Nichts entstanden sein.
Der Kosmos und das Leben richten sich nur nach den Naturgesetzen. Aus dem Nichts kann keine Energie entstehen, also weder Licht noch Materie.
Nehmen wir an, dass der „Urknall“ der Beginn des Kosmos war, so musste alles in einem einzigen Punkt, die Energie als Masse oder Licht vorhanden sein. Alle Massen von Galaxien und Milchstraßen waren folglich in einem einzigen Punkt konzentriert. Der einzige Punkt kann nur Licht sein. Genau so steht es in der Bibel, die vor 3000 Jahren offenbart wurde.

Deshalb wissen wir aus der Schöpfungsgeschichte, dass Licht der Ursprung und der Beginn des Kosmos und unserer Welt, durch die Schöpfung Gottes war.
Die Naturgesetze gelten immer universal, auch im Kosmos und somit auch in den Galaxien. Bei der Schöpfung mussten Naturgesetze und Energie als Licht geschaffen werden. Weil unser Kosmos, wie wir ihn jetzt wahrnehmen, stets den Naturgesetzen folgen muss.
Es liegt kein Chaos vor. Aus einem Schrotthaufen wird kein Auto oder Flugzeug sich von selbst entwickeln ohne Planung, ohne Energie und ohne Gestaltung (Schöpfung).

Wir wissen aus visionären Schauungen vieler Heiliger, z.B. der Hl. Hildegard von Bingen, wie die Schaffung des Kosmos begann: Sie sah, (in Vision) wie aus dem Mund Gottes Licht kam und hat somit in visionärer Schauungen die Schöpfung von Gott gezeigt bekommen und auch in ihrer Vision alle Schöpfungstage erlebt.
In ihrem Buch (Scivias =Wisse der Wege) hat sie ihre Visionen beschrieben. Und wer dieses Buch liest, ist überrascht, dass sie uns wissenschaftliche Dinge mitteilt, die zur damaligen Zeit überhaupt nicht bekannt waren. Es muss davon ausgegangen werden, dass aufgrund ihrer Visionen in Zukunft noch viele neue Entdeckungen gemacht werden. Sie hat uns gesagt, dass der innerste Erdkern fest ist, im Gegensatz zu inneren Hülle (um den Kern), die flüssig ist. Dies wissen wir erst seit einigen Jahren, dass der Kern der Erde fest und nicht flüssig ist. Zuvor hatte man angenommen, dass er auch flüssig sei.

Materialismus durch Wissenschaft widerlegt

Bisher ist der Materialismus bzw. der Atheismus, von der Vorstellung ausgegangen, dass nur von Materie ausgehend, der Beginn des Kosmos und des Lebens möglich sein kann.
Wer ihrer „Lehrmeinung“ (Materialismus-Dogma) widersprach, war ein sogenannter wissenschaftlicher Ignorant und Dummkopf. Hier zeigt sich wie immer der dogmatische Anspruch einer Materialismus-Ideologie.
Mittlerweile haben sich diese materialistischen Vorstellungen auch wissenschaftlich belegte, als Irrlehren herausgestellt.

Wir vermuten heute, dass der Beginn des Kosmos mit dem Urknall vor ca. 13,7 Milliarden Jahren war. Da zu Beginn des Kosmos ein Plasma vorlag, muss die Zeit als relativ angesehen werden.

Zeitrechnung kann relativ sein

Die Zeitrechnung, ob sie stimmt oder nicht, muss später geklärt werden, weil am Anfang ein Plasma bestand und in einem Plasma die Zeitverhältnisse ganz anders definiert sind.
So ist es möglich, dass in einem Plasma Zeitvorgänge, die normalerweise Millionen oder Milliarden Jahre dauern, sich in wenigen Stunden oder Tagen abspielen.
Deshalb muss die Zeit, die ja auch erst mit der Entstehung des Kosmos kam, als relativ angesehen werden.

Energie kann nicht aus sich selbst entstehen.

Die Energie, die zu Beginn des Kosmos vorhanden war, kann und muss laut Naturgesetz (erster Hauptsatz) gleichbleiben und kann nicht verloren gehen, noch sich neu bilden.
Lieb und Yngvason:
„Keine Ausnahme zum zweiten Hauptsatz der Thermodynamik ist jemals gefunden worden – nicht einmal eine winzige. Wie die Energieerhaltung (1. Hauptsatz), muss die Existenz eines Gesetzes, das so genau und so unabhängig von den Modellen ist, ein logisches Fundament haben, das unabhängig von der Tatsache ist, dass Materie aus wechselwirkenden Teilchen zusammengesetzt ist.
Das bedeutet, dass Unordnung nicht in Ordnung (2.Hauptsatz) übergehen kann, ebenso kann Energie weder gebildet noch vernichtet werden (1.Hauptsatz).

Albert Einstein sagte über den 2. Hauptsatz: „Der 2. Hauptsatz der Thermodynamik ist die einzige physikalische Theorie mit universellem Inhalt, von der ich überzeugt bin... dass sie nie umgestürzt werden wird".
(Albert Einstein zitiert in Asimav, Book of Science and Nature Quotations, S. 76). Nur die Evolutions-Anhänger stellen sich über der Weisheit der Nobelpreisträger Albert Einstein und Max Planck.

Der 2. Hauptsatz der Thermodynamik ist der Beleg,
dass aus keinem Schrott ein Auto von selbst entsteht.

Gegen naturwissenschaftliche Erkenntnisse zu argumentieren
Ist ein Charakteristikum der Evolutionisten schon immer gewesen.

Somit kann die Schöpfung nur durch einen genialen Schöpfer geschaffen sein und kann nicht aus dem Nichts entstanden sein.
Oder 0 plus 0 ergibt weder Schöpfung, noch Licht, noch Materie.

Vor mehr als 2000 Jahren bis heute wurde von einigen Philosophen und „Naturkundigen" die Behauptung aufgestellt, dass die Materie am Anfang war und sich aus der Materie (im Widerspruch zu den Naturgesetzen) Leben gebildet haben soll. Diese Vorstellung hat sich als völlig falsch erwiesen und wissenschaftlich als Irrtum herausgestellt.
Die Materialisten (Materie-Gläubige), wie sich die Atheisten nennen, haben immer die Materie als Ursprung gesehen und mußten heute ihren Irrtum eingestehen, weil die Wissenschaft nachgewiesen hat, dass die Materie nicht der Beginn der Schöpfung war, sondern das Licht.

Mittlerweile ist es in der Wissenschaft gängige Meinung, dass mit dem „Urknall" das Universum begann und somit auch Zeit und Raum sich bildeten.
Man geht davon aus, dass sich das Universum immer weiter ausbreitet und dann den Kältetod stirbt und somit zeitlich begrenzt ist. Auch Hawking hat sich geirrt, da er annahm, dass sich das Universum zusammenzieht.

Zu Ihrer Erheiterung und zur Entspannung wieder eine kleine Geschichte über Schöpfung, bevor wir zur Urknall-Theorie kommen.

Die Erschaffung des Kosmos.

Die Ideologie der Materialisten über den Beginn der Schöpfung oder die Entstehung des Kosmos. eine Diskussion zwischen Atheist und Christ, Moslem oder Jude.

„Der Kosmos ist durch die Materie geschaffen worden“ sagte der Materialist (oder Atheist).
„Das stimmt nicht“ sagte der an Gott glaubende Christ
„In der Bibel steht, Gott sprach, es werde Licht und es war Licht, das war der erste Schöpfungstag“.

„Licht war der Beginn der Schöpfung“

Daraufhin sagte der Materialist: „Leider muss ich dir rechtgeben, wir haben seit über 3000 Jahren geglaubt, dass die Materie der Beginn des Kosmos gewesen sei, leider wissen wir jetzt auch, es war tatsächlich der Urknall und nicht die Materie, sie ist erst später entstanden“.

Daraufhin sagte der gottgläubige Mensch: „Hättest du die Bibel gelesen, dann wärst du nicht 3000 Jahre auf dem Holzweg gewesen“.

„Aber genau genommen war es doch der Urknall“ sagte der Atheist.
„Nein“ sagte der Christ „es war das Urlicht, so wie es in der Bibel steht“.
„Leider muss ich dir sagen“ lieber Atheist, sagte der Christ: „Du kennst den Albert Einstein, den Max Plank und weitere Wissenschaftler nicht richtig, die haben schon vor Jahren festgestellt, dass die Energie, also auch die ganze Materie des ganzen Kosmos nur aus einem Lichtpunkt entstanden ist.
„Wirklich?“ fragte der Atheist“, „Ja so ist es“, sagte der Christ. „Es war nicht ein Knall, sondern es war ein Urblitz, ein Licht also, (den laut Einstein ist $E= m \times c^2$ oder $E= h \times v$ (Laut Max Planck), genau so wie es die hl. Hildegard von Bingen es in ihren Vision gesehen hat.“
„Jetzt verstehe ich, dass es Urlicht und nicht Urknall heißen müsste“, sagt der

Atheist: „Aber warum sagt man immer noch Urknall und nicht Urblitz?“
Daraufhin sagte der Christ: „Daran erkennt man, ob man an einen Schöpfer-Gott glaubt, nur Gott kann mit so einem Urblitz den Kosmos erschaffen, oder ob man sich einen Knall hat aufbinden lassen:“

„Die Moral aus der Geschichte.“
Der Mensch hat nämlich keinen Knall, sondern einen lichten Verstand.

Die Urknalltheorie

Die „Urknalltheorie“ wird heute als gängige Vorstellung bei der Entstehung des Kosmos angesehen, ohne zu erklären woher diese Energie kommt und wer diese Energie geschaffen hat. Diese Frage ist deshalb so wichtig für die alles entscheidende Frage: Woher kommt das Universum?
Physikalisch ist es nicht erklärbar, dass von einer Sekunde auf die andere aus dem Nichts die Energie von Milliarden mal Milliarden Sternen (Sonnen) im Bruchteil einer Sekunde entstanden ist. Der heiligen Hildegard von Bingen (wie auch der sel. Katharina Emmerich) wurde es vor 900 Jahren in einer Vision von Gott gezeigt, als sie danach fragte, wie der Kosmos entstanden ist. Sie sah, dass das Wort Gottes als Lichtstrahl aus dem Mund von Gott Vater kam.

Auch vor über 3000 Jahren gab es Personen, die sagten, wie auch die heutigen Materialisten, dass der Kosmos und das Leben aus der Materie, Wasser, Feuer, Erde und Luft entstanden sein soll. Licht als Beginn der Schöpfung schlossen sie deshalb absolut aus.

Die hl. Hildegard schrieb in Ihren Büchern, dass das Licht der Beginn des Kosmos war und nicht die Materie, wie seit Tausenden von Jahren vermutet und gelehrt wurde. Die Vision, die die Hl. Elisabeth vor 900 Jahren hatte, war ebenso wie die ersten Sätze der Bibel für die damalige Zeit nicht verständlich und wurde deshalb von den Materialisten der letzten Jahrhunderte ins Lächerliche gezogen.

Ihre Frage wurde von Gott Vater für sie im folgenden Bild gezeigt, dass das Wort Gottes einem Blitz ähnlich aus dem Mund Gottes kam.

Hier möchte ich die Bibel zitierten: „Die menschliche Weisheit zählt nichts vor Gott“, (Korinther-Brief). Ich habe früher diesen Satz nicht verstanden, weil ich annahm, die Weisheit kann nur von Gott kommen. Bereits der hl. Paulus hat in seinem Brief an die Korinther über die damaligen Gelehrten gesagt: „Die menschliche Weisheit gilt vor Gott nichts. Heute weiß ich, dass die „menschlichen“ Irrlehren, wie auch die Evolutionstheorie damit gemeint waren.

Heute wissen wir, dass mit dem Urknall das Universum begann. Da natürlich kein Medium vorhanden war, für die Ausbreitung der Schallwelle (Urknall), ist dieser Ausdruck unkorrekt.

Der Urblitz ist der Beginn des Kosmos mit Raum und Zeit.

Der Urblitz – der Beginn des Kosmos -

Die Energie beim Urknall beinhaltet auch die Massen von unserem Sonnensystem mit seinen 8 Planeten.
Dieses Sonnensystem ist in unserer Milchstraße (Galaxie genannt) nahezu mit weiteren 300 Milliarden Sonnensystemen eingebettet.
Diese Galaxie (Milchstraße) ist nur eine von 200 Milliarden Milchstraßen im ganzen Universum.

Beim Urknall waren alle diese Massen in einem einzigen Punkt vorhanden.
Es ist heute unumstritten, dass diese Massen nicht als Sternenmaterial also als Materie vorgelegen haben, sondern nur als Licht, so wie es in der Bibel berichtet wird. Mit Licht begann das Universum.
Dies ergibt sich aus den Energiegesetzen, die von Albert Einstein und Max Planck definiert sind.
Laut Einstein ist $E=m \times c^2$ (Energie=Masse mal Lichtgeschwindigkeit zum Quadrat).
Laut Max Planck ist $E=h \times v$ (Energie=Planck´sches Wirkungsquantum h mal Lichtfrequenz v).
Da Energie sowohl als Licht, als auch als Masse dargestellt werden kann, kann man die Energie E gleich $m \times c^2 = h \times v$ als Energiemenge des gesamten Kosmos berechnen.

Es wird deutlich, dass das ganze Universum nur mit Licht in einem einzigen Punkt durch Schöpfung begann.

Der Lichtimpuls, der Beginn des Universums

Der Beginn des Kosmos wurde ja als Urknalltheorie beschrieben.
Man müsste jedoch genauer sagen, dass der Urblitz der Beginn des Kosmos war. Einen Knall definiert man, als Ausbreiten einer Schallwelle in einem Raum und da es noch keinen Raum gab, zum Beginn des Kosmos, ist die Definition widersprüchlich und genauer gesagt naturwissenschaftlich nicht korrekt.

Nur mit Licht begann der Kosmos und zwar mit einer unglaublichen Energie, die ja laut Naturgesetz nicht aus dem Nichts entstehen kann.
Dies würde allen Naturgesetzen widersprechen, und wer Naturgesetzen widerspricht, ist unglaubwürdig in der Wissenschaft.
Sieht man jedoch den Urblitz genauer an, so erkennt man, dass es nur durch Schöpfung kommen kann, weil nur ein Schöpfer diese Energie bereitstellen kann.

Hätten die Materialisten die Bibel aufgeschlagen, so hätten sie erkannt, dass durch Gott die Schöpfung begann, am ersten Schöpfungstag mit der Erschaffung des Lichts. Über 3000 Jahre haben die Materialisten gebraucht um die Weisheit der Bibel zu erkennen.
Von diesem Licht aus wurden die vielen Milliarden Sterne geschaffen und am Schluss auch unsere Erde.

Eine von 200 Milliarden Galaxien die durch Licht geschaffen wurden

Massenreiche ferne Galaxien besitzen ähnliche spiral-förmige Strukturen in völliger Ordnung ohne einen Chaoszustand.
200 Milliarden dieser Galaxien gibt es davon und in einer davon ist unsere Milchstraße, die wieder ca. 300 Milliarden Sonnen hat. Wo ist der Zufall?

Man stelle sich vor, 200 Milliarden Galaxien und jede Galaxie enthält wieder ca. 200 bis 300 Milliarden Sonnensysteme und unser Sonnensystem beinhaltet 8 Planeten mit Monden, so ist es unvorstellbar, wie groß diese Masse des Universums ist und diese ist nur aus dem Licht durch Gottes Wort (Johannes-Evangelium1.1f) geboren worden.

Unser Sonne, eine vor 300 Milliarden Sonnen in der Milchstraße

In unserem Sonnen-System befinden sich 8 Planeten. Einer davon ist unsere Erde und alle laufen wie vorgegeben auf feste Bahnen.

Dieses unglaublich energiereiche Licht kann nicht aus sich selbst entstehen, sondern musste geschaffen werden. Physikalisch gibt es keine andere Möglichkeit, wenn man den Natur-Gesetzen nicht widersprechen will.

Wissenschaft bestätigt Schöpfungsbericht

Nach vielen Jahrhunderten hat man zum ersten Mal erkannt, dass der Schöpfungsbericht, vor über 3000 Jahren offenbart und aufgeschrieben und auch vor 2000 Jahren erneut bestätigt (Hl. Apostel Johannes), den Ursprung des Kosmos richtig beschreibt.
Die Materialisten, die immer glaubten, dass Materie am Anfang war, sind in allen Punkten widerlegt, weil diese Materie aus dem Licht entstand.
Die von den Materialisten vermutete Vorstellung, dass Licht nur von einem heißen Körper kommen kann, ist somit wissenschaftlich als Hypothese und Ursprungserklärung des Kosmos völlig widerlegt.

Im folgenden Abschnitt möchte ich noch kurz erklären, dass auch Materie sich in Licht umwandeln kann.

Licht von der Sonne

Jeder weiß, dass das Licht von der Sonne kommt. Dies ist dadurch möglich, dass auf der Sonne durch Kernfusion, d.h. aus vier Wasserstoffatomen ein Heliumatom gebildet wird.
Die Masse der vier Wasserstoff-Atome ist jedoch größer, als die Masse eines Helium-Atoms. Die „verlorene“ Masse geht natürlich nicht verloren, sondern wird als Licht-Energie freigesetzt. Somit werden auch hier die Naturgesetze eingehalten, dass weder Energie gebildet noch verloren gehen kann.
Diese Energiegewinnung wäre der „Traum der Menschheit“, wenn wir hier auf Erden auch den nahezu unbegrenzt vorhanden Wasserstoff (der im Wasser-Molekül vorhanden ist) in Helium umwandeln könnten. Somit hätten wir auch unbegrenzt Energie zur Verfügung und dazu noch ohne Abgase.

Die Umwandlung von Licht in Masse und umgekehrt

Wir haben gesehen, (s.o.) dass der Kosmos aus Licht entstanden ist, wie es im Schöpfungsbericht berichtet wurde und heute wissenschaftlich bestätigt ist. Dass auch wieder Materie in Licht umgewandelt werden kann, möchte ich an einem Beispiel genauer zeigen.

Das einfachste Element im Universum ist der Wasserstoff mit einem Proton im Kern. Auf der Sonne findet durch die Umwandlung von vier Wasserstoffatomen die Bildung eines Heliumatoms statt. Dieses Heliumatom besteht aus zwei Protonen und zwei Neutronen, wiegt jedoch weniger als die vier Wasserstoffatome, aus denen es gebildet wurde.
Der Verlust der Masse wird in Licht verwandelt, deshalb ist der Verlust der Masse aus den vier Wasserstoffatomen zu einem Heliumatom durch die Energieformel von Max Planck (E=h x v) berechenbar.
Dieser Massenverlust, der in Licht umgewandelt wird, ist für unser Erdenleben entscheidend und lebensnotwendig. Somit werden die oben aufgeführten Formeln genau bestätigt.
Kein Wunder, dass diese berühmten Wissenschaftler, wie Einstein und Planck, erkannt haben, dass hinter all diesem genialen Schöpfungsakt ein Schöpfer stehen muss.

Somit ist bestätigt, dass es korrekterweise statt Urknalltheorie **„Schöpferischer Urblitz“** genannt werden sollte.
Diese Vorstellung stimmt auch genau mit der Vision der Hl. Hildegard von Bingen überein, der von Gott in einer Vision gezeigt wurde, wie die Schaffung des Universums begann.
Sie sah, wie aus dem Mund Gottes ein Lichtblitz herauskam (Wort Gottes) und das Universum begann.

Bei allen diesen Betrachtungen bewegen wir uns innerhalb der Naturgesetze und laufen nicht einer Ideologie nach, die den Naturgesetzen widerspricht, denn nur Licht war der Beginn unseres Kosmos und somit stand der Urblitz am Anfang unserer Welt.
Somit ist es mathematisch korrekt,
dass 0, d.h. aus dem Nichts + Schöpfung = unser Universum ergibt.

Ein weiterer Schöpfungsakt ist die Entstehung des Lebens auf der Erde. Es wird deutlich, dass es ein Naturgesetz ist, dass Leben nur aus Leben entstehen kann, somit bestätigt sich erneut das biogenetische Naturgesetz (Schöpfungsgesetz).

Das Universum

Wie oben beschrieben, begann alles mit einem Lichtblitz, der in der derzeitigen Wissenschaft als Urknall bezeichnet wird.
Viele Daten kennen Sie bereits, deshalb möchte ich sie kurz ins Gedächtnis zurückrufen.
Es ist nochmals darauf hinzuweisen, dass ein Knall eigentlich ein Medium (Luft) voraussetzt, das noch nicht vorhanden war. Sondern mit Licht begann das Universum. In diesem Licht war auch die Energie für das ganze Universum, also auch der Materie, enthalten. Somit begannen die Zeit und der Raum.
Laut derzeitigem Stand der Wissenschaft gehen wir davon aus, dass wir 200 Milliarden Galaxien im Kosmos haben und eine von diesen 200 Milliarden Galaxien ist unsere Milchstraße, die wir am Horizont als weißen Schleier in der Nacht sehen können. In dieser Milchstraße befinden sich 300 Milliarden Sonnensysteme und davon ist eines unseres.

Abb. Milchstraße

In der Abb. sehen sie unsere Milchstraße, die 300 Milliarden Sonnen enthält. Zu einer dieser Sonnen gehört unsere Erde.
Allein in unserem Universum gibt es ca. 200 Milliarden dieser Galaxien.
Somit haben wir im Universum ca. 60 000 000 000 000 000 000 000 Sonnen.
Und Albert Einstein hat schon gesagt, sinngemäß: „Ich möchte den kennen- lernen, der dies alles so erdacht hat“.

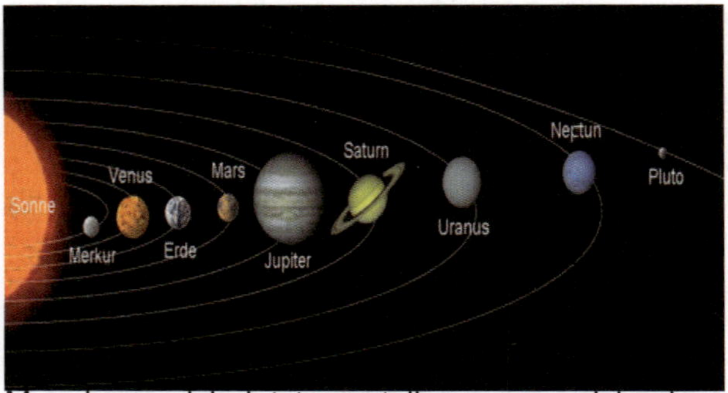

Unsere Sonne hat 8 Planeten, die die Sonne umkreisen.
Wie viele es im Universum gibt, wissen wir bis heute nicht. Nur die unglaubliche Zahl von 6×10^{21} Sonnen - was für ein Zufall.
Man kann sich jetzt vorstellen, aus welch einer Energie dieser Lichtblitz bestanden haben muss, da die gesamte Materie von Beginn der Schöpfung an als Licht bestanden hat.
Das Universum ist jedoch erheblich komplexer, da zusätzlich noch dunkle Materie vorhanden ist. Darüber wissen wir jedoch noch zu wenig, obwohl sie einen beträchtlichen Anteil an „Masse“ besitzt.
Die dunkle Materie konnte man jetzt messen. Man sieht sie nicht und kann sie auch nicht fassen.

Auch die Hl. Hildegard hat dafür schon eine Erklärung geliefert. Ihre Erklärung ist einleuchtend: „Ich glaube, Wissenschaftler in späteren Generationen werden auch diese Aspekte bestätigen können“. Es würde jetzt jedoch zu weit führen, darauf einzugehen.

Die Milchstraße, unsere Galaxie

Unsere Milchstraße, die wir im Weltall sehen, hat einen Durchmesser von 100.000 Lichtjahren. Das heißt, das Licht, das sich 300.000 Kilometer pro Sekunde bewegt, benötigt alleine 100.000 Jahre um die Milchstraße zu durchqueren. Man kann eine ungefähre Vorstellung davon bekommen, wie schnell das Licht ist, wenn man sich vergegenwärtigt, dass es von der Sonne zur Erde etwa 8 Minuten und vom Mond zur Erde etwa 1,3 Sek. benötigt.
Die nächste Galaxie, die Andromeda-Galaxie ist 2,4 – 2,7 Millionen Lichtjahre von uns entfernt.

Es gibt eine Anzahl von 6×10^{21} (60 000 000 000 000 000 000 000) Sternen im Weltall und die dazugehörigen Planeten. Diese Dimensionen sind eigentlich unvorstellbar.

Nach den derzeitigen wissenschaftlichen Erkenntnissen, sind all diese Massen aus einem einzigen Punkt herausgekommen (Urknall oder Urlicht) aus Gottes Mund, wie es in der Bibel steht, als auch im Schöpfungsbericht und im Johannesevangelium (Joh.1.1. folgende) und wie es die Hl. Hildegard in Visionen gezeigt bekommen hat.

Die Energie, d.h. der Urblitz, kann naturwissenschaftlich nicht aus dem Nichts entstehen. Das Naturgesetze besagt im 1.Hauptsatz der Thermodynamik: „Energie kann weder neu entstehen noch vernichtet werden“. Die einzige Alternative kann nur Schöpfung sein, wie es von alters her uns offenbart wurde. Es gibt zwar einige Leute, die aufgrund ihrer Hilflosigkeit und Konzeptlosigkeit herumrätseln, wie der Urblitz aus dem Nichts entstanden sein soll ohne Raum und Zeit, dabei wissen sie ganz genau, dass ihre Hypothesen eigentlich naturwissenschaftlich nicht belegbar sind und somit zu Irrlehren führen.
Aus nichts kann nichts kommen (Naturgesetz).

Licht kann nur von Materie eines strahlenden Körpers ausgehen, z.B. von Sonnen, Sternen, angestrahlten Körpern. Diese Vorstellung war in den vergangenen Jahrhunderten die „Lehrmeinung“.
Deshalb haben sich die „selbsternannten“ Gelehrten schon in den letzten 3000 Jahren geweigert, das Licht als Ursprung der Schöpfung anzusehen.
Sie konnten sich nicht vorstellen, dass Licht am Beginn der Schöpfung war, weil dies bis zum zwanzigsten Jahrhundert für niemand erklärbar war und auch niemand das Wissen dazu hatte.
Deshalb wurden von Menschen unterschiedliche Schöpfungsberichte (siehe Beginn) postuliert, die nicht naturwissenschaftlich haltbar waren und sich mittlerweile als Irrlehren herausgestellt haben.

Licht und nicht Masse war der Ursprung des Universums

Wenn in der Bibel (Genesis) steht: „Gott sprach, es werde Licht, und es ward Licht, das war der erste Schöpfungstag“, so muss man sich fragen, hat dieser Autor, der die Botschaft Gottes aufgeschrieben hat, über Einsteins Relativitätstheorie und über die Quantenphysik von Max Planck Bescheid gewusst?

Dies kann ja wirklich nicht der Fall sein, sondern diese Offenbarung kann nur göttlich gewesen sein.

Jeder kennt die Energieformel von Albert Einstein $E=m \times c^2$ oder Energie (E) = Masse (m) mal (x) Lichtgeschwindigkeit² (c^2).
Max Planck ist der Begründer der modernen Physik, und durch ihn wurden die wissenschaftlichen Erkenntnisse Einsteins erst gewürdigt.
Er ist der Gründer der Quantenphysik und Entdecker des Planck´schen Wirkungsquantums.
Er hat festgestellt, dass Licht nicht nur in Wellen sondern auch in Quanten gesendet wird.
Er hat ebenfalls eine Formel aufgestellt, mit der man die Energie von Licht berechnen kann.
Die Formel lautet $E=h \times v$.
Energie (E) = Planck´sches Wirkungsquantum (h) mal (x) Lichtfrequenz (v).

Somit kann man $E=m \times c^2$ (Masse) $=h \times v$ (Licht) sowohl als Masse, als auch als Licht darstellen.

Da das gesamte Universum in einem Punkt begann, und alle Massen von Sternen (siehe oben) nur in einem Punkt vorhanden sein konnten, ist nur Licht als Beginn des Kosmos mit Raum und Zeit möglich.

Damit ist das Schöpfungswort Gottes, wie in der Bibel vor ca. 3500 Jahren offenbart und wie auch im Johannesevangelium beschrieben und auch von der Hl. Hildegard in Visionen gesehen, die einzige Erklärung, wenn man sich an den Naturgesetzen orientiert. Nur das unermessliche göttliche Licht kann für die Schaffung des Kosmos ausreichend sein.

Die Urknalltheorie

Alle Naturgesetze gelten auch im gesamten Kosmos, also universal, und seit dem sogenannten Urknall, genauer gesagt Urblitz.
Wir gehen davon aus, dass vor 13,7 Milliarden Jahren alles begann.
Diese Zeit ist natürlich relativ, weil davon ausgegangen werden kann, dass

am Anfang der Schöpfung die ganze Energie als Plasma vorlag. Nach der Erschaffung des Lichts wurden erst die Zeitverhältnisse geschaffen.
So können Millionen von Jahren verkürzt werden, die mit unserer Zeitrechnung nicht mehr übereinstimmen und zum Teil nur Stunden betragen haben könnten.

Es ist beeindruckend, dass die Wahrheit, wie sie in der Bibel offenbart ist, mehrere tausend Jahre nicht erkannt wurde und erst durch unsere heutigen naturwissenschaftlichen, medizinischen Erkenntnisse bestätigt werden konnte.

Über 3000 Offenbarungen in der Bibel sind bereits erfüllt.
Unsere Generation wird, da wir zurzeit in der Endzeit (Apokalypse) leben, noch erleben, dass sich viele weitere Prophezeiungen erfüllen werden.

Was sagen Wissenschaftler?

Albert Einstein (1879-1955) ist der Begründer der Relativitätstheorie und hat 1921 den Nobelpreis für den lichtelektrischen Effekt bekommen.
Der lichtelektrische Effekt besagt, dass mit Hilfe von Licht, Elektronen aus einer Zinkplatte herausgeschlagen werden können.
Er hat auch die Formel $E=m \times c^2$ in die Wissenschaft eingebracht.
Er schreibt wörtlich: **"Jedem Naturforscher muss eine Art religiöses Gefühl beiliegen, weil ich mir nicht vorzustellen vermag, dass die ungemein feinen Zusammenhänge, die er erschaut, von ihm zum ersten Mal gedacht werden.“**

In einem anderen Zitat hat er folgendes gesagt: **„Im unbegreiflichen Weltall offenbart sich eine grenzenlos überlegene Vernunft. - Die gängige Vorstellung, ich sei Atheist, beruht auf einem großen Irrtum. Wer dies aus meinen wissenschaftlichen Theorien herausliest, hat sie kaum begriffen.“**

Ein weiterer berühmter Wissenschaftler Prof. Dr. Max Planck (1858-1947) ist der Begründer der modernen Physik und der Quantenphysik.
Er hat 1928 den Nobelpreis für seine Entdeckungen erhalten.

Von ihm stammt das Zitat: **„Zwischen Religion und Naturwissenschaft finden wir nirgends einen Widerspruch. Sie schließen sich nicht aus, wie heutzutage manche glauben und fürchten, sondern sie ergänzen und bedingen einander.“**

Die zwei berühmtesten Wissenschaftler des letzten Jahrhunderts zeigen eindeutig, dass Naturwissenschaft auf keinen Fall den Naturgesetzen und der Offenbarung Gottes widerspricht.
Die Hypothesen, die von Häckel, Darwin und zum Teil von J. Huxley publiziert worden sind, widersprechen den Naturwissenschaften und den Befunden in der Natur.

Religion ist wie die lebende Natur, ein wesentlicher Bestandteil des Menschseins, weil die Natur durch einen Schöpfer geschaffen wurde und nicht evolutioniert ist aus Staub oder Lehm.
Somit haben wir erkannt, dass Schöpfung der absolute Beleg ist für den Kosmos und für das Leben.

Die Nobelpreisträgerin Christiane Nüsslein-Volhard, eine der bedeutendsten Genetikerinnen unserer Zeit sagte wörtlich: „Ernst Häckel hat gefälscht, viele seiner Bilder von Organismen sind schlicht erfunden, um seine Theorie zu bestätigen...“ Zitat „Die Zeit“.
Weitere Information der Nobelpreisträgerin in dem Buch: Das Werden des Lebens, wie Gene die Entwicklung steuern. München 2004, ISBN: 3-406-51818-4.

Michael Richardson Dr., verwies 1997 in seiner Untersuchungen auf gravierende Unterschiede bei den Embryonen von Beuteltieren, Laubfröschen, Schlangen und Alligatoren hin. Er stellte klar, dass die Zeichnungen Häckels nicht echt sein können und er überführte sie als Betrug.

Naturgesetze und Chaos:

Bereits mit dem Beginn des Kosmos, auch Urblitz oder auch Urknall genannt, lagen alle Naturgesetze vor. Die Milliarden von Sternen und Milliarden von

Galaxien wurden nach einer schöpferischen Ordnung geschaffen (Siehe auch Einstein-Zitat).
Wir wissen alle, dass diese Galaxien in einer Spiralform vorhanden sind und nicht einem evolutionären Chaos unterliegen.
Naturgesetze benötigen Planung und somit einen Geist, der dies alles geplant und geordnet hat. Somit steht ein schöpferischer Gott hinter allen Geschöpfen, der Natur und den Naturgesetzen.

Hier bestätigt sich die Aussage von Albert Einstein, alles was er erschaut, ist von einem schöpferischen Geist erschaffen.

Naturgesetze sind Schöpfungsgesetze

Jeder intelligente Mensch erkennt sofort, falls er ein Minimum an Verständnis von Biochemie und Genetik hat, dass die **Millionen von Pflanzen, Bakterien, Pilzen und Viren alle eine eigene, für sich typische DNA haben. Sie liegen nicht als evolutionäre Klone vor, sondern zeichnen sich durch eine genetische Vielfalt aus.**
Wir wissen, dass alle diese Mikroorganismen seit Urzeiten schon die gleichen Erbanlagen (DNA-Bausteine) haben und sich keineswegs weiterentwickelt haben, sondern immer noch in Urformen vorhanden sind. Dies wurde wissenschaftlich bestätigt.

Man bedenke nur, dass sich z.B. Darmbakterien (Kolibakterien), die eine wichtige Funktion im Darm ausführen, alle 20 Minuten vermehren können und sich nie durch Mutation in giftige Bakterien verwandeln, die zum Untergang des Menschen führen würden.

Somit kann jeder Mensch sofort erkennen, wenn er aufrichtig und ehrlich ist, dass eine genetische Stabilität notwendig ist, um ein Leben auf der Erde zu garantieren (Biogenetisches Naturgesetz).
Jede Mutation und Selektion, wie sie von Evolutionisten als Triebfeder für die Höherentwicklung postuliert wurde, ist eine Fälschung und widerspricht naturwissenschaftlichen und medizinischen Kenntnissen.

Der Grund liegt darin, dass die Mutation den Naturgesetzen widerspricht und auch der medizinischen Erkenntnis. Weil die Schöpfung optimal ist und Mutation immer zu Krankheit oder Tod führen kann und nie zu einer Höherentwicklung (Entropie-Gesetz).

Wie bereits oben erwähnt, kann Leben nur aus Leben kommen und nicht ein einziger DNA-Baustein kann aus seinen 3 Bestanteilen, einer Base, einem Phosphat und einem Zucker, ohne Leben entstehen (biogenetisches Naturgesetz).

Das **biogenetische Grundgesetz** (Evolutions-Theorie) von Häckel aufgestellt, das von Darwin und Huxley propagiert und bestätigt wurde, ist nichts anderes als Betrug, weil selbst alle drei Bausteine in einer Ursuppe nie Leben hervorbringen können, weil dazu Enzyme notwendig wären.

Wie aus dem Nichts nichts entstehen kann, d.h. 0+0 kann nicht 1 sein, so kann auch nicht Leben aus der leblosen Materie entstehen, weil Leben nur durch Leben entstehen kann. (biogenetisches Naturgesetz).

Somit sind Materie und auch Leben nur durch Schöpfung möglich.

Häckel hat durch Fälschungen, Manipulation und Bestätigung zusammen mit Darwin die Basis für die Evolutionstheorie propagiert. Durch die Fälschung seiner medizinischen Daten der Embryologie hat er den Boden in Deutschland für den Nationalsozialismus geliefert.
Wir wissen, dass diese Verbrechen gegen die Menschlichkeit eine Katastrophe waren für das deutsche Volk und für Europa.
Deshalb war auch Häckel in der DDR als großer Wissenschaftler angesehen, weil er genau in das sozialistische Weltbild passte.

Der Mikrokosmos und Zellstoffwechsel der Einzeller

In unserer Welt haben wir Mikroorganismen bzw. Einzeller, die zu Beginn der Schöpfung als Lebensformen geschaffen werden mussten.
Diese Einzeller können nur durch ihre, für sie typischen Erbanlagen (DNA), den Stoffwechsel der Zelle aufrechterhalten (biogenetisches Naturgesetz).
Die DNA dieser Einzeller ist seit Millionen von Jahren (falls die Zeitrechnungen stimmen), also seit ihrer Erschaffung immer noch die gleiche wie heute (biogenetisches Naturgesetz).
Die Komplexität dieser DNA ist ähnlich der des höheren Organismus. Ihnen fehlen jedoch die Mitochondrien.
Wir gehen davon aus, dass in der Uratmosphäre kein Sauerstoff vorhanden war und deshalb mit hoher Wahrscheinlichkeit keine Mitochondrien nötig waren. Sie hätten keinen Überlebensvorteil gebracht.

Erste Einzeller mit Mitochondrien

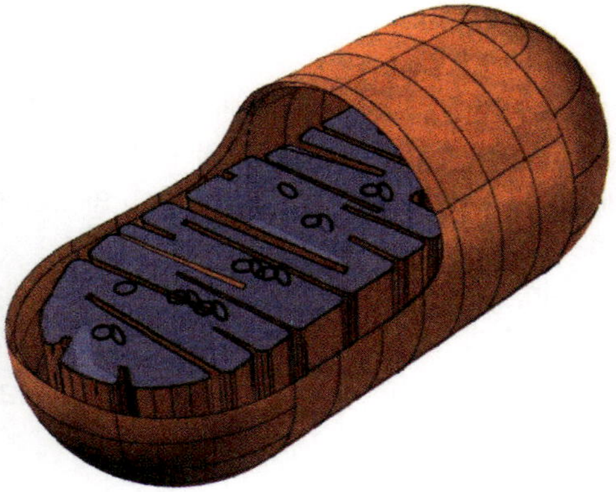

Erst die Hefe, die auch ein Einzeller ist, hat Mitochondrien. Bei dieser Hefe wurde zum ersten Mal von mir das Molekulargewicht der Mitochondrien bei einem Eukaryonten und Mutanten bestimmt.
Vor über 30 Jahren hat das natürlich niemanden interessiert. Damit Mitochondrien arbeiten können, ist Sauerstoff notwendig, weil mit diesem Sauerstoff sie Zucker (auch Kohlenhydrate) um das 19 fache besser nutzen können, als ohne Mitochondrien. Ohne diesen Mechanismus sind höhere Organismen (Tiere) nicht überlebensfähig.

Zitratzyklus im Mitochondrium

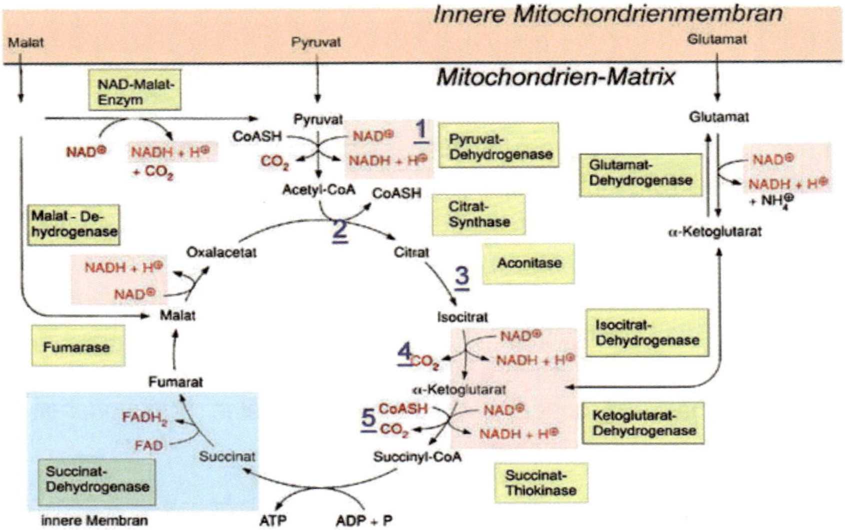

Die Mitochondrien, die Energiefabriken des Körpers, können durch einen genialen Mechanismus aus Glucose statt 2 ATP (körpereigene Energie) 38 ATP, also das 19 fache durch den Zitratzyklus bilden. Ihre DNA habe ich zum ersten Mal gemessen (56 Mill.).

Die komplexe DNA, selbst dieser Einzeller besteht aus Millionen von DNA-Bausteinen. Wie oben gezeigt wurde, kann sich kein einziger DNA-Baustein durch einen chemischen Prozess in der Natur, selbst wenn seine 3 einzelnen Bestandteile vorliegen, ohne Enzyme bilden.
Somit wird deutlich, wenn nicht ein einziger Baustein einer DNA hergestellt werden kann ohne Leben, so muss die Zelle von Anfang an geschaffen sein, da sie ohne Enzyme und ohne DNA überhaupt nicht existenzfähig wäre (biogenetisches Naturgesetz).

Bestimmung des Molekulargewichts der Mitochondrien von 56 Millionen (Dalton).

Jedem ist heute klar, dass die Mitochondrien-DNA, die ich damals vor über 30 Jahren in der Biochemie zum ersten Male analysiert habe, und das Molekular-

Gewicht von ca. 56 Millionen (Dalton) bestimmen konnte, nicht durch Zufall entstanden sein kann.
Diese DNA- Molekülgröße von 56 Millionen kann nicht in eine Zelle eindringen. Sofort würde ein Abwehrmechanismus stattfinden, der diese Struktur zerstören würde. Aber zuvor würde ein so großes Molekül schon an der Zellmembran scheitern. Auch kennen wir in der Natur außerhalb einer Zelle keine derartige Molekülstruktur, die den Zitrat- Zyklus steuert außerhalb einer geschützten Zelle (biogenetisches Naturgesetz). Bisher ist kein Bakterium bekannt mit dieser Funktion,
somit ist die Endosymbionten-Theorie, dass was das Wort sagt, eine hilflose Erklärung um Schöpfung auszuschließen.
Erst mit Hilfe dieses Zitrat-Zyklus in den Mitochondrien kann eine 19-fach bessere Energiegewinnung aus den Kohlenhydraten genutzt werden.
Selbst wenn wir eine DNA vorliegen hätten, muss in dieser DNA die Information gespeichert werden für eine Zellmembran, damit der Inhalt dieser DNA vor schädlichen Substanzen geschützt werden kann.
Auch innerhalb einer Zelle muss die DNA geschützt werden, da selbst Wasser (H_2O) die DNA auflösen, d.h. spalten kann und somit die Funktion der Zelle zerstört (biogenetisches Naturgesetz).

Zellmembran

Bis heute ist es nicht möglich, aus den einzelnen Bausteinen einer Zellmembran, eine künstliche Zellmembran herzustellen (biogenetisches Naturgesetz). Die Zellmembran besteht aus einer Doppelmembran, die den Fettsäuren ähnlich ist und nicht in der unbelebten Natur entstehen kann. Zusätzlich muss diese Membran als Doppelmembran angelegt werden, damit überhaupt ein Schutz des Zellinhalts möglich ist (biogenetisches Naturgesetz).
Diese komplexe Struktur kann nur durch eine DNA gebildet werden. Bis heute ist es uns in der Biochemie noch nicht möglich selbst diese „primitive Zellmembran“ aus anorganischen Molekülen herzustellen (biogenetisches Naturgesetz).
Selbst wenn wir die von lebenden Zellen geschaffen Fettsäuren hätten, könnten wir eine solche Membran nicht herstellen (biogenetisches Naturgesetz). (Abb. aus dem Buch Morbus Alzheimer Dr. Dr. Weth)

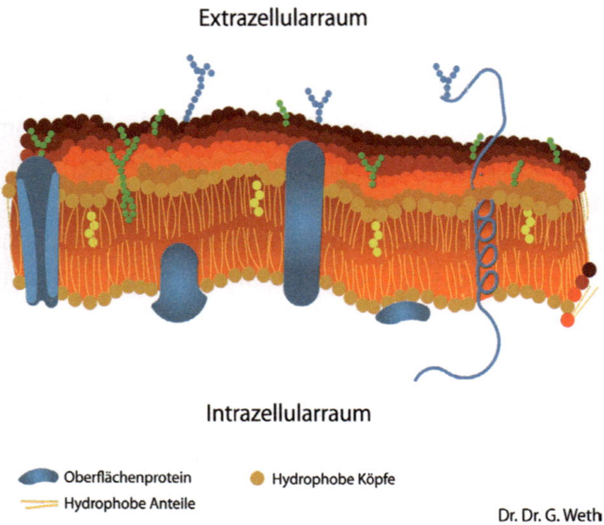

Die Zellmembran ist ein komplexes Gebilde aus Fettsäuren. Die wasserfreundlichen Teile, innen und außen, sind wasserabweisende Teile der Doppelmembran. Viele Rezeptoren und Kanäle sind darin enthalten, um die Zelle vor Schaden zu schützen.

Die genetische Information für den Bauplan dieser Grundbausteine des Lebens muss zuvor aus einer DNA abgelesen werden.
Dies wurde oben gezeigt in der Abbildung der DNA-Polymerase, die aus der DNA abliest, welche Aminosäure z.B. gebildet werden muss.

Vom Einzeller zum Vielzeller

Wir haben gesehen, dass Einzeller nur mit einer DNA gesteuert werden, und diese DNA muss so geschützt sein, dass sie nicht mit Wasser in Berührung kommt, weil es sonst zur Spaltung dieser DNA kommt und sie somit keine Information für den Zellstoffwechsel liefern kann.
Nur durch eine geniale Planung ist dies möglich (biogenetisches Naturgesetz).

Als ich damals zum ersten Mal das Molekulargewicht der Mitochondrien-DNA bei Eukaryonten (Hefezellen) feststellte, das zuvor noch nicht bekannt war, war es wichtig, dass wir diese DNA so präparierten, bei der Isolation aus einer Hefezelle, dass sie nicht gespalten werden durfte.
Wasser, welches überall vorhanden ist, wäre der Feind gewesen für die Isolation dieser ganzen DNA (biogenetisches Naturgesetz).

Somit ist es notwendig, zu erkennen, dass man beim Experiment so arbeiten muss, dass die DNA nicht geschädigt oder gespalten wird.
In diesem Experiment haben wir nur die DNA isoliert.
An einem Aufbau oder ein Erkennen dieser Information, die den Energiestoffwechsel der Zelle steuert, war bei weitem nicht zu denken.
Kein Mensch kann eine derartige DNA herstellen, sondern er kann sie nur aus lebenden Organismen entnehmen und daraus ablesen, was an Informationen auf dieser DNA steht (biogenetisches Naturgesetz).
Es ist deshalb wichtig, dass wir in diese DNA nicht eingreifen, denn was optimal erschaffen wurde, darf nicht durch Personen, die die ganze Information auf der Zelle nicht ansatzweise erkennen können, und dies wird man auch in naher Zukunft nicht erkennen, manipuliert werden.
Das gefährliche daran ist, dass hoch giftige Substanzen, die durch die DNA produziert werden können, in andere Produkte (Pflanzen) eingepflanzt werden und somit zwar auch Schädlinge bekämpft werden können, aber der Schaden für den Menschen, für die Tiere und für die Umwelt nicht berücksichtigt wird.

Somit zeigt sich, dass ein gentechnisch veränderter Mais Substanzen bildet, die für andere Organismen, wie Bienen hochgiftig sind und zum Bienensterben beitragen.
Ohne Bestäubung durch Bienen wird es zu einer Reduktion von wichtigen Pflanzen und Nahrungsmitteln kommen, sodass unsere Erde sich selbst vernichten kann, durch Mangel an Nahrung.
So wurden zum Beispiel in Nutzpflanzen Gene eingepflanzt, die Formaldehyd bilden.
Diese töten die Schädlinge dieser Pflanzen. Formaldehyd ist aber eine krebsauslösende Substanz und es ist nur eine Frage der Zeit, dass dieser Schaden auch bei dem Menschen zu Krankheiten und Krebs führt.

Höhere Lebensorganismen

Pflanzen, Tiere und vor allem die Menschen bezeichnet man als höhere Organismen.
Jeder weiß, dass in jeder Zelle, auch bei höheren Organismen die gleiche DNA für bestimmte Funktionen zuständig sein kann (biogenetisches Naturgesetz).

Das geniale an dieser DNA ist jedoch, dass die DNA einer Gehirnzelle nur den Stoffwechsel oder die Steuerung einer Gehirnzelle ausführt.

Durch die Neurotransmitterproduktion (Gehirnhormone) wird unser Gehirn gesteuert, unsere Wahrnehmungen und Empfindungen verarbeitet, unsere Sinne: Auge, Ohr, Geschmack und Geruch, registriert und verarbeitet und auch Gefühle und Empfinden für sich und den Nächsten werden gesteuert (biogenetisches Naturgesetz).

Planung ist das genetische Konzept

Es bedarf einer Planung der Zellensteuerung bei höheren Organismen.
Eine Leberzelle zum Beispiel, die im Gehirn arbeiten würde, hätte einen völlig anderen Stoffwechsel und würde ein Chaos anrichten, obwohl sie dieselbe DNA hat wie die Gehirnzelle (biogenetisches Naturgesetz).

Es ist für einen Naturwissenschaftler überhaupt nicht verständlich, wie man annehmen kann, eine derartige geniale Planung würde auf Zufall beruhen (biogenetisches Naturgesetz).
Dies kann nur mit Unverständnis und mangelndem Wissen zu tun haben oder mit vorsätzlicher Missachtung wissenschaftlicher Erkenntnisse.
Betrachtet man auch andere Organe, ob es der Magen ist, oder ob es die Leber, der Darm oder ein Kniegelenk ist, tausendfach könnte man zeigen, dass die Steuerung eine unglaubliche Planung voraussetzt, denn stellen sie sich vor, in der Knorpelzelle wäre eine salzsäureproduzieren-de Zelle des Magens, das Knie wäre sofort defekt(Biogenetisches Naturgesetz).
Alles ist in einer DNA gespeichert, die natürlich nur durch Schöpfung und nicht durch Zufall entstehen kann (Biogenetisches Naturgesetz).
Nur durch Unkenntnis oder durch ideologische Verblendung, wie sie bei den Nationalsozialisten vorhanden ist, erkennt man diese Naturgesetze nicht.

Der Mensch ist ein soziales Wesen und deshalb fragt er auch nach dem Sinn des Lebens und wer nach dem Sinn des Lebens fragt, der fragt auch danach, wo kommt der Mensch her, was ist seine Aufgabe und wo geht er hin. Es ist ein Widerspruch in sich, wenn etwas so Geniales geschaffen wurde, das auf

Planung beruht, und man selbst nicht erkennt, dass ein Schöpfer oder Planer dahinter stehen muss.
Die Evolution kennt nur Kampf und Vernichtung (Evolutionist Hitler, Lenin, Stalin). Schöpfung durch die Liebe eines Schöpfers bedeutet Menschlichkeit und Nächstenliebe, also genau das Gegenteil.

Schöpfung oder Zufall

Der Zufall benötigt keine Naturgesetze. Wenn etwas durch Zufall entsteht, kann nur durch Wahrscheinlichkeit etwas geschehen. So kann aus Autoteilen von sich (ohne Planung eines Menschen) kein neues Auto entstehen.
Naturgesetze sind immer notwendig, wenn eine Planung oder eine Gesetzmäßigkeit in der Natur stattfindet, damit der Kosmos und das Leben erhalten werden kann.
Beim Chaos sind Naturgesetze nie notwendig. Sie widersprechen einem Chaos.
Die gesamten Atome im Universum sind durch den Urblitz entstanden. Sie konnten nicht aus dem Nichts kommen, sondern wurden durch Schöpfung mit verschiedenen Funktionen ausgestattet. Deshalb können auch die verschiedenen Atome Verbindungen eingehen und deshalb auch nur bestimmte Moleküle (mehrere Atome) bilden. Ohne die chemisch klar definierten Funktionen der Atome wäre der Kosmos in dieser Ordnung mit den Galaxien, unserer Milchstraße, unserem Sonnensystem und unserer Erde im Aufbau nicht möglich.
Die Atome sind im Periodensystem klar charakterisiert, deshalb nach einer genau definierten Struktur aufgebaut.

Atome sind genau definiert

Der Kohlenstoff mit 4 Bindungen ist für das organische Leben und das Silizium für die anorganische (leblose) Welt das entscheidende Bindeglied.
Selbst beim kleinsten Atom, dem Wasserstoffatom, liegt eine Planung vor.
Es besteht aus einem Proton und in der Schale hat es ein Elektron. Damit dieses Atom stabil ist, muss es die Elektronenschale mit einem zweiten Elektron

füllen. Dies geschieht dadurch, dass Wasserstoff immer mit zwei Elektronen stabil ist und somit als Wasserstoff-Molekül vorliegen muss.
Die komplexen chemischen Zusammenhänge komplett zu erklären, dass hier eine unglaubliche Planung hinter den Elementen steht, kann hier aus Platzmangel nicht dargelegt werden.

Selbst die Anzahl aller Elemente muss übereinstimmen.

Wir könnten zahllose Bücher schreiben, dass wir alle diese Elemente in der richtigen Anzahl haben müssen, damit Leben möglich ist.
Es würde nichts nützen, wenn die Erde zur Hälfte aus Gold bestehen würde und wir könnten uns nicht ernähren.
Das Leben ist genau angepasst an diese Elemente und diese Elemente sind genau im richtigen Maßstab geschaffen worden durch einen Schöpfungsakt.
Wären Metalle zu häufig, so könnte es auch kein höheres Leben auf der Erde geben. Das Gleiche gilt für Halogene Chlorid, Fluor...) usw.
Was wäre zum Beispiel wenn unsere Atmosphäre zu 40% aus Helium (einem Edelgas, das zu 40% auf der Sonne vorhanden ist) und zu 60% aus Stickstoff bestehen würde, wir könnten weder leben noch überleben.

Alles muss harmonisch zusammengefügt sein, es muss alles geplant sein.
Man stelle sich nur vor, dass Arsen, das in sehr vielen Heilquellen vorhanden ist, in einem höheren Anteil im Trinkwasser wäre, wir würden sterben.

Radioaktivität im Erdkern garantiert das Überleben.

Wären die radioaktiven Elemente wie Uran, die unser Erdinneres durch Zerfall aufheizen an der Erd-Oberfläche, würden wir durch diese Radioaktivität nicht lange überleben und die Menschheit wäre schon ausgelöscht.
Die Radioaktivität im Erdkern sorgt für die Wärme, damit die Erde nicht so schnell abkühlt und uns vor der Kälte von über -270 Grad Celsius aus dem kalten Weltall schützt.
Ohne diese Erd-Wärme wäre bei dem -270 Grad Celsius kaltem Weltall die Erde schon längst nicht mehr in dem jetzigen Zustand.
Zu glauben, dass diese optimalen Gegebenheiten hier durch Zufall entstanden sind, zeugt nur von Unkenntnis über die Natur.

Luftdruck und Luftzusammensetzung sind optimal für unseren Organismus.

Wären wir auf Höhe des Mount Everest (8848m), wir könnten keine Leistung vollbringen, bei der kleinsten Krankheit würde man sterben. Auch könnten wir keine Leistungen vollbringen, weil wir sofort außer Atem kämen. Die Sauerstoffkonzentration ist zu gering, um ein Leben wie wir es kennen, zu führen. Es ist alles sinnvoll, logisch und schöpferisch geplant.

Die Mutation soll die Triebfeder der Evolution gewesen sein

In keinem Experiment konnte nachgewiesen werden, dass es durch Mutation zu einer Höherentwicklung gekommen ist.
Das Gegenteil ist der Fall. Mutationen führen zu Krankheiten, wie erblichen Alzheimer und Krebs und zeigen stets das Gegenteil von dem, was in der Evolutionsideologie gelehrt wird.
Das belegt, dass hier vorsätzlich wissenschaftliche Tatsachen manipuliert werden, um die Ideologie „Evolution" als Wahrheit zu verkaufen.
Es ist eindeutig klar, dass Erbkrankheiten durch Mutationen gekommen sind und Mutationen nicht zu einem „arischen Übermenschen" oder „Idealmarxisten" führen. Man könnte heute auch sagen, Mutationen haben nicht zum „Superman" (siehe Sozialdarwinismus) geführt.

Biogenetische Grundregel, der Irrlehren-Dogmatismus der Evolutionstheorie

Im Jahre 1866 stellte Häckel sein biogenetisches Grundgesetz vor, in dem er in der Biologie die These aufstellte, dass zwischen der Entwicklung (von der Zeugung bis zur Geburt) der einzelnen Lebewesen (Ontogenese) und seiner Stammesentwicklung (Phylogenese) eine absolute Beziehung besteht. Das bedeutet, dass sich mit der Zeugung die Entwicklung eines Lebewesens von der Urzelle, über das Fischstadium (Kiemen Entwicklung) bis zum Menschen entwickelt.
Dafür gab es nie Beweise. Diese Vorstellungen beruhen nur auf Manipulationen.
(Abb. u.a. S.19, S.28, S.34, S.35, S.38, S.44, S.48, S.58, S.60)

Biogentische Behauptungen waren Fälschungen

Die Evolutionstheorie besagt: „Die Ontogenese rekapituliert (wiederholt) die Phylogenese".
Er (Häckel) behauptete dabei, dass ein grundsätzlicher Zusammenhang zwischen Ontogenese und Phylogenese nicht bestreitbar ist.
In keinem Fall konnte jemals bei einem höheren Lebewesen die Entwicklung von den Prokaryonten (erste Lebensformen) bis zur Geburt eines Menschen oder eines Fisches eine Stammes-Geschichte nachvollzogen werden. Übrigens auch bei keiner einzigen Pflanze. Alle Zeichnungen sind wissenschaftlich und genetisch belegte Fälschungen.

Anhänger der Evolutions-Theorie haben bisher die Einmaligkeit der DNA eines jeden Lebewesens noch nicht erkannt

Ihre Anhänger (von Darwin, Huxley und Häckel) fügten später hinzu, dass die Erbanlagen (DNA) einerseits als der Bauplan des einzelnen Lebewesens und andererseits als „informationstheoretisches Protokoll der Stammesgeschichte" anzusehen ist.
Häckels These von der Wiederholung („Rekapitulation") geht jedoch viel weiter. Der Anspruch ein biogenetisches Gesetz zu sein, gilt heute als wiederlegt, selbst bevor man erkannte, dass man Embryonen im Frühstadium schon von den einzelnen Lebewesen unterscheiden kann. (Beleg durch Blechschmidt, Nobelpreisträgerin Nüsslein-Volhard)

Leider wird von der Evolutionspsychologie, die sich als moderne Disziplin sieht, immer noch nicht erkannt, dass die Evolutionstheorie auf Fälschungen beruht. Sie wird jetzt biologische Grundregel genannt, die vorher von Häckel als biologisches Grundgesetz bezeichnet wurde. Nachweislich sind die Fälschungen von Häckel und weiteren Evolutionisten somit die Basis der Evolutionspsychologie. Wenn sich Psychologen ihre Lehre auf Manipulation aufbauen, dann findet auch hier die Irrelehre ihren Weg in die Psychologie.

Die Ontogenese ist keine kurze und schnelle Rekapitulation von der Phylogenese (Stammesentwicklung) durch physiologische Funktionen der Vererbung.

Dies kann nur für eine einzigartige, geschaffene Kreatur gültig sein, das heißt, jedes einzelne Lebewesen hat seine eigene Entwicklung nur für sich allein. Die Ontogenese ist somit für immer typisch für das einzelne Lebewesen und zeigt nicht ein einziges Mal eine phylogenetische Abhängigkeit.

Definition: Phylogenese / Ontogenese

Als **Phylogenese** bezeichnet man die stammesgeschichtliche Entwicklung aller Lebewesen und ihrer Verwandtschaftsgruppen.
Der Begriff „Phylogenese" wird auch verwendet, um die Weiterentwicklung einzelner Merkmale im Verlauf der Entwicklungsgeschichte zu charakterisieren.
Als **Ontogenese** bezeichnet man demgegenüber die Entwicklung der einzelnen Individuen einer Art von der Zeugung bis zur Geburt.
Und hier stehen die Naturgesetze in einem völligen Widerspruch zu der von Darwin, Häckel und Huxley vertretenen Meinung, die Keimentwicklung (bei Embryos) sei eine gedrängte und verkürzte Wiederholung der Stammesentwicklung. Diese Aussage ist wissenschaftlich falsch, da sie durch gefälschte Abbildungen der Embryonen (u.a. Häckel) erzielt wurden, wie wir an seinen Zeichnungen sehen können.

Anerkannte Wissenschaftler und wirkliche Forscher widersprechen Häckel

Der Lehrstuhlinhaber für Anatomie an der Universität Göttingen (Prof. Dr. Blechschmidt) hat über 30.000 Embryos im Frühstadium untersucht und konnte eindeutig belegen, dass die von Häckel aufgestellten Entwicklungsstufen vom Embryo bis zur Geburt des Menschen bzw. einer Tierart manipuliert waren. Diese Embryos wurden nicht durch Abtreibung gewonnen, sondern sie mussten wegen Eileiter-Schwangerschaft zur Rettung der Frau operativ entnommen werden.
Das von Häckel aufgestellte „biogenetische Grundgesetz", bei dem die Embryologie gefälscht war, wurde später abgemildert und von seinen Anhängern als „biogenetische Regel" bezeichnet. Heute ist jedoch wissenschaftlich belegt, dass Häckel diese Embryologie dieser Lebewesen vorsätzlich gefälscht hatte, um eine Phylogenese bei der Ontogenese zu belegen.

Dagegen hat J. Huxley im Jahre 1958 immer noch behauptet, dass die Embryologie (die gefälscht war) der schlagende Beweis für die Evolution wäre und führte die sogenannten wissenschaftlichen Ausführungen Häckels als Beleg an.

Deshalb hat bereits Richardson im Jahre 1968 (s.o.) festgestellt, dass es sich hier um einen vorsätzlichen Wissenschaftsbetrug handelt, der einmalig gravierend in der Menschheitsgeschichte war und zwar deshalb, weil Generationen von Schülern und Studenten diesen Betrug lernen mussten. Somit wurde mit einer kriminellen Energie in der Wissenschaft versucht die Öffentlichkeit zu manipulieren und zu betrügen.
Von Häckel stammen sehr viele populärwissenschaftliche Vorträge und Publikationen. Er hat diese Thesen als Wahrheit verkauft. Er trug seine Thesen derart wortgewaltig vor, dass nahezu keiner ihm zu widersprechen wagte.
Diese Vorstellung von Häckel fand leider einen Nährboden bei vielen Intellektuellen. Diese haben völlig versagt, sodass der Boden für die Rassenideologie Hitlers auf „fruchtbaren" Boden fiel. Jeder, der das Buch „Mein Kampf" gelesen hat, hätte die Irrlehren Hitlers erkennen müssen.
So war bereits 14 Tage nach der Machtergreifung Hitlers(1933) bei meinen Großeltern nur aus politischen Gründen (mein Großvater war unbedeutender Fraktionsvorsitzender) die erste Hausdurchsuchung. So versuchten die National-Sozialisten sofort jeden einzuschüchtern, der ihre Irrlehre nicht annehmen wollte.

Von der Monea bis zum Menschen

Aufgrund seiner „Täuschungen" hat Häckel in einem Buch über die Stammesgeschichte des Menschen versucht, die Entwicklung des Lebens zu beschreiben. Aus der Materie hat sich die Urzelle (Monea) zum Menschen entwickelt. Er hat einen Stammbaum gezeichnet, (siehe Anlage) in dem er seine Entwicklungsgeschichte (Ontogenese) rekapitulierte und verkündete, dass das Leben aus der Materie entstanden sei und sich hoch entwickelt habe. Wer diese Abstammungs-Bilder ansieht, und über Genetik Bescheid weiß, der muss zu dem Ergebnis kommen, dass dies alles Betrug ist. In keinem

einzigen Fall von diesen über 50 aufgeführten stammesgeschichtlichen Entwicklungen, wie in den Abstammungsbilder gezeichnet, konnten **jemals** eine naturwissenschaftliche, genetische oder medizinische Abstammung belegt werden. Auch wurde niemals eine DNA von irgendeiner Zwischenstufe eines Lebewesens entdeckt.
Diese Stammesentwicklung (Phylogenese) hat nie stattgefunden (Biogenetisches Naturgesetz). Jede dieser aufgeführten 50 Abstammungen hat eine eigene DNA und somit können diese biochemisch, medizinisch und genetisch nie voneinander abstammen.

Abb. Häckel Lebensbaum (siehe Seite 48)
Die vorgegebene Entwicklung hat auch gar nicht stattfinden können, weil sie den Naturgesetzen und zwar dem zweiten Hauptsatz der Thermodynamik, ebenso der Naturwissenschaft und der Medizin widerspricht.

Medizinische Untersuchungen widerlegen Darwin, Häckel und die Evolutionstheorie

Wie an anderer Stelle gezeigt, führt allein eine einzige Änderung der DNA bei über 3 Milliarden DNA-Bausteinen des Menschen zu Krankheit und Tod.
Es müssten also mehrere hundert Millionen von DNA Bausteinen geändert werden, um diese Fälschungen in der Stammbaumentwicklung (Phylogenese) möglich zu machen. Dies widerspricht jeder medizinischen Erkenntnis und auch den Naturgesetzen. Wir müssen das Naturgesetz: **„Leben kann nur durch Leben entstehen“**, endlich festschreiben, um diesen Irrtum zu beheben.

Die Vorstellungen von Darwin und Häckel, dass sich durch Evolution eine höhere Entwicklung ergibt, widersprechen eindeutig den Naturgesetzen.
Die Vorstellung von Häckel und Darwin, dass durch Mutation eine Selektion stattfindet, führte zum Rassismus und lieferte die Grundlage für den Nationalsozialismus und die Verbrechen gegen die Menschlichkeit. Deshalb wird auch Häckel von linken Autoren als der „Rassismus-Papst“ bezeichnet.

Das Schlimme daran ist, wie bereits an anderer Stelle ausgeführt, dass die Versklavung der afrikanischen und asiatischen Völker, und in Amerika die der Indianer und der Schwarzen mit dieser Ideologie begründet wurde. Dies geschah, weil sie von Darwins-Anhängern als Untermenschen angesehen wurden und so als Arbeitssklaven eingesetzt, verkauft und entwürdigt wurden.

Hitler hat aufgrund dieser Vorstellung von Darwin und Häckel, dass sich der Mensch entwickelt hat, was natürlich unsinnig ist, versucht, den idealen arischen Menschen aufgrund der Evolutionstheorie zu züchten. Er war ein großer Anhänger des Sozialdarwinismus. In seinem Buch: „Mein Kampf" wird der Rassenkampf durch die Evolutionstheorie gerechtfertigt.

Somit wird deutlich: Wer wissenschaftliche Fakten manipuliert, wer sich von der wahren Naturwissenschaft und Medizin entfernt, wie es Häckel und Darwin taten, der richtet sich auch gegen das Menschsein und die göttliche Offenbarung.
Deshalb bezeichnen sich diese Personen auch als Atheisten.

Der Mensch ist seit Beginn nie aus einer anderen Lebensart mutiert

Seit Anbeginn der Menschheit war der Mensch immer der gleiche, weil selbst eine minimale Änderung der Erbanlagen zu Krankheit und Tod führt.
Dies ist medizinisch und naturwissenschaftlich belegt, und widerspricht in allen Punkten den biogenetischen Grundregeln von Häckel und Darwins Vorstellungen. Die Zeichnungen von Darwin, dass sich der Affe zum Menschen hochentwickelt haben soll, widersprechen der Wissenschaft.
Somit ist, wie bereits von den berühmten Wissenschaftlern Blechschmidt, Nüsslein-Volhard und Richardson geschehen, die sogenannte Phylogenese und ontogenetische Entwicklung des Lebens als Betrug entlarvt.

Irrlehren in der Theologie

Es ist heute eindeutig erwiesen, dass diese Fälschungen der Naturwissenschaft von der Theologie und Politik aufgenommen wurden und von Professoren wie Karl Rahner in die Theologie eingeführt wurden.
Am Ende wird das Zitat von Rahner zeigen, dass er von Ontogenese, Phylogenese spricht und dabei vormenschliche Entwicklungen des Menschen eine Rolle spielen. Somit verabschiedet sich ein Theologe von der Schöpfungsgeschichte und Aussagen der Bibel.
Der Theologe Karl Rahner schrieb, dass es möglich sei, dass die Ontogenese und Phylogenese Bestandteil des Menschen sei.
Wenn bedeutende Theologen wie Karl Rahner ihre Theologie auf eine Entwicklung des Menschen (von einer Affenart) aufbauen und die Schöpfung des Menschen als eine einzigartige Schöpfung nicht anerkennen, dann sind auch in die Theologie Irrlehren eingeführt worden.
Der Mensch ist eindeutig eine eigene Schöpfungsart und mit keinem Tier vergleichbar.
Er (Karl Rahner) verabschiedet sich dadurch von den Vorstellungen der Naturwissenschaft und der Medizin, die eindeutig sagen, dass das Leben nur durch Leben entstehen kann. Rahner steht somit völlig im Widerspruch zu tatsächlichen Fakten der Naturwissenschaften.
Wer einer geistlosen Materie die Fähigkeiten von Planung und Entwicklung (Vom Prokaryonten über den Affen zum Menschen) zuschreibt, der hat sich als Theologe von den Naturgesetzen, der Natur und der Schöpfung verabschiedet.
Die Formulierung eines Fälschers, der sich zum „Gegenpapst" (Häckel) in Rom hat wählen lassen, hat Rahner übernommen. Dies ist eine Katastrophe für gläubige Menschen, die an einen Schöpfergott glauben.
Eine geistlose Materie hat keinen Plan. Die Schöpfung der Materie und des Lebens war und ist nur im Rahmen der Naturgesetze (Schöpfungsgesetze) möglich. Wer dem widerspricht, hat sich auch von der Naturwissenschaft und den Naturgesetzen verabschiedet.
Mir steht es nicht an einen Priester zu kritisieren, aber bei einer Irrlehre, die den Naturgesetzen widerspricht, widerspreche ich auch einem der bekanntesten Theologie- Universitäts- Professor und ich muss ihm die Gefolgschaft verweigern, weil er sich geirrt hat.

Züchtung des „Übermenschen“

In kommunistischen Konzentrationslagern (Gulag) sollte der „sozialistische Idealmensch“ herangezogen werden. Im Endeffekt waren diese Gulags verbrecherische Ausbeutungslager für die evolutionär-denkende Herrscherklasse. Trotz 100 Millionen von Toten ist der „neue Sozialist“ nicht gelungen.
Die Züchtung des „arischen Superman“ ist ebenfalls nicht geglückt, obwohl man versuchte, durch Zeugung durch sogenannte „arisch aussehende“ Männer und Frauen den idealen Übermenschen zu zeugen.
Alle diese Züchtungsvorgänge sind gescheitert, keine Mutation wie die, die von Darwin, Häckel und Huxley postuliert wurden, führte zu diesen sozialistischen oder nationalsozialistischen „neuen Supermenschen“.

Die Philosophie hat sich hier mitschuldig gemacht, weil sie diese Irrlehren und pseudowissenschaftlichen Tatsachen aus den gefälschten Evolutions-Daten übernommen hat.
Der Sozial-Darwinismus hat seine Grundlage und seine ideologischen Vorstellungen auf falsche naturwissenschaftliche Irrlehren gesetzt und Ideen vertreten, die dem Menschen widersprechen.

Marx jubelte über Darwins-Vorstellungen

Deshalb hat Karl Marx auch gejubelt, weil er glaubte, in den Vorstellungen Darwins endlich für seine Ideologie des Marxismus die naturwissenschaftliche Grundlage gefunden zu haben.

Vorschläge und Fälschungen Häckels

Den Vorschlag, den Häckel gemacht hat, wie eine Eugenik („Genetische Beratung“) stattfinden kann, sind so erschütternd, dass diese Vorstellung voll von den Nationalsozialisten übernommen wurde, um die Rassenhygiene zu rechtfertigen.
Der Begriff ist so zu verstehen: **Eugenik** stammt aus dem Altgriechischen und bedeutet *eu* = gut‘ und *genos* =Geschlecht‘ oder **Eugenetik**. Eugenik bezeichnet seit 1883 die Anwendung theoretischer Konzepte auf die Bevölkerungs- und

Gesundheitspolitik mit dem Ziel, den Anteil positiv bewerteter Erbanlagen zu vergrößern (positive Eugenik) und den negativ bewerteter Erbanlagen zu verringern (negative Eugenik).
Auch Huxley und Darwin, dem ja Häckel voll zustimmte, haben diesem nicht widersprochen, sondern er (Häckel) sorgte dafür, dass diese Irrlehre der Evolutionstheorie noch weiter verbreitet wird.
Politiker, die von der Evolutionstheorie begeistert sind, werden deshalb immer einem völkischen oder intellektuellem Rassismus nachlaufen und vertreten, weil sie die Selektion für die Triebfeder der Weiterentwicklung halten.

Es wäre endlich mal an der Zeit, in den Schulbüchern und auch in den Universitäten die Zusammenhänge von Evolution, Rassismus, Nationalsozialismus, Imperialismus und Sozialismus als Geschwister zu entlarven.

Das zeugt davon, dass hier die Evolutionstheorie im Widerspruch zu wissenschaftlichen Tatsachen steht. Sie ist einzig und allein damit begründet, um Gott als Schöpfer auszuschließen.
Selbst bei politisch unbedeutenden, christlich orientierten Kommunalpolitikern wie bei meinen Großeltern wurde im 3. Reich nach christlichem Propaganda-Material gesucht.

Deshalb sollte auch bei der Hausdurchsuchung 14 Tage nach der Machtergreifung Hitlers mein Vater seine Büchertasche zeigen, ob er nicht „schwarzes“ (christliches) Propaganda-Material mit in die Schule bringt“, „denn das Christentum ist doch eine jüdische Sekte“. Meinem Großvater wurde mitgeteilt, dass Deutschland gesäubert würde, alles was nicht arisch ist, zu entfernen sei, auch der christliche Glaube.
Als sich mein Großvater ohne einen Gerichtsbeschluss über diese Hausdurchsuchung beklagte, sagte er deutlich dem zuständigen NSDAP Funktionsträger: „er solle doch mal nachschauen wie arisch seine Leute seien, die, die Hausdurchsuchung machten. Unsere Familie sei nachweislich drei Mal älter arisch, als alle die Personen, die bei der Hausdurchsuchung dabei waren“.
Diese Äußerung führte zu so einem Gelächter in den Orten, dass es seit dieser Zeit nie mehr zu einer Hausdurchsuchung bei meinen Großeltern kam. Angst und Einschüchterung sind Zeichen einer arisch-evolutionären Politik.

Die Erbanlagen schließen eine Evolution aus

Im Folgenden soll deshalb über die DNA gesprochen werden, die unsere Erbanlagen enthält und für jeden Menschen typisch ist.
So wird jeder sehen, dass die Irrlehre Evolutionstheorie vorsätzlich betrügt, weil die Komplexität der DNA selbst, wenn sie aus dem Chaos entstanden wäre, auf Grund der Wahrscheinlichkeit nicht hätte entstehen können.
Wir haben nicht einmal so viele Moleküle und Atome(10^{78}) im Weltall, um durch Wahrscheinlichkeit (10^{200}) eine Lebewesen durch Mutation zu erschaffen (Zitat. Prof. Vollmert).
Durch Wahrscheinlichkeit (Zufall) kann somit Leben nicht geschaffen werden. Leben kann nur durch Leben entstehen, weil Leben nur durch eine DNA gebildet werden kann. Diese DNA kann nur durch Enzyme aufgebaut werden. Enzyme können erst dann entstehen, wenn vorher eine DNA vorhanden ist, die den Bau von Enzymen erst ermöglichen (biogenetisches Grundgesetz).
Deshalb ist auch bei Enzymen wissenschaftlich belegt, dass Leben nur durch Leben möglich ist. Leben muss also geschaffen worden sein, da die Entstehung aus sich heraus experimentell nicht möglich ist (biogenetisches Grundgesetz).
Dies habe ich an anderer Stelle an der Komplexität der Enzyme gezeigt.

In der DNA sind unsere Erbanlagen festgelegt

Die DNA ist im Zellkern jeder Körperzelle vorhanden.
Das ist notwendig, damit die Zelle ihre Funktion genau nach Plan erfüllt.
Dies ist deshalb so wichtig, weil jede Kõrperzelle eine andere Funktion hat. So müssen Gehirnzellen Neurotransmitter herstellen, (das sind Gehirnhormone), um die Steuerung der Nerven durchzuführen:
Die Magenzellen, um Salzsäure herzustellen, damit die Nahrung verdaut wird, die Bauchspeicheldrüse um Enzyme herzustellen, damit Eiweiß und die Nahrungsmittel weiter verdaut werden können. Die Darmzellen benötigt man, damit die Nahrung im Blut aufgenommen werden kann. Die Nierenzellen sind notwendig, damit die Abbauprodukte des Stoffwechsels ausgeschieden werden können. Alle Funktionen können nicht einmal ansatzweise dargestellt werden (biogenetisches Grundgesetz).
Es ließen sich für jeden Bereich des Körpers solche Funktionen aufzählen, sodass damit viele Bücher gefüllt werden könnten.

Die DNA steuert spezifisch jedes Organ

In der DNA ist die Information gespeichert, so dass jedes Organ genau nur seine Funktion ausführt (biogenetisches Grundgesetz).
Würden Zellen die Funktionen der Bauchspeicheldrüse in der Leber übernehmen, so würde sich die Leber selbst verdauen.
Diese komplexe Steuerung durch Zufall zu erklären, wie es Darwin verkündet hat, widerspricht jeder Logik.

Wenn ein einziges Basenpaar mutiert, kann dies Krankheit und Tod bedeuten.

Die Wahrscheinlichkeit, dass die DNA des Menschen durch Zufall entstanden sei, ist nicht gegeben. 10^{81} Atome wären notwendig, um die Wahrscheinlichkeit des Zufalls möglich zu machen. Diese Zahl errechnet sich aus den 3 Milliarden DNA-Bausteinen und ihren Möglichkeiten. Dies gibt 10^{81} Atome.
Hier wird jedoch hypothetisch angenommen, dass der ganze Kosmos nur allein aus DNA-Bausteinen bestünde. Dabei gibt es in der unbelebten Natur keinen einzigen DNA-Baustein.
Es gibt keinen physiologischen Vorgang in der Natur, der überhaupt ermöglichen könnte, dass die DNA-Bausteine sich zufällig treffen und verbinden könnten zu einer DNA.
Betrachtet man das Universum, so sind im Weltall nur 10^{78} Atome vorhanden, rechnet man das auf Moleküle um, wird die Zahl noch größer,
laut Prof. Vollmert 10^{200}.

Betrug der Öffentlichkeit über 100 Jahre - und die Presse schweigt-.

Der Betrug, dass Leben durch Zufall entstanden sein könnte, ist so offensichtlich, dass man erschüttert ist, wie man die Öffentlichkeit durch falsche Wissenschaft manipulieren kann.

In der unbelebten Natur gibt es nicht einmal ein einziges Nukleotid (DNA-Baustein).

Dies wurde durch tausende Experimente belegt, wie der Miller-Versuch gezeigt hat und auch ähnliche Versuche nicht bestätigen konnten.
Wie sollen dann komplexe Strukturen, wie eine DNA mit 3,4 Milliarden Bausteinen (beim Menschen) korrekt aneinander gereiht, entstehen können?

Schülern und Studenten werden vorsätzlich diese Irrlehren als Lehrstoff vorgesetzt und sie müssen ihn lernen.

Abb. Ursuppenexperiment (s.u.): zeigt, dass keiner dieser „evolutionären“ Schritte naturwissenschaftlich möglich ist und auch nie stattgefunden hat. Die Ursuppe war lebensfeindlich, giftig für organisches Leben und hätte selbst bestehendes Leben zerstört. Auch hier war Betrug von Anfang an. Es werden biochemische Prozesse, die nie stattgefunden haben, aufgeführt. So wird der Betrug (RNS, DNS, Protobiont), deren Bildung auf keinen Fall ohne Enzyme möglich ist, als Tatsache verkauft. Dafür wären auch Enzyme und energiereiche Phosphate nötig, die nur durch Leben entstehen können.

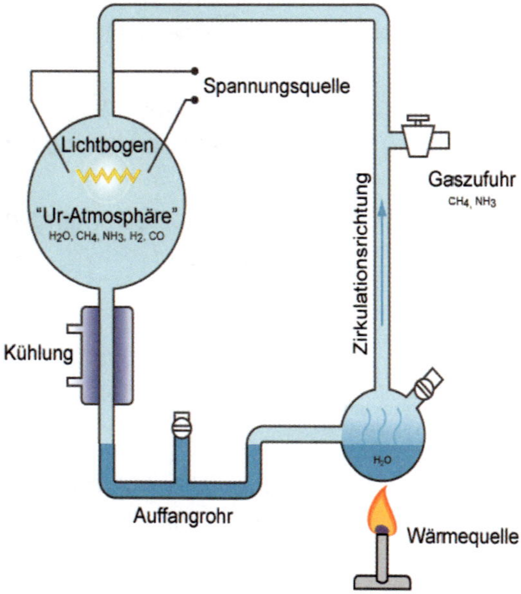

In der Abbildung ist die angebliche Ursuppe aufgeführt. Die Ursuppe hat als „Ur-Atmosphäre“ Schwefel-Wasserstoff, Methan, Ammoniak, Kohlenmonoxid, Kohlendioxid, Wasserstoff und Wasser. Dies ist auf dem linken Abschnitt unter Uratmosphäre aufgeführt.

Abb. Ursuppenexperiment: nach Miller-Urey

Mit Hilfe von Energie (Sonne) oder auch vulkanische Tätigkeiten sollen dann in dieser sog. Ursuppe die Aminosäuren und Zucker und Nuklein-basen gebildet worden sein (Abschnitt: Ursuppen). Mittlerweile konnte jedoch festgestellt werden, dass in dieser Zusammensetzung der Ursuppe wegen der starken UV-Strahlung der Sonne (damals gab es nicht unsere heutige Atmosphäre) sowohl das Methan als auch Ammoniak nicht vorhanden waren, da sie zerstört worden wären.
Auch hier zeigt sich eindeutig der Betrug, es ist zwar möglich, eine kleine Aminosäure durch „optimale" Labor-Bedingungen herbeizuführen, aber nur als Racemat. Komplexere Aminosäuren oder Zucker wie die Desoxy-Ribose sind ausgeschlossen.

Uratmosphäre: Wissenschaftlicher Betrug zeigt fälschlicherweise, dass ohne Enzyme und Proteine DNA-Bausteine, DNA und Zellen entstehen können.

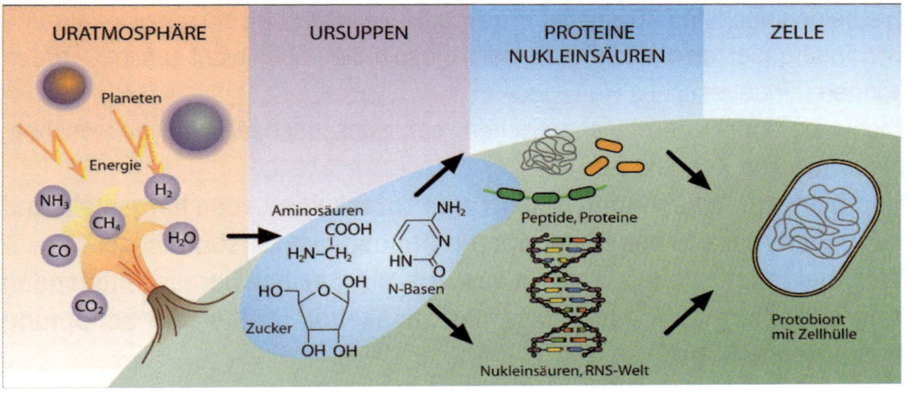

Aber auch theoretisch kann keine Nuklein-Base entstehen. (Alle experimentellen Versuchs-Wiederholungen konnten diese Nukleotid- Neubildungen nicht zeigen (biogenetisches Naturgesetz).
Millionen von DNA Bausteinen, in der richtigen Reihenfolge miteinander zu verbinden, ist von der Wahrscheinlichkeit her absolut ausgeschlossen (Abschnitt Proteine und Aminosäuren), da ohne Vorlage einer DNA (Matrize) dies nicht möglich ist. Nur die DNA kann den Befehl für die Bildung der Aminosäuren und Proteine geben (biogenetisches Naturgesetz).
Zudem fehlen die Schutzmechanismen für die gebildete DNA. Diese ist sehr anfällig für Wasser, Säuren und Laugen, weil sie sich sofort wieder auflösen (biogenetisches Naturgesetz) würde.

Auch die Verknüpfung mit einem Zucker, um ein Nukleotid zu einem DNA Baustein aufzubauen, ist auf keinen Fall möglich, da keine energiereichen Phosphate, die erst durch einen lebenden Organismus gebildet werden müssen, zur Verfügung stehen (biogenetisches Naturgesetz).

Ebenso kann ein Zucker (Desoxy-Ribose), ein weiterer Bestandteil eines DNA Bausteines, nicht ohne Leben entstehen, da stets ein rechtsdrehender Zucker gebildet werden muss, der nicht ansatzweise durch eine Uratmosphäre gebildet werden kann. Ein Zucker (Desoxy-Ribose) kann nur durch lebende Zellen hergestellt werden, da Leben nur durch Leben entstehen kann (biogenetisches Naturgesetz).

Hier wird deutlich, dass die ersten beiden Abschnitte typisch sind für die kriminellen Machenschaften, die zur Evolutionstheorie führen.
Die beiden nächsten Abschnitte Proteine, Nukleinsäuren sind absolut aufgrund von Naturgesetzen nicht möglich, dass diese ohne Leben nicht gebildet werden können (biogenetisches Naturgesetz).
Dies widerspricht den biochemischen, naturwissenschaftlichen, genetischen, medizinischen Kenntnissen.
Und hier wird mit schönen Bildern ein Prozess von Leben hergestellt und suggeriert, dass Leben in der oberen Atmosphäre entstanden sei.
Wer hier noch glaubt, dass etwas aus sich selbst heraus entstanden sein soll, der glaubt auch, dass das „denkende Nichts" die Schöpfung hervorgebracht hat.

Wen die wahre Wissenschaft nicht interessiert,
der wird durch evolutionäre Fälschungen manipuliert.

Es ist deshalb jedem deutlich, dass diese Evolutionstheorie von Anfang an ein Betrug war und zwar auch deshalb, weil sich Verbrechersysteme wie der Nationalsozialismus und der Kommunismus mit ihren verbrecherischen Taten auf diese Betrügereien der Evolutionstheorie berufen konnten.

Genetik vor 150 Jahren widersprach der Evolutionstheorie

Gregor Mendel, der heutige der Vater der Genetik genannt wird, hat vor 150 Jahren gezeigt, dass bei der Kreuzung von Erbsen mit unterschiedlichen Farben weitere neue bunte Erbsen entstehen können.
Somit war damals schon eindeutig belegt, dass hier keine Mutation stattgefunden hat, sondern dass es sich eindeutig um die hochkomplexen genetischen Merkmale (Vielfalt) einer Pflanzenart handelt. Dies ist mittlerweile auch bei allen anderen Pflanzenarten mit einer genetischen Vielfalt durch Genuntersuchungen belegt.

Die Gene sind nicht einfältig, sondern zeigen schöpferische Vielfalt.

Dies ist notwendig, weil bei Krankheiten nicht nur Tierarten, sondern auch Pflanzenarten aussterben würden. Somit wird deutlich, dass ein Unterschied zwischen dem genialen Mendel und der Einfältigkeit der Evolutionstheorie vor 150 Jahren schon sichtbar wurde. (Biogentischen Naturgesetz)

Darwin dagegen machte aus solchen Beobachtungen eine Mutation gegen jede wissenschaftliche Kenntnis und sagte, weil sich der Schnabel der Finken verändert habe, sei eine Mutation aufgetreten.
Es ist keine Mutation aufgetreten, sondern die Komplexität der Erbanlagen ermöglichte die Anpassung der Finken an die entsprechende Situation.
Anpassung ist keine Mutation.
Es zeigte sich, dass die Schöpfung so genial konzipiert ist, dass sich ein Lebewesen an die Situation anpassen kann, ohne dass eine Mutation nötig ist. (Biogenetisches Naturgesetz),
denn wir haben gesehen, Mutation führt zu Untergang und Krankheit, während die geschaffene DNA das Überleben garantiert.
Somit wird erneut bestätigt, dass die Naturgesetze nicht durch Zufall abgelöst sind, sondern umgekehrt, die Ideologie muss den wissenschaftlichen Tatsachen weichen.
Die wissenschaftlichen Tatsachen sind Naturgesetze und Naturgesetze sind Schöpfungsgesetze.

Wir müssen nur rufen „Darwin Darwin" ist unser Schöpfergeist, dann kommen schon die Millionen DNA-Nukleotide angereist

Diese Millionen von Nukleotiden werden dann durch Darwins Geist in der richtigen Reihenfolge zu Zellen zusammengeschweißt

Diktatur und Evolution

An der Evolutionstheorie wird deshalb so lange festgehalten, weil sie die politische Rechtfertigung für eine Diktatur liefert.
Deshalb hält sich auch diese Theorie so lange, weil Verbrecher gegen die Menschlichkeit ,Lenin, Hitler, Stalin, ihr Verhalten und ihre Politik mit der Evolutionstheorie gerechtfertigt haben.

Die Evolutionstheorie, allen voran ihre wissenschaftlichen Theoretiker, hat ihre Äußerung in der Eugenik klargestellt, dass minderwertiges Leben, z.B. Krebskranke oder Behinderte, durch Zyankali oder auch durch Morphium beseitigt werden können. (Zitat: Häckel s.o.)

Dies ist angeblich aufgrund der Eugenik gerechtfertigt.

Hier wurde Hitler und seinen sozial-darwinistischen Verwandten Lenin und Stalin eine Steilvorlage für ihr Handeln geliefert und dies im Sinne der „pseudowissenschaftlich belegten" Evolutionstheorie.

Der ideologische Dogmatismus wurde durch die Evolutionstheorie erst möglich. Auf ihm beruht der Imperialismus in Form des Marxismus-Leninismus und des Nationalsozialismus, die Verbrechersysteme, die für Millionen Morde verantwortlich sind.

Raubtierkapitalismus ist Folge des Sozial-Darwinismus

Wenn Selektion durch Mutation die Triebfeder der Entwicklung der Evolution (auch des Menschen) ist, muss jeder danach trachten, den anderen zu übertrumpfen.
Damit ist nicht Achtung der Menschenwürde, d.h. Menschlichkeit oder Nächstenliebe (Gottesgebote), sondern Egoismus und Selbstbereicherung, Macht, Gier und Herrschen über andere die Triebfeder des Menschseins.

Das biogenetische Grundgesetz nach Häckel wurde als Basis für die Evolutionstheorie postuliert und als wissenschaftliche Tatsache verkauft. Es hat sich als Wissenschaftsbetrug entlarvt.

Das betrügerische biogenetische Grundgesetz (Häckel), das nicht einmal die fundamentalen genetischen Arbeiten Mendels beachtet hat, maßte sich an, ein Gesetz über Genetik zu formulieren.
Mendel gilt heute als Vater der Genetik und Nobelpreisträger sagen öffentlich, dass der Mitbegründer (Häckel) bei der Evolutionslehre betrogen hat. Dabei wurde Mendel damals missachtet, weil man lieber Irrlehren hören wollte als wissenschaftliche Tatsachen. So musste es zu politischen Katastrophen kommen.
Der erste Weltkrieg war eine Katastrophe für Europa. Ein wahnsinniger und schlimmer Krieg. Während des Krieges im Jahre 1917 sagte die Muttergottes (für Moslems, Maria von Nazareth) in Fatima voraus, dass ein noch schlimmerer Krieg (2. Weltkrieg) kommen werde, wenn wir uns von diesen Irrlehren (gemeint war die Evolutionslehre und ihre „Kinder", der Kommunismus und der National-Sozialismus) nicht abwendeten. Dann werde sich diese Irrlehre über die ganze Welt verbreiten.
In Deutschland wurde leider der Darwinismus durch die „populärwissenschaftlichen" Berichte und Vorträge Häckels verbreitet, der die Triebfeder und politische Rechtfertigung für die spätere Katastrophe, den Nationalsozialismus und den 2. Weltkrieg wurde.

Hitler hat in seinem Buch „Mein Kampf" genau mit diesen Sozial-Darwinistischen Vorstellungen seinen Überlebenskampf gerechtfertigt.

Die sogenannten „Logenbrüder", die die Propagandisten dieser Ideologie waren, wollten die Struktur des Abendlandes zerstören, deshalb sollen sie entscheidend an der Ermordung des österreichischen Thronfolgers in Sarajevo beteiligt gewesen sein.
Dieses an einen Schöpfer glaubende Abendland sollte von seinem Glauben an Gott beseitigt und durch eine „Neue Weltordnung" ersetzt werden. In der nachfolgenden Zeit gab es noch nie so viel Vertreibung und Morde (über 100 000 000 im Sozialismus, über 50 000 000 durch den 2. Weltkrieg, Konzentrationslager und Vertreibung) weil nicht Menschenwürde (Gottesgebot) sondern die evolutionäre Ideologie, durch Selektion zur Evolution und somit die Macht des Stärkeren, im Vordergrund standen.

Biogenetisches Naturgesetz ist naturorientiert

Das Biogenetische Naturgesetz orientiert sich an der Natur und steht im Einklang mit der Natur. Somit leitet sich das Biogentische Naturgesetz von den Naturgesetzen ab und steht nicht im Widerspruch zu den Gesetzen der Thermodynamik, die fundamentale Grundgesetze der Natur sind, weil sie nur durch Planung des Kosmos und des Lebens möglich sind. Somit sind Naturgesetze Schöpfungsgesetze. Sie gelten seit Anbeginn des Kosmos. Bereits Albert Einstein hat dies in seinen Schriften zu den Gesetzen der Thermodynamik sinngemäß formuliert.

Dagegen ist das von Häckel entworfene „Biogenetische Grundgesetz" durch Hypothesen und Fälschungen entstanden und von Grund auf falsch.
Darwin und Huxley haben es als weiteren Beleg für die Evolutions-Lehre zur „wissenschaftlichen Basis" gemacht.

Mittlerweile wissen wir, dass Häckel seine Taten gefälscht hat und seine Embryologie und Abstammungslehre sich als Betrug herausgestellt hat. Selbst die mutige Nobelpreisträgerin Nüsslein-Volhard, die den Nobelpreis für ihre embryonalen-genetischen Untersuchungen bekommen hat, kuscht nicht vor Ideologen und sagt eindeutig öffentlich in einem Bericht (Zeit), dass Häckel gefälscht hat. Dies bestätigten auch andere Wissenschaftler wie Blechschmidt und Wilkinson.

Leider ist der Mut vieler Wissenschaftler nicht besonders groß, weil sie Angst haben, dass sie Nachteile befürchten müssen, wenn man gegen Irrlehren öffentlich etwas sagt.
Aber wären Wissenschaftler im 3. Reich aufgestanden und hätten gesagt, dass die auf Häckel und Darwin beruhende phylogenetische und ontogenetische Entwicklung der Natur den menschlichen Grundgesetzen wie Menschlichkeit und Nächstenliebe widerspräche, dann wären auch die „verrückten Vorstellungen“ Hitlers und Häckels mit seiner Auslese und Rassenvorstellung, die die ideologische Basis für den Hitlerwahn lieferten, zusammengebrochen.
Aber diese Kräfte und Wissenschaftler, die meinten, sie könnten Gott und die Schöpfung als überkommen und veraltet hinstellten, haben sich in ihren evolutionären Vorstellungen durch Hitler bestätigt gefühlt. Somit haben Sie Hitler nicht widersprochen und sich mitschuldig gemacht durch das Festhalten an der Evolutionstheorie.
So wird deutlich, was Maria (Muttergottes) in Fatima 1917 vorausgesagt hatte, dass diese Irrlehren sich über die ganze Welt verbreiten werden.
Die sich für die sogenannten Befreier vom Muff der letzten Jahrhunderte hielten, jubelten Hitler zu.
Ohne die Intellektuellen, die Steigbügelhalter in der Presse, Journalisten und Wissenschaft, hätte Hitler nie eine Chance gehabt. Es waren diese Anhänger der Evolutionstheorie, die ihm den Weg bahnten, weil keine Rücksicht mehr auf Schwache (Nächstenliebe = Gottesliebe= Gottesgebot) genommen werden muss. Wir sind selbst unser eigener Gott, wir schaffen unser eigenes Gottesbild, so wie wir es uns wünschen.
„Nach dem Endsieg Hitlers werden wir alle Kirchen in „Hitlertempel“ umgestalten“, sagte der verantwortliche Nazi bei der Hausdurchsuchung (14 Tage nach der Machtergreifung Hitlers, 1933) bei meinen Großeltern.
Wer sich selbst zum Gott macht, darf sich seine eigenen Gesetze machen und kann dann auch nicht für seine Verbrechen gegen die Menschlichkeit zur Rechenschaft gezogen werden. Somit konnte auch Hitler die Rassengesetze erlassen und Lenin und Stalin konnten Millionen von Menschen im Gulag (kommunistische Umerziehungslager) ermorden.
Hier wird verständlich, dass Maria in Fatima (am 13-10-1917) vor den Folgen der Irrlehre (Evolutionstheorie) gewarnt hat.
„Wenn ihr nicht umkehrt, wird Russland seine Irrlehren über die ganze Welt

verbreiten“. Gemeint war der Kommunismus, der durch Lenin nach Russland kam, und seine Grundlage die Evolutionstheorie, die notwendig ist, um die Basis für die Rechtfertigung der verbrecherischen Taten von Kommunismus und Nationalsozialismus zu garantieren.

Die größte Katastrophe ist jedoch meiner Meinung nach, dass wir immer noch an diese Irrlehren glauben. Das evolutionäre Gesetz sagt aus, nur durch Macht und Verdrängung kann es Überleben geben. Wir können den Begriff auch **Ellenbogenverhalten** nennen.

Nach dem Motto, ich muss nur die ganze Welt unterjochen, wie es der Plan des Kommunismus, des Nationalsozialismus und der Neuen Weltordnung (NWO) war und ist, dann wird Frieden herrschen.
Leider war stets das Gegenteil der Fall. Das russische Volk wurde ausgebeutet, das deutsche Volk verlor viele Menschen und menschliche Werte. Auch wird die NWO noch zu einer größeren Katastrophe führen. Noch nie hatten wir in der Menschheitsgeschichte so viele Katastrophen, Kriege, Vertreibung, Flüchtlinge wie heute als Folge dieser Politik.
Gründe sind und bleiben die Abwendung von den Werten der Menschlichkeit, weil die evolutionäre Ideologie sich gegen die Natur und die Naturgesetzen wendet. Wir lernen nicht dazu.
Aber wir können sicher sein und sind auch sicher, dass uns „Maria“ hilft, diese Probleme zu lösen. Aber dazu benötigt es Glaube und Gebet.

Die Negation Gottes durch die Evolutionstheorie, die Basis für Sozialismus und Nationalsozialismus ist, führt zu Ermordung, Kriege und Vertreibung, wie sie die Menschheitsgeschichte noch nie erlebt hat. Wir haben es bereits in der Menschheitsgeschichte erlebt. Sie wird weiterhin zu Kriegen und zu Vertreibung führen, sodass ein möglicher großer Krieg bevorsteht.

Wir können es jedoch durch Gebet verhindern, wie es uns die Mutter Gottes Maria prophetisch geweissagt hat.
Wenn nicht, werden Erdbeben, Naturkatastrophen, Kriege, Vertreibung und Not kommen, wie wir sie noch nie in der Menschheitsgeschichte erlebt haben, nur weil die fünfte Kolonne der Unterwelt die Dezimierung der Menschheit geplant hat.

Einige Theologen sollten ihre eigenen Vorstellungen zurückstellen

Es wäre gut, wenn einige Theologen doch einmal wieder, statt ihre eigenen Vorstellungen in den Vordergrund zu stellen, auf das geoffenbarte Wort Gottes hören würden.
Naturwissenschaftlich steht fest, dass wir geschaffene Geschöpfe von Anfang an sind und nicht evolutioniert wurden. Wir sind keine Klone, sondern komplexe Geschöpfe mit multiplen genetischen Varianten, welche uns das Überleben auch bei Seuchen und schweren Krankheiten sichern.
Der Mensch muss von Anfang an geschaffen sein mit der genetischen Vielfalt, damit das Immunsystem ein Überleben garantiert.
Laut Entropiegesetz strebt alles der Unordnung zu. Deshalb muss zu Beginn der Erschaffung einer jeden Tier- oder Menschengattung die optimale genetische Information vorliegen, die so stabil sein muss, dass sie auch Gifte (Noxen), dazu gehören giftige Substanzen und radioaktive Bestrahlung bzw. radioaktive Substanzen, überstehen kann (biogenetisches Naturgesetz).

Somit steht die Schöpfung im völligen Gegensatz zur Evolutionstheorie.
Das von Häckel in seinem Buch aufgestellte „Biogenetisches Grundgesetz" (Häckel, 1866) wurde von sogenannten „Fortschrittlichen" mit Begeisterung aufgenommen. Es wurde als sogenannte „Wahrheit" und „Wissenschaftliches Grundgesetz" in der Öffentlichkeit gegen jeden, der dieser Ideologie nicht folgte, als Waffe eingesetzt, wenn er diesem sogenannten „Fortschritt" nicht sofort Glauben schenken wollte.

Jeder, der bemerkte, diese Ideologie könne nicht stimmen, wurde als ewig Gestriger beschimpft und verleumdet.
Mittlerweile wurde selbst von seinen größten Anhängern erkannt, dass es als biogenetisches Grundgesetz nicht mehr zu halten ist und sie haben es umgetauft zur „Biogenetischen Grundregel", weil es kein Grundgesetz darstellt.
Selbst die größten Anhänger der Evolutionstheorie mussten erkennen, dass die Entwicklung der Raupen zum Puppenstadium und dann zur Bildung eines fliegenden Insekts(z.B. Schmetterling) dem biogenetischen Grundgesetz absolut widerspricht.

Auch dieser Etikettenschwindel (man nennt es biogenetische Grundregel) kann nur einer mitmachen, der von Biogenetik nichts versteht. Wie kam es zu der Hypothese, dass sich die Stammesentwicklung im embryonalen Stadium von der Zeugung bis zur Geburt des Menschen bzw. der einzelnen Tierarten zeigen soll? Dies wurde von seinen Anhängern unwidersprochen angenommen. Ohne wissenschaftliche Belege wurden Thesen übernommen, die nach allen naturorientierten Wissenschaftlern im Widerspruch zur Natur stehen.

Dies ist deshalb nicht möglich, weil sich die Phylogenese nicht in der Ontogenese wiederholt. Der Grund liegt im Widerspruch der Evolutionstheorie zur Natur.
In der Natur finden sich für jedes Lebewesen einzigartige Erbanlagen, auch DNA genannt.
Jedes Lebewesen hat seine eigene Entwicklung. Häckel hat dagegen einen menschlichen Embryo genommen und hat diesen Embryo allen Tierarten zugeordnet und hat alle Zwischenstufen für die Tierarten gefälscht, nur um zu belegen, dass sich die Phylogenese, d.h. die stammesgeschichtliche Entwicklung bei allen Tieren aus einem Ur-Embryo entwickelt hat.

Dies ist eine der größten Fälschungen der Menschheitsgeschichte.
Dies wurde als Fälschung auch von Nobelpreisträgern entlarvt.

Man müsste wahrheitsmäßig Häckels „Biogenetisches Grundgesetz" eigentlich als das bezeichnen, was es ist, Häckels „Biogenetische Fundamentalfälschung", denn von Grund auf sind es Fälschungen und Irrlehren.
Die Evolutionstheorie steht somit auf Fundamental-Fälschungen.
Sie widerspricht der Natur und den Naturgesetzen.

Alle, die sich weigern, der Grundlage des Rassismus entgegenzutreten, werden auch Häckel und seinen Bewunderern und seinen gegenseitigen Unterstützern, wie Darwin und Huxley, nicht entgegentreten.
Es ist schwer, einen Rassisten zu ändern, ob er ein intellektueller Rassist (auch Kommunist genannt) oder ein Nationalsozialist ist. Sie kennen nur ihre Ideologie, die oft ihr einziger Halt ist.
Als Arzt erlebte ich, dass das Sterben für Ideologen eine Katastrophe ist. Selbst im Tod konnten sie nicht ihren Hass überwinden.

Wie schon von Richardson in der Times beschrieben, ist die Evolutionstheorie tief ins Unterbewusstsein eingedrungen, sodass man kaum mit Logik, Vernunft und wissenschaftlichen Tatsachen beikommen kann. Sie glaubten noch an die Fälschungen und Lügen, wie wir es kennen von Nazis und Altkommunisten, als ihr Weltbild zusammenbrach.
Deshalb glauben sie auch nicht, dass es den Bösen gibt, von dem sie wie Blinde geführt wurden.
Weisheit ist eine Gabe, durch die man schnell erkennt, was Wahrheit ist und was nicht stimmen kann, weil die Logik einen führt.
Wie oben beschrieben kann es doch nicht sein, dass der Delphin (natürlich erst recht der Mensch) Kiemen ausbilden soll, um dann auf Lungenatmung umzuschalten. Und dies sollte ein absoluter Beweis für die Evolutionstheorie sein. Jeder muss erkennen, dass das angelernte (evolutionäre) Wissen nur von Menschen kommen kann, die uns eigentlich Irrlehren verkaufen wollen. Dann erst können sie ihre Ideologie an den Mann bringen.
Mehrfach habe ich vor Abiturienten einen Vortrag über Schöpfung und Zufall gehalten und ich war überrascht, dass fast ausnahmslos diese jungen Menschen erkannt hatten, was richtig ist und dass sie Falsches gelernt hatten.
Hier ist der Geist noch nicht verbildet oder verblendet von den Irrlehren. Es ist wunderbar, wenn man sieht, welche Zukunft auf uns zukommt, wenn unsere Jugend den Irrlehren-Dogmatismus durch Aufdeckungen der Fälschungen aus der Schule abgelegt hat.
Es ist für mich erschütternd gewesen, dass selbst ein Rektor mit über 800 Schülern zum ersten Mal von diesen Fälschungen in der Evolutionstheorie von mir gehört hat.

In den Vorbereitungsunterlagen der Lehrer : <u>Im Lehrbuch Lebendige Welt Biologie 2 ab 7.Schuljahr (Lehrer-Ausgabe)</u> werden weiterhin die Fälschungen der Evolutions-Anhänger als Lehrstoff, den die Schüler lernen müssen, aufgeführt. Hier werden nachweislich, man muss schon sagen vorsätzlich, den Schülern mit gefälschten und manipulierten Bildern Irrlehren als Lernstoff vermittelt.

Wann stehen endlich die Eltern auf und wehren sich gegen diese Betrügerei. Warum wurden bis heute die Schulbücher nicht von diesen Betrügereien gereinigt?

„Biogenetisches Naturgesetz“

Leben kann nur durch Leben entstehen.
Ohne DNA (RNA) gibt es keine Enzyme.
Ohne DNA gibt es keine Aminosäuren,
Fette und Kohlenhydrate.
Ohne Enzyme gibt es keine DNA.
Ohne DNA gibt es kein Leben.
Ohne Leben gibt es keine DNA.
Ohne Leben gibt es keine Fortpflanzung.
Ohne Fortpflanzung gibt es keine Nachkommen.
Die DNA enthält eine Vielzahl von genetischen Varianten
(Erscheinungsformen, Rassen).
Ein Gen-Anstieg bzw. (DNA-Zunahme) ist ausgeschlossen.
Ein Genverlust dagegen ist möglich,
mit Einschränkungen, Krankheit und Tod verbunden.
Die DNA ist für jede Tier- und Pflanzenart typisch.
Eine Kreuzung zwischen Tiergattungen mit unterschiedlichen Genen ist ausgeschlossen.
Somit kann es keine Kreuzung zwischen Mensch und Affe geben und hat es nie gegeben.
Eine Phylogenetische Entwicklung findet nicht statt.
Die DNA ist stabil, Mutationen führen meist zu Krankheit und Tod.
Höherentwicklung der DNA gibt es nicht.
Das Biogenetische Naturgesetz steht im Einklang mit der Natur.
Das Biogentische Naturgesetz widerspricht nicht den Gesetzen der Thermodynamik, den fundamentalen Grundgesetzen der Natur.
Leben kann nur durch Leben entstehen.
Das Biogenetische Naturgesetz zeigt dem Menschen innewohnendes Mitgefühl, Nächstenliebe (Gottesgesetze).
Das Biogenetische Naturgesetz ist ein Naturgesetz (und somit ein Schöpfungsgesetz nach Gottesplan).
Das Biogenetische Naturgesetz ist im Gottesplan enthalten
wie in der Bibel beschrieben.
Das Biogenetische Naturgesetz widerspricht in allen Punkten dem

Biogenetischen Grundgesetz Häckels, das als Irrlehre entlarvt wurde.
Das Biogenetische Naturgesetz ist Gottesgesetz.
Das Biogenetische Naturgesetz sagt, dass alles Leben geschaffen wurde.
Das Biogenetische Naturgesetz widerspricht der Evolutionslehre.
Eine Evolution aus dem Nichts ist der Widerspruch in sich selbst.
(Oder 0 plus 0 ist eben nicht 1.)
Die Energie für das Universum kann nur durch Schöpfung am ersten Schöpfungstag durch Gotteswort kommen. (Vision der Hl. Hildegard von Bingen).
Die Genetik unterscheidet sich in jeder Lebensart, z.B. bei Tieren, Pflanzen oder Mikroorganismen.
Es findet keine Phylogenese (z.B. Embryologie) statt.
In der Regel finden sich nur linksdrehende Aminosäuren bei höheren Organismen.
Das Biogenetische Naturgesetz sagt, dass bei der Zeugung eines jeden Tieres seine Merkmale sich schon frühzeitig in ihrer Körperstruktur unterscheiden.

Das Biogenetische Naturgesetz widerspricht dem Biogenetischen Grundgesetz (Häckel) bzw. der Biogenetischen Grundregel (Evolutionstheorie)

Das Biogenetische Naturgesetz sagt, dass die Genetik jedes Lebewesens einzigartig ist und bestimmend ist ab der Zeugung und damit für die Entwicklung. Die Phylogenetik ist völlig unbedeutend. (In der nachweislich gefälschten Evolutionstheorie dagegen entscheidend) . Die möglichen Verwandtschaften sind völlig unbedeutend.

Das Biogenetische Grundgesetz Häckels (bzw. Grundregel) besagt, die Phylogenetik, d.h. die stammesgeschichtliche Entwicklung, steht am Beginn der Zeugung und später folgen erst die Merkmale der Tierarten.

Die Vorstellungen Häckels (Biogenetisches Grundgesetz) waren durch seine Fälschungen, die auch von anderen Nobelpreisträgern so bezeichnet wurden, somit in allen Punkten widerlegt.

Hätte Häckel die wissenschaftlichen Arbeiten von Gegor Mendel gelesen, dann hätte er erkannt, dass er einer Irrlehre gefolgt ist.

Gregor Johann Mendel, der Vater der Genetik, am 20. Juli 1822 im österreichischen Heinzendorf geboren, gest. in Brünn am 6. Januar 1884.

Er ist der Entdecker der nach ihm benannten Mendelschen Gesetze.
(siehe später Blutgruppen)

Die Genetik einer Tier- oder Pflanzenart unterscheidet sich ab der Zeugung immer voneinander

In der folgenden Abbildung wird die von Mendel zur gleichen Zeit wissenschaftlich publizierte genetische Vielfalt gezeigt. Eine Pflanzenart (Erbsen) hat in sich rezessive, mit einer geringeren Wahrscheinlichkeit auftretende Blütenfarben, die nach Kreuzung auftreten kann. Somit können neue Farben entstehen, die vorher bei der Pflanzenart gar nicht sichtbar waren.
Genetisch wissen wir heute, und dies hat Mendel bereits vor 150 Jahren in seiner Mendel´schen Regel festgelegt, dass in der Pflanze Gene vorhanden sind, die auch andere Farben beinhalten können. Er belegte genau, dass dies durch Kreuzungen möglich ist, die er durch gezielte Bestäubung der Blüten hervorrief und somit belegte, dass es sich nicht um Mutationen handelt. Im Gegensatz zu Darwin und Häckel erkannte er die große genetische Vielfalt oder genetische Varianz (von bestimmten Arten) der Gene.

Die genialen Leistungen Mendels sind gar nicht hoch genug einzuschätzen, weil sie sich völlig von den Fälschungen und Hypothesen Häckels und Darwins abheben.
Hier findet man wahre Wissenschaft durch Untersuchungen und nicht Hypothesen, die zu Irrlehren führen.

Forschungen Mendels

Die sieben Merkmale, deren Vererbung Mendel untersuchte

1856 begann Mendel im Garten seines Klosters in Brünn seine systematischen Kreuzungsexperimente mit den zuvor sorgfältig ausgewählten Sorten der Erbsen. Er betrachtete Merkmale der Erbsenpflanzen und -samen, die klar zu unterscheiden waren, beispielsweise violett- oder weißblühende Sorten, solche mit gelben oder grünen Samen usw.
Er kreuzte sie, indem er die Pollen der einen Sorte auf die Narben der anderen Sorte brachte und unerwünschte Selbst- und Fremdbestäubungen durch Entfernung der Staubblätter und Verhüllung der Blüten ausschloss.
Aus 355 künstlichen Befruchtungen zog er 12.980 Hybriden und konnte so gesicherte Erkenntnisse über die regelhafte Aufspaltung der Merkmale gewinnen.
Zwischen 1856 und 1863 kultivierte er schätzungsweise 28.000 Erbsenpflanzen. 1862 gründete er mit anderen befreundeten Naturforschern aus der Umgebung den Naturforscher-Verein Brünn. Aus seinen Experimenten gingen zwei allgemeine „Gesetze" hervor, die bis heute als Mendelsche Regeln bekannt geblieben sind.

Mendelsche Regeln siehe oben
Regel 1: Uniformitätsregel
Regel 2: Spaltungsregel

<u>Hauptsätze der Thermodynamik</u>

Die anorganische und organische Welt wird nicht durch das Chaos oder durch den Zufall regiert, sondern ist durch Naturgesetze geordnet. Der Kosmos zeigt durch die Form der Galaxien (Spiralform) stets eine volle Ordnung. Deshalb wurden allgemeingültige Sätze formuliert, die unter dem Namen <u>Hauptsätze der Thermodynamik</u> allgemein festgelegt wurden.
Diese Hauptsätze der Thermodynamik orientieren sich an den Naturgesetzen und sind allgemein gültig. Wer gegen diese Naturgesetze verstößt, stellt sich außerhalb der wissenschaftlichen Erkenntnisse und wird zum Ideologen. Ideologen brauchen keine Gesetze, sondern richten sich nach ihren Wahnvorstellungen, indem sie ihre eigenen Gesetze und Vorstellungen einbringen.

<u>1. Hauptsatz der Thermodynamik</u>

Die Energie eines abgeschlossenen Systems ist konstant.

Die Energie kann also in einem System weder neu geschaffen noch verloren gehen.
Somit ist die ganze Energie mit dem „Urknall“, durch den sogenannten „Urblitz“ geschaffen worden. Von diesem Licht stammt der ganze Kosmos.

<u>**Aus dem Nichts kann Nichts kommen, sagt uns der erste Hauptsatz der Thermodynamik.**</u>

Nur durch Schöpfung, wie es die Hl. Hildegard von Bingen in ihrer Vision gesehen hat, ist der Kosmos mit seinen Naturgesetzen und mit seiner Ordnung entstanden.
Da die Naturgesetze von Anfang der Schöpfung an galten, können sie nur durch Planung entstanden sein, d.h. sie mussten zuvor durch einen Schöpfer festgelegt werden.
Und aufgrund unserer Naturgesetze kann sich aus dem Nichts nichts entwickeln. Eine Höherentwicklung ist aus dem Nichts oder aus dem Chaos auf Grund der Naturgesetze ausgeschlossen. Somit ist das Chaos als Beginn des Kosmos auszuschließen.

<u>2. Hauptsatz der Thermodynamik</u>

Thermische Energie ist nicht in einem beliebigen Maße in andere Energiearten umwandelbar.

In Kurzform kann man $S<0$ schreiben.
Vereinfacht gesagt, ist der zweite Hauptsatz der Thermodynamik einer der wichtigsten Sätze, der unsere Naturgesetze charakterisiert. (siehe Albert Einstein)
Am Beginn steht immer ein System mit höchster Ordnung und strebt der Unordnung zu.

Man kann es so beschreiben, sie haben Papiere, sie ordnen sie in einen Stapel und legen sie auf den Tisch. Dazu ist Planung und Arbeit notwendig und diese hohe Ordnung kann gestört werden (z.B. durch Wind) und die Blätter verteilen sich im ganzen Zimmer. Durch weiteres Chaos, z.B. weitere Windstöße können sich diese verteilten Blätter nicht wieder zu einer höheren Ordnung, d.h. zu einem Papierstapel auf dem Tisch wieder korrekt aufstapeln.

DNA nur durch Planung

Genauso ist es mit unseren Erbanlagen, der DNA.
Aus 3 Milliarden DNA-Bausteinen können daher nicht 5 Milliarden DNA-Bausteine werden, wenn die Ordnung gestört wird, sondern es kann nur zu einer Schädigung der DNA kommen. Diese Schädigung bezeichnen wir dann als Krankheit oder als nicht mehr mit dem Leben vereinbare Mutation.
Das biogenetische Naturgesetz besagt deshalb, dass aufgrund der Entropie jede Änderung zu einem Untergang (z.B. Krankheit) und nicht zu einer Höherentwicklung (Arier, Superman) kommt.
Genau das sehen wir in der Medizin. Eine mutagene Veränderung unserer Erbanlagen führt nicht zu einer Höherentwicklung, sondern zu Krebs, erblichen Alzheimer oder anderen Krankheiten.

3. Hauptsatz der Thermodynamik

Der absolute Nullpunkt der Temperatur ist unerreichbar.
Für unsere Betrachtung ist dieser Hauptsatz weniger wichtig.

Was sagen Wissenschaftler:

Werner von Braun (1912-1977)
Deutscher und amerikanischer Physiker und Bauer der ersten Weltraumrakete
Zitat: „Die gelegentlich gehörte Meinung, dass wir im Zeitalter der Weltraumfahrt so viel über die Natur wissen, dass wir es nicht nötig haben, an Gott zu glauben, ist durch nichts zu rechtfertigen. Nur ein erneuerter Glaube kann die Wandlung herbeiführen, die unsere Welt vor der Katastrophe retten könnte.
Wissenschaft und Religion sind dabei Geschwister und keine Gegensätze."

Justus von Liebig (1803-1873)
Deutscher Chemiker für Agrikulturchemie
Durch ihn wurde der Ackerbau revolutioniert und der Ertrag konnte um das Vielfache gesteigert werden. Hungersnöte wurden dadurch (auch in Europa) verhindert.
Zitat: „Die Größe und unendliche Weisheit des Schöpfers wird nur derjenige wirklich erkennen, der sich bestrebt, aus dem gewaltigen Buche, das wir Natur nennen, seine Gedanken herauszulesen."

Karl Gaus (1777-1855)
Größter Deutscher Mathematiker, Astronom und Physiker
Zitat: „Wenn unsere letzte Stunde schlägt, wird es unsere unsagbar große Freude sein, den zu sehen, den wir in unserem Schaffen nur ahnen konnten."

Albert Einstein (1879-1955)
Begründer der Relativitätstheorie, Nobelpreis 1921
Zitat: „Jedem tiefen Naturforscher muss eine Art religiöses Gefühl beiliegen, weil er sich nicht vorzustellen vermag, dass die ungemein feinen Zusammenhänge, die er erschaut, von ihm zum ersten Mal gedacht wurden."

Ein weiteres Zitat von Albert Einstein:
„Im unbegreiflichen Weltall offenbart sich eine grenzenlos überlegene Vernunft. Die gängige Vorstellung, ich sei Atheist, beruht auf einem großen Irrtum. Wer sie aus meinen wissenschaftlichen Theorien herausliest, hat sie kaum begriffen."

Max Planck (1858-1947)

Begründer der Quantenphysik und der modernen Physik, Nobelpreis 1928
Zitat: „Zwischen Religion und Naturwissenschaft finden wir nirgends einen Widerspruch. Sie schließen sich nicht aus, wie heute manche glauben und fürchten, sondern sie ergänzen und bedingen einander.

J. R. von Mayer (1814-1878)

Deutscher Arzt, Physiker, Entdecker des Energieerhaltungsgesetzes
Zitat: „Echte und wahre Naturwissenschaft und Philosophie müssen zum Gottesglauben führen."

Sir John D. Eccles (1903-1997)

Nobelpreis 1963, mit seinen Forschungen zur Signalweiterleitung von Nervenzellen trug er dazu bei, die Vorgänge im menschlichen Gehirn aufzuklären. Für seine Forschungen erhielt er 1963 den Nobelpreis.
Zitat: „Die Hoffnung auf ein Leben nach dem Tod ist meine religiöse Überzeugung."
(Wünschte und erhielt Sterbesakramente kurz vor seinem Tod.)

Francis Collins

Forschungsdirektor für die DNA-Sequenzierung
Bei ihm werden alle Daten über die DNA des Menschen gesammelt.
Als ehemaliger Atheist ist Collins heute gläubiger Christ und gilt als einer der prominentesten Verfechter einer theistischen (göttlichen) Schöpfung.

G. Marconi (1874-1937)

Italienischer Physiker, Erfinder der drahtlosen Telegrafie, Nobelpreisträger
Zitat: „Ich erkläre mit Stolz, dass ich gläubig bin. Ich glaube an die Macht des Gebets, ich glaube nicht nur als gläubiger Katholik, sondern auch als Wissenschaftler."

M. Hartmann (1876-1972)

Direktor des Max-Planck-Instituts für Biologie
Zitat: „Die Ergebnisse der höchstentwickelten Naturwissenschaft und der Physik stehen nicht im geringsten Widerspruch zum Glauben an eine hinter der Natur stehenden und regierenden Macht.

Alles kann auch dem kritischen Naturforscher als eine ganz große Offenbarung der Natur erscheinen..."
„Dies zwingt ihn zum Glauben an einen allmächtigen Sinngeber, der hinter diesem sinnvollen Sein steht".

Prof. Dr. Christiane Nüsslein-Volhard
Nobelpreisträgerin 1995, deutsche Biologin
Sie beschäftigt sich mit Genetik und Entwicklungsbiologie und ist seit 1985 die Direktorin der Abteilung Genetik des Max-Planck-Instituts für Entwicklungsbiologie in Tübingen.
Sie ist somit eine der hervorragenden Wissenschaftlerinnen auf dem Gebiet der Genetik und sie hat ganz klar festgestellt, dass Ernst Häckel gefälscht hat.

Auch Prof. Blechschmidt, der über 30.000 Embryos (aus Eileiterschwangerschaften) untersucht hat, hat eindeutig belegt, dass Häckel gefälscht hat.

Von den renommierten Wissenschaftlern hat man somit den Beleg, dass die Evolutionstheorie, wie sie Häckel und Darwin nicht nur im Bereich der Embryologie vertraten, auf Irrtum und Betrug basiert.

Wie bereits oben beschrieben, hat J. Huxley, der spätere Direktor der UNESCO, 1958 noch behauptet, dass die Embryologie (u.a. von Häckel) der schlagende Beweis für die Evolutionstheorie ist.
Somit können wir jetzt sagen, dass der Betrug von Häckel in der Embryologie der schlagende Beweis ist, dass die Evolution nie stattgefunden hat und die Evolutionslehre auf Betrug beruht.

Das erkennt man alleine daran, wenn man die oberen Daten ansieht, dass nicht mal ein einziger DNA-Baustein in einer nicht belebten Natur entstehen kann.

In der Evolutionstheorie wurde der Versuch gemacht, die Millionen von Lebewesen und Pflanzen aus einer Ursuppe beginnen zulassen, obwohl sie so hoch giftig war, dass selbst, wenn es Leben gegeben hätte, dieses vernichtet worden wäre.

Weiterhin ist festzuhalten, dass nie Zwischenstufen zwischen den einzelnen Tierarten gefunden wurden.

Auch die Phylogenetik, die von Darwin und Häckel aufgestellt wurde, ist ein wesentlicher Bestandteil der Evolutionstheorie und hat sich als Irrtum herausgestellt.
Somit bricht das ganze Gebäude der Evolutionstheorie in sich zusammen.

Es ist natürlich selbstverständlich, dass auch Atheisten zu Wort kommen.
Was auffällig ist, dass bei diesen Personen, die Atheisten sind, im Innersten eine unglaublich große Verletzung vorliegen muss.
Sie konnten mit dieser Verletzung meist nicht umgehen. Mit dieser Verletzung, die sie nicht verarbeiten konnten, entwickeln sie einen Zorn gegen **vieles und im Unterbewusstsein natürlich auch gegen Gott.**

Ein Beispiel dafür ist u.a. Darwin, der durch den Verlust seiner Tochter, den er nicht verarbeiten konnte, seine Verletzung und Vorwürfe gegen Gott richtete.

Betrachtet man das Psychogramm all dieser Leute, ich werde später z.B. auf das mutmaßliche Psychogramm Hitlers eingehen, der ebenfalls seine Verletzungen nicht verarbeiten konnte und ebenso wie Lenin und Stalin als Menschenhasser für die millionenfachen Morde charakteristisch ist.
Alle diese Leute waren Anhänger der Evolutionstheorie, denn mit dieser Theorie können sie nicht für ihre Verbrechen gegen die Menschlichkeit verantwortlich gemacht werden.
Hitler hatte nur das Pech, dass er den Krieg verloren hat, während Lenin und Stalin, (der den 2. Weltkrieg gewonnen hatte), für ihre Verbrechen gegen die Menschlichkeit nicht zur Verantwortung gezogen wurden.

Die Evolutionstheorie widerspricht den Naturgesetzen und bietet, wie oben gezeigt wird, die Grundlage für Verbrechen gegen die Menschlichkeit.

Somit ist auch verständlich, dass derjenige, der sich gegen Gott wendet, keine Moralgesetze halten muss. Deutlich wird es im Zitat Lenins: „Ich bin der persönliche Feind Gottes“, der so seinen Hass ausdrückt.

Lenin (1870-1924)
Sowjetischer Politiker, errichtet 1917 die kommunistische Diktatur in Russland. Weitere Zitate: „Mir ist lieber, ein Millionär oder ein Kapitalist, der Gott verneint, als ein Bauer oder Arbeiter, der an Gott glaubt.“
„Gerade weil die religiöse Idee, jede Idee von Gott...sogar wohlwollend aufgenommen wird und deshalb die gefährlichste Abscheulichkeit ist, die zu widerlegen ist. (Zitat: Lenin)
„Religion ist Opium für das Volk“, weil ihm die Religion die millionenfachen Morde und Verbrechen gegen die Menschlichkeit nicht gestattet hätte.

Hitler
Nationalsozialist
Übernahm von Marx und Nietzsche die Vorstellung, dass auch er das Volk vom „Denken“ und somit von Gott entbinden wird.
Hitler- Zitate: „Die zehn Gebote haben ihre Gültigkeit verloren.“
„Das Gewissen ist eine jüdische Erfindung.“
„Ich befreie die Menschen von den schmutzigen und erniedrigenden Selbstreinigungen des Gewissens.“
Somit werden Ermordungen von Juden und Christen ohne Gewissensbisse möglich.

In den Aufmärschen Hitlers zeigte sich, dass er sich selbst als „Erlöser“ des Volkes darstellte. Deshalb ist folgendes Zitat auch von ihm:
„An Stelle des Lehrsatzes von dem stellvertretenden Leidens und Sterbens des einen göttlichen Erlösers tritt das selbstvertretende Handeln des neuen Führers, das die Masse von Gläubigen von der Last der freien Entscheidung entbindet.“
Hier zeigt sich, dass er (Hitler) sich selbst für eine göttliche Instanz hält und als allmächtiger Herrscher über die Gedanken, dem Volk seine Vorstellungen verkünden darf.

Hitler der sich somit selbst für eine „Gottheit“ hielt, hatte bereits geplant, dass nach dem Endsieg alle Kirchen und Gotteshäuser in „Hitlerweihetempel“ umgewandelt werden. (siehe später)

Stalin (äußerte sich ähnlich über das Gewissen wie Hitler)
Zitat: „Marx hat den Slogan geprägt: Religion ist das Opium für das Volk.“ „Damit hat er den Menschen das Gewissen herausgeschnitten. Oder: „Der Mensch ohne Gewissen kennt keine Verantwortung vor Gott“.
„Ich euer Führer, Stalin, kenne die Religion gut. Aber ich habe mir von Marx und Lenin das Gewissen herausschneiden lassen.“

Vorhersage des Hl. Papstes Johannes XXIII

Johannes der XXIII sagte prophetisch voraus, dass die Irrlehre der Evolutionstheorie viel Unglück bringen wird.
Zitat: „Hier ist das verfluchte Buch…, das den Hass erregt, das die Menschen teilt. Wie viel Böses wird es tun, wie viel Schmerzen bringen, wie viele Kriege. Wegen dieses Buches werden neue Waffen hergestellt.
70 Jahre wird das Buch in einem Viertel der Welt triumphieren.“

Im November 1917 begann die russische Revolution und genau 70 Jahre später im Jahre 1987 begann der Zusammenbruch der Sowjetunion.

Somit hat Papst Johannes XXIII über 25 Jahre vorher vorausgesagt, dass die Sowjetunion zusammenbrechen wird.

Die Sowjetunion, die auf der Evolutionstheorie basiert, hat somit auch das Morden und die Verbrechen gegen die Menschlichkeit seit dieser Zeit eingestellt, da sich nach dem Ende des imperialistischen Sozialismus sie sich wieder in einzelne Nationalstaaten organisierte.

Der Energiestoffwechsel der Zelle

Die Energiefabriken der Körperzellen

In der Biochemie habe ich zum ersten Male vor ca. 30 Jahren das Molekulargewicht der DNA von Eukaryonten (höhere Organismen) bestimmt. Ich benötigte Wochen, um die DNA zu isolieren.
Wie Sie wissen, können Spuren von Wasser bereits die DNA spalten und somit können die Erbanlagen in ihrer gesamten Größe nicht isoliert werden.
Jede Zelle eines Körpers hat die gleiche genetische DNA und somit müsste man annehmen, dass auch in jeder Zelle gleich viele Mitochondrien vorhanden sind.
Dies ist jedoch nicht der Fall, da eine Fettzelle z.B. nur 500 Mitochondrien besitzt, besitzen Körperzellen etwa durchschnittlich 1000 Mitochondrien, die Herzzellen etwa 2000 und die Gehirnzellen ca. 10.000 Mitochondrien.
Dies ist deshalb so wichtig, dass jede Zelle entsprechend ihrer Funktion die entsprechende Anzahl von Mitochondrien hat.
Somit wird deutlich, dass die mitochondriale DNA, die ja nicht mit der Zellkern-DNA verwandt ist, einer zentralen Steuerung unterliegt.

Dies ist nur durch Planung (Schöpfung) möglich.
Zudem werden durch diesen genialen Stoffwechselmechanismus (Zitratzyklus) Nahrungsmittel, insbesondere die Kohlenhydrate mit Hilfe von Sauerstoff verbrannt, sodass aus einer Glukose 38 ATP entstehen.
Ohne Sauerstoff können nur 2 ATP entstehen.
ATP ist die körpereigene Energieform, mit der die Stoffwechselvorgänge stattfinden und aufrechterhalten werden können. Dagegen können Krebszellen nur 2 ATP herstellen. Somit wird deutlich, dass Krebs ein mutagener, evolutionärer Rückschritt ist und belegt, dass Evolution nur Rückschritt statt Höherentwicklung bedeutet.

In der Abbildung Seite 301sieht man deutlich, wie komplex dieser Vorgang ist. Dies funktioniert nur mit hochkomplexen Enzymen in den Mitochondrien.
Wie komplex allein die Aconitase ist, die nur eine Umstellung von Citrat zu Isocitrat vornimmt, wird oben als Molekül gezeigt (siehe Enzyme).

Abbildung vom Mitochondrium und seiner Enzyme auf Seite 301

Jedes andere Enzym, das hier aufgeführt ist, ist zig-fach komplexer und keines kann künstlich hergestellt werden, selbst unter optimalen Laborbedingungen nicht. Wie sollen dann in der giftigen Ursuppe ohne Planung solche Enzyme entstanden sein? Ohne Schutz wären sie sofort zerstört worden (Biogenetisches Naturgesetz).

Der Energiestoffwechsel des Körpers widerspricht der Evolutionstheorie

So finden pro Sekunde in unserem Körper millionenfache Elektronenvorgänge statt. In der Abbildung Seite 132 sieht man den Zitronensäurezyklus, der die Komplexität in jedem Mitochondrium zeigt. Mit durchschnittlich 1000 Mitochondrien pro Zelle wird die Nahrung in körpereigene Energie (ATP) umgewandelt.
Ca. 70 kg ATP werden so täglich gebildet. Millionen von Elektronenvorgängen pro Sekunde sind notwendig, um dies zu garantieren. Eine Evolution könnte so ein System gar nicht stabil halten.
(Biogenetisches Naturgesetz).
Durch Zufall diese komplexen Vorgänge stattfinden zu lassen, widerspricht jedem medizinischen und naturwissenschaftlichen Verständnis und natürlich auch der Evolution.

Diese Elektronenvorgänge müssen stabil sein, weil, wenn sie aus der Reihe tanzen, es zu Krankheit oder Tod kommt. Wie man oben sehen kann, könnten nur 1/19 Energie aus der Nahrung verwendet werden, wenn dieser Energiestoffwechsel gestört ist. Dazu entstehen noch saure Stoffwechselprodukte (Milchsäure), die zusätzlich entsorgt werden müssen (Biogenetisches Naturgesetz).

Eine Evolution allein in diesem Bereich wäre der Tod allen Lebens.
Es ist deshalb überhaupt nicht verständlich, dass Millionen von Elektronen-Verschiebungen möglich wären, wenn es eine Evolution gäbe
(Biogenetisches Naturgesetz).

Die Natur ist einmalig und nicht evolutioniert.
Somit kann nur Schöpfung in Frage kommen. Wie sollen denn auch die Millionen von Pflanzen und Lebewesen aus einer Ursuppe entstehen, wenn nicht einmal eine einzige Zwischenstufe dieser Millionen von Lebewesen und Pflanzen gefunden worden ist? (Biogenetisches Naturgesetz).

Deshalb müssen wir festschreiben, dass das Biogenetische Naturgesetz eine Evolution ausschließt.

Die Fälschungen der Evolutionisten sind nicht nur dadurch entlarvt, dass man ihnen die Manipulation nachgewiesen hat, sondern auch, weil sie der Natur und den Naturgesetzen widerspricht.

Der Mensch, ein Schöpfungswunder

Der Mensch besteht aus Millionen mal Millionen (10 bis 100 Billionen) Körperzellen.
Und jede Körperzelle hat die gleichen Erbanlagen (DNA) und führt jedoch nur diese Funktionen aus, die sie z.B. als Gehirnzelle, Bauchspeicheldrüsenzelle oder Darmzelle ausführen darf.

Wie in jedem Betrieb oder Firma muss der Arbeitsprozess durch Planung geregelt sein. Diese Steuerung des Stoffwechsels muss synchron sein und nicht wie in der Evolution, dass sich die stärkste oder rücksichtsloseste Zelle mit den meisten Energiefabriken (Mitochondrien) durchsetzt.

Hier ist soziales Verhalten, nicht Ellenbogen-Politik gefragt.

Dieses soziale Verhalten setzt Planung, das heißt einen schöpferischen Akt voraus, denn im Chaos kann sich ja nur der Brutalste entfalten. Ein rücksichtsloses Zellverhalten im Organismus wäre nicht mehr existenzfähig und würde ein Leben ausschließen.

Zufall kennt kein Sozialverhalten

Jeder kennt aus der Medizin das rücksichtslose Verhalten von Krebszellen, die anstatt abzusterben, wenn sie ihre Funktion nicht mehr erfüllen, sich dann rücksichtslos auf Kosten der anderen Körperzellen vermehren. Sich chaotisch, d.h. planlos, d.h. evolutionär, zu verhalten, wird somit zu Krankheit und später zum Untergang des Organismus führen.
Deshalb hat die Menschheit durch eine geniale Schöpfung und nicht wegen der Evolution überlebt. Sozialverhalten ist eine menschliche Gabe und somit Gott gegeben. Zufall kennt kein Sozialverhalten.

Körperzellen zeigen Ordnung und kein Chaos

Unser Körper besteht aus Billionen von Zellen, die in völliger Übereinstimmung miteinander die Organe in ihrer eigenen Funktion steuern und nach einem genau vorgesehenen Plan arbeiten.
Diese 10 bis 100 Billionen Zellen (10^{13}-10^{14}) muss man sich als Ziffer vorstellen (100 000 000 000 000).
Um eine Vorstellung zu haben, wie viel Zellen dies sind, kann man daran ermessen, würde man jede Körperzelle auf eine Schnur aufziehen, so müsste die Schnur 50 mal um den Äquator gelegt werden.

Was bezeichnet man als höheres Leben?

Für die leblose Natur ist Silizium der wichtigste Bestandteil, weil es vier freie Elektronen hat, um mit möglichst vielen Mineralien Verbindung aufzunehmen. Deshalb ist Silizium neben dem Sauerstoff und Wasserstoff das dritthäufigste und das häufigste feste Element.
Für das Leben ist der Kohlenstoff mit vier freien Elektronen das wichtigste Element, weil es sowohl den Sauerstoff als auch den Stickstoff, andere Elemente (Schwefel...) und auch weitere Kohlenstoffatome binden kann.

Ohne diese geniale Konstruktion des Kohlenstoffs und des Wasserstoffs wäre ein Leben in unserem Kosmos überhaupt nicht möglich.

Wie bereits oben im Abschnitt Erbanlagen (DNA) gezeigt, ist es bis heute nicht möglich, obwohl wir alle Bestandteile einer Zelle kennen, aus diesen Bestandteilen eine Menschenzelle herzustellen.

Die Zelle ist so komplex, dass wir die Teile einer Zelle weder herstellen noch zum Leben bringen können, da wir nicht wissen, warum eine lebende Zelle funktioniert, obwohl wir alle Bestandteile (ähnlich wie bei der DNA) haben und viele Funktionen bereits kennen. (Biogenetisches Naturgesetz).

Wer kann den Lebensplan einer Zelle entworfen haben?

Regeneration des Körpers

Kein Mensch kann sich vorstellen, wie komplex der Körper ist, so dass er 80 und vielleicht bis zu 120 Jahre alt werden kann, da er sich immer wieder regenerieren kann, deshalb müssen alle Zellen zusammenarbeiten. Um neue Zellen entstehen zu lassen, darf keine Zelle aus der Reihe tanzen oder sich zu einer Krebszelle verwandeln.
So werden pro Stunde etwa 1 Millionen neue Zellen in unserem Körper gebildet, eine absolute überragende biochemische Leistung.
Hautzellen wie Darmzellen oder blutbildende Zellen im Knochenmark werden häufiger gebildet als Nervenzellen.

Woher kam die Planung für ein Leben bis 120 Jahren?

Gehirnzellen, die so komplex sind, und fünf Mal mehr Energie benötigen als Herzzellen, müssen bis zu 120 Jahre leben und können nicht erneuert werden. Deshalb ist es auch verständlich, dass Gehirnzellen bereits nach 5 Minuten Sauerstoffmangel absterben und der Tod eintritt.

Wie könnte überhaupt der Zufall die Triebfeder für diese Lebensenergie sein?
(Jede Gehirnzelle mit 10 000 Kraftwerken (Mitochondrien))

Die Nervenzellen

Die Nervenzellen sind Wunderwerke im menschlichen Organismus.
So finden sich allein 100 Milliarden Nervenzellen, die man Neuronen nennt, im gesamten Organismus, weil sie alle Funktionen, Muskelkontraktionen, Nahrungsaufnahme, Bewegung und Herzfunktionen steuern.
Im Gehirn finden sich etwa 14 Milliarden Gehirnzellen, davon sind 10 Milliarden in der Großhirnrinde und jede Zelle hat ihre eigene Funktion, z.B. gibt es Zellen, die die Bewegung des Körpers steuern, andere für das Denken mitverantwortlich sind, andere für das Sehen, Hören usw.

Diese Nervenzellen sind kein durchgewürfelter Chaosclub der evolutionär zusammengewürfelt ist, sondern dahinter steckt Planung.
Man könnte es auch so sagen, wie Einstein in einem Zitat: „Gott würfelt nicht!"

Wer könnte bis 100 Milliarden zählen und würde keine Fehler machen?
Kein Mensch kann eine derartige geniale Planung durchführen!

Die einzelne Nervenzelle

Jede Nervenzelle ist mit ca.10.000 weiteren Nervenzellen vernetzt, damit eine optimale Steuerung gegeben ist. Auch dieses benötigt Planung, wenn man bedenkt, wie klein eine Gehirnzelle ist, von den 100 Millionen Nervenzellen im Gehirn und jede Nervenzelle wieder mit 10.000 weiteren vernetzt ist. Es gehört schon eine unglaubliche Arroganz dazu, zu sagen, dass es Zufall ist, dass diese Gehirnzellen so vernetzt sind.

Wie könnten sie mit 10.000 Personen gleichzeitig kommunizieren?
Keiner, nur ein Evolutionist beherrscht dies.

Synapsen = Kontaktstellen zwischen den Nervenzellen

Noch komplexer wird es bei den Synapsen.
Sie stellen die Verknüpfung zwischen den einzelnen Nervenzellen dar.
Somit findet die Informationsübertragung von einer zur anderen Gehirnzelle, mit Neurotransmitter (Gehirnhormone) statt.
Bei jeder Informationsübertragung müssen erst die Gehirnhormone hergestellt werden, um genau eine Information an die nächste Nervenzelle weiterzugeben.
Teilweise können auch, siehe Buch Dr.Dr. Weth: „Alzheimer" Seite 98, die Neurotransmitter in Vesikel gespeichert werden, um ausreichend Gehirnhormone bei der Informationsübertragung zu haben.
Liegt ein Mangel an diesen Hormonen vor, bzw. ein Überangebot, so kann es zu Depression oder Schizophrenie kommen.
Diese Neurotransmitter werden von der nächsten Zelle, die informiert werden soll, an Rezeptoren, ähnlich einem Schloss, aufgenommen und nur diese Neurotransmitter die eine bestimmte Information weitergeben sollen, können nur diese bestimmten Rezeptoren aufschließen (zur Informationsweitergabe) für die sie konstruiert sind.

Auch bei Entzündungen oder Krankheiten können diese Rezeptoren in ihrer Funktion gestört sein und somit die Ursache von Demenz, z.B. wie Morbus Alzheimer, verantwortlich sein (Siehe Buch: Morbus Alzheimer- eine Erkrankung, die Ihren Schrecken verliert- Dr. Dr. G. Weth).

Die Konstellation dieser Neurotransmitter und die Anzahl der Rezeptoren müssen immer übereinstimmen, sonst kommt es zu Fehlsteuerungen und Krankheit.
Dieser Vorgang ist so komplex, dass wir viele psychische Krankheiten nur symptomatisch behandeln können.
Wann werden wir die Zusammenhänge dieser nervalen Steuerung verstehen können?
Denn es ist eine geniale Schöpfung oder wie es Einstein sagte, „Ich möchte den erblicken, der dies zuvor gedacht hat.

Wer von der Wahrscheinlichkeit ausgeht, dass so etwas durch Zufall entstanden ist, bei dem muss man an seinen mathematischen Fähigkeiten zweifeln.
Der Wissenschaftler, der eines der bedeutendsten Standartwerke über die organische Chemie herausgegeben hat, Prof. Dr. Vollmer, hat berechnet, dass 10^{200} Atome notwendig wären, um diese Information auf einer DNA zu speichern, dabei besteht das gesamte Weltall nur aus, wie oben ausgeführt, 10^{70} Atomen. Das heißt, von der Wahrscheinlichkeitsrechnung her ist die Entstehung des Lebens durch Zufall überhaupt nicht möglich.

Der Verleger (seines Standartwerkes) hat den Druck seines wissenschaftlichen Manuskripts als Druck abgelehnt (weil es der Evolution widersprach)

Aminosäuren sprechen gegen die Evolution

Würden wir in einem Labor synthetische Aminosäuren herstellen, so würde stets ein Racemat, d.h. eine Mischung von optisch rechts - bzw. linksdrehenden Aminosäuren entstehen.
Ein Molekül ist optisch aktiv, wenn wir, wie oben beschrieben, an einem Kohlenstoffatom, welches vier Verbindungen eingehen kann, vier unterschiedliche Substituenten (Verbindungen) hat. Dann spricht man von 2 Isomeren, die an einem Kohlenstoff vier gleiche Substituenten haben, sich aber in der räumlichen Anordnung der Substituenten unterscheiden. Solche Isomere nennt man Stereoisomere, sie verhalten sich spiegelbildlich wie die rechte und

die linke Hand, sie sind im Aufbau gleich, jedoch spiegelbildlich, aber nicht deckungsgleich. Solche asymmetrischen Kohlenstoffatome kommen in Zucker und Aminosäuren vor.
Unsere Aminosäuren im Körper, die zum Aufbau von Eiweiß notwendig sind, zum Beispiel für Muskelarbeit oder für Gedächtnis, sind immer **linksdrehend.** Rechtsdrehende Aminosäuren können nicht verwendet werden, sie könnten zum Teil den Körper schädigen.

Die Contergan- Katastrophe

Auch Medikamente können links und rechtsdrehend (Racemat) sein. Wir kennen die unterschiedliche Wirkung von dem Schlaf-Medikament Contergan. Hier ist es genau umgekehrt. Das rechtsdrehende Contergan- ist gut (führt zur gewünschten Schlafwirkung) und das linksdrehende Contergan-Molekül macht die Schädigung.
Vor über 30 Jahren wurde hier auch nur das Racemat als Medikament verwendet, das heißt, dass rechts- und das linksdrehende Contergan-Molekül als Schlafmittel.
Das linksdrehende Contergan führte jedoch zur embryonaler Schädigung mit Verstümmelungen von Extremitäten und Tod bei Neugeborenen.
Das rechtsdrehende Contergan hatte diese Schädigung nicht, obwohl es genau die gleichen Atome hatte.

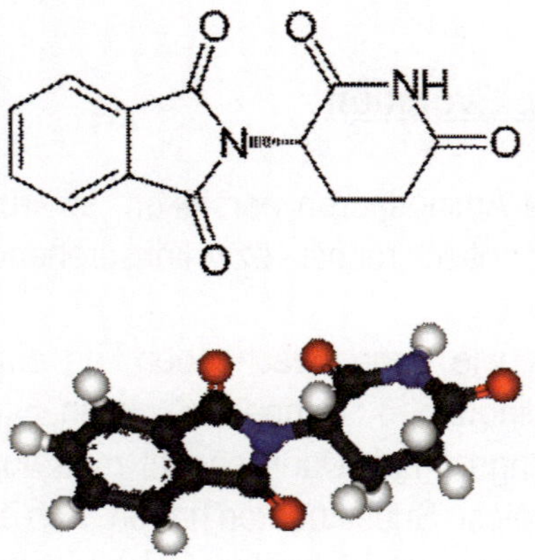

linksdrehende Contergan

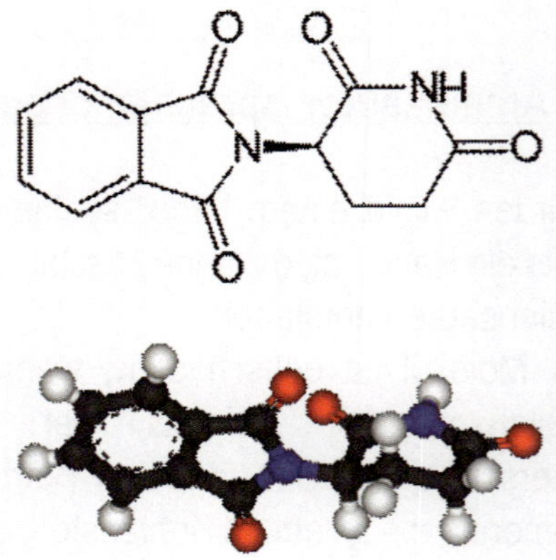

rechtsdrehende Contergan

Somit sieht man, wie wichtig und wie komplex in der Schöpfung die optische Struktur für den Aufbau eines Organismus ist.
Während Krebszellen hauptsächlich linksdrehende Milchsäure herstellen, kann unser Körper nur optimal mit rechtsdrehender Milchsäure arbeiten.
Wie sollte der Zufall sich diese Komplexität ausgedacht haben?

20 Aminosäuren ermöglichen Millionen von Eiweiße

Auch ist es unglaublich genial, dass zu diesen hoch komplexen Eiweißen nur 20 Aminosäuren benötigt werden, um Leben herzustellen, obwohl es tausende Möglichkeiten gäbe.

Somit sieht man, wie wichtig und wie komplex in der Schöpfung die optische Struktur für den Aufbau eines Organismus ist.
Während Krebszellen hauptsächlich linksdrehende Milchsäure herstellen, kann unser Körper nur optimal mit rechtsdrehender Milchsäure arbeiten.

Auch ist es unglaublich genial, dass zu diesen hoch komplexen Eiweißen nur 20 Aminosäuren benötigt werden, um Leben herzustellen, obwohl es tausende Möglichkeiten gäbe.
Diese Moleküle wären jedoch so groß, dass die Zelle in dieser Größe von wenigen Millionstel Metern nicht zu bewerkstelligen wäre.
Alles muss miteinander übereinstimmen und kann nicht chaotisch gewürfelt werden.

Wer hat noch nicht bemerkt, dass wir von Ideologen, die das Leben für Zufall halten, für dumm verkauft werden?

Die Energie des Körpers

Aus unserer Nahrung muss die Energie für den Körper erst hergestellt werden, wie ein Auto mit Sprit allein nicht funktionieren kann, sondern erst ein Kraftwerk, das heißt einen Motor benötigt, um die Energie im Sprit in Bewegungsenergie umzusetzen, so benötigt unser Körper als Treibstoff Kohlenhydrate (Brot, Nudeln, Zucker, Stärke),
Fette (ungesättigte und gesättigte Fettsäuren)
und Eiweiß (Eier, Fleisch, Fisch).
Diese 3 Hauptträger der Ernährung liefern die Energie für die Körperzellen.
In den Zellen kann der Zucker, die Fettsäuren oder Aminosäuren weiterzerlegt werden in Milchsäure.

So werden aus einem Zuckermolekül nur 2 Milchsäuremoleküle und 2 ATP gebildet. Abb: Energiestoffwechsel Zitratzyklus siehe Seite 132

Bei höheren Organismen zeigt sich jedoch, dass noch ein anderer Mechanismus möglich ist, um auch diese Milchsäure noch zu verarbeiten.
Dafür gibt es diese Energiefabriken (Mitochondrien) in unseren Zellen, die sich nur in höheren Lebensformen von der Hefe angefangen, bis zum Menschen vorfinden.

Diese Mitochondrien, die mit Hilfe von Sauerstoff die Milchsäure weiterhin abbauen können zu Kohlendioxid und Wasser, werden aus einem Zuckermolekül 38 ATP statt nur 2 ATP (ohne Sauerstoff) gebildet.

Dieser Vorgang ist unglaublich komplex.
Bei diesem Vorgang sind pro Sekunde im Körper Millionen von elektrischen Ladungsverschiebungen nötig. Diese hoch komplexen Ladungsverschiebungen müssen stabil sein, und das seit Millionen von Jahren, weil sonst kein Leben auf unserer Erde überhaupt möglich gewesen wäre.
Die elektronischen Vorgänge in den Mitochondrien sind der schlagende Beweis dafür, dass Evolution überhaupt gar nicht möglich sein kann. Ein mutationsanfälliges System würde sofort untergehen
(biogenetisches Naturgesetz).

Deshalb haben diese Mitochondrien ihre eigenen Erbanlagen.
Bei Eukaryonten habe ich zum ersten Mal vor über 30 Jahren die Größe der Mitochondrien-DNA (m-DNA) gemessen, zuvor war das Molekulargewicht nicht bekannt.
Die Zellkern-DNA, die unsere Erbanlagen beinhalten, haben nichts mit der Mitochondrien - DNA zu tun. Sie ist ebenfalls selbstständig.

Es hat sich gezeigt, sollte eine fremde DNA in einem Molekulargewicht von über 50 Millionen (Dalton) in eine Zelle kommen, so würde diese sofort vernichtet werden, weil sie als Fremdkörper erkannt wird.

Nur durch einen Schöpfungsakt ist es möglich, dass diese DNA unter Ausschluss von Wasser stabilisiert werden muss. Mit einem so hohen Molekulargewicht von ca. 50 Millionen muss diese DNA natürlich innerhalb des Mitochondriums geschützt werden.
Bei dem oxydativen Abbau der Milchsäure wie oben beschrieben, entstehen sehr starke Radikale, die im Organismus und besonders in der Zelle alles zerstören würden.
Obwohl die m-DNA in unmittelbarer Nähe der Zellkern-DNA liegt, kommt es zu keiner genetischen Katastrophe. (Biogenetisches Naturgesetz)

Es wird nochmals darauf hingewiesen, dass diese Information (DNA der Mitochondrien) so komplex ist, (siehe auch Abbildung Zitratzyklus Seite 301) dass nur durch Planung derartiges möglich ist.
Oder wie Einstein sagte „ der hat meine Forschungen nicht verstanden, wenn er herauslesen würde, ich wäre Atheist“.

Zusammenfassend kann gesagt werden, dass die DNA, die alles steuert, nur durch vorhandenes Leben entstehen kann und als einzige Alternative nur Schöpfung möglich ist, da von der Wahrscheinlichkeitsrechnung her, wie oben gezeigt, nicht einmal ein einziges DNA-Molekül hergestellt werden kann. (Biogenetisches Naturgesetz)
Eine derartige Planung und Konstruktion kann nur durch göttlichen Geist möglich sein.

Nur 3 Teile (Moleküle) sind für einen DNA-Baustein nötig

(Biogentisches Naturgesetz)

Würde man in einem geschlossenen System die drei Bestandteile eines DNA-Bausteins, ein Phosphat, ein Zucker (Desoxyribose) und eine Base (Nukleosid) stets im gleichen Verhältnis zusammenbringen und alle Fremdkörper entziehen, so würde kein einziges DNA-Molekül entstehen.

Auch in der „Ursuppe“ könnte kein DNA-Baustein entstehen

Selbst Wasser dürfte nicht vorhanden sein, da Wasser sofort zu einer Auflösung des DNA-Bausteins führt. Würde man diese 3 Bestandteile mischen oder vielleicht noch einen Blitz oder eine elektrische Ladung durch diese Lösung jagen (d.h. eine mögliche Ursuppen-Atmosphäre schaffen), so würde ebenfalls nie ein einziger DNA-Baustein entstehen können.

Ursuppen -Experiment gescheitert

Das Ursuppen-Experiment ist mit dem Versuch der Bildung eines einzigen DNA-Bausteins total gescheitert, folglich ebenso wie die Evolutionstheorie.
Die Ursache liegt darin, dass Enzyme notwendig sind, um diese 3 Bausteine zu verknüpfen.
Und diese Enzyme können nur entstehen, wenn zuvor eine DNA diese Enzyme hergestellt hat.
Und die Bildung der Enzyme kann nur durch eine DNA erfolgen. Daraus ergibt sich, dass Leben nur durch Leben entstehen kann.
Oder das Biogenetische Naturgesetz ist der Beleg, dass Planung und nicht Chaos zum Leben gehört.

Charles Darwin

(12.02.1809-19.05.1882)

Er ist ein britischer Naturforscher gewesen und hat wesentliche Beiträge zur Evolutionstheorie beigetragen.
Man kann eigentlich sagen, dass er zusammen mit Unterstützung Häckels die Evolutionstheorie geschaffen hat.
Seine Vorstellung war, dass sich durch Variation und natürliche Selektion die phylogenetische Entwicklung aller Organismen gebildet hat.
Er ging davon aus, dass sich von einer Urzelle alles ableitete.
Woher die Urzelle kam, konnte er nicht angeben.
In dem Buch „Über die Entstehung der Arten" hat er versucht, die ganze Entstehung des Lebens zu beschreiben. In diesem Buch beschrieb er auch wie sich von Anfang an alle Arten entwickelt haben sollen.

Zusammen mit Ernst Häckel hat er versucht, die Evolutionstheorie voranzutreiben. Auch Häckel hat versucht zu verbreiten, dass von einer Urzelle (Prokaryont) sich alles Leben entwickelt haben soll.

In der folgenden Abbildung S.190 wird gezeigt, dass Darwin behauptet, dass sich von einer Urzelle das ganze Leben entwickelt hat.

Er begründete diese gemeinsame Abstammung mit einer kontinuierlichen Veränderung der lebenden Objekte durch Naturprozesse. - Durch Mutation und Selektion seien neue Organe und Funktionen entstanden. - Dies wurde in der Evolutionstheorie als wissenschaftliche Tatsache verkauft. Tatsächlich widersprechen diese Vorstellungen den Fossilienfunden und auch allen wissenschaftlichen Erkenntnissen, die wir haben.

Darwins Vorstellung von der Artenentstehung bzw. die Entwicklung des Affen zum Menschen

In der folgenden Abbildung zeigt sich, wie sich nach Darstellung Darwins die Entwicklung der Lebewesen durch Selektion und Mutation entwickelt haben soll.

Abb. Entwicklung des Lebens nach der Evolutionstheorie

Abb. zeigt die nicht stattgefundene Entstehung der Arten nach der Evolutionstheorie (Darwin und Häckel). Sie widerspricht den Tatsachen.

In der Lehrerausgabe für Biologie (s.307) wird dieser Betrug noch heute weitergeführt im Unterricht, obwohl dies den tatsächlichen wissenschaftlichen Befunden der Medizin und den Naturwissenschaften widerspricht.

Die Vorstellung Darwins, dass durch Mutation und Selektion die Arten so entstanden sein müssten, ist die Grundlage für die Evolutionstheorie.

Da jedoch die Evolutionstheorie ein Irrtum ist, können so die Arten, wie sie Darwin sich vorstellte, nie entstanden sein.

Alle naturwissenschaftlichen Erkenntnisse belegen, dass nahezu alle Lebewesen mit Ausnahme des Menschen zum relativ gleichen Zeitpunkt im Kambrium bzw. Präkambrium entstanden sind.

Die Irrlehre der Evolutionstheorie

Nachdem die Vorstellungen Darwins und Häckels nachweislich ein naturwissenschaftlicher Irrtum und auch von medizinischer Seite überhaupt nicht möglich sind, kann die Evolutionstheorie schon zu Beginn ihrer Hypothesenaufstellung als Irrlehre angesehen werden.

Medizinische Untersuchungen

Aus medizinischen Untersuchungen wissen wir heute, dass bei über 3 Milliarden DNA-Bausteinen, die die Genetik und die Erbanlagen des Menschen charakterisieren, diese stabil sein müssen und nicht durch Mutation verändert werden dürfen, weil bereits ein einziger falscher Baustein von den 3 Milliarden zu Krankheit und Tod führen kann.

Alexander von Humboldt widerspricht Darwin

Wie bereits vor über 150 Jahren Alexander von Humboldt, einer der größten Naturforscher in der Menschheitsgeschichte festgestellt hat, sind die Erbanlagen aller Lebewesen stabil und können nur durch Schöpfung entstanden sein.

Deshalb lehnte auch Alexander von Humboldt die Vorstellungen Darwins und Häckels ab.

Schöpfung oder Zufall

Die Entstehung des Lebens aus der Urzelle bis zum Menschen widerspricht den Naturgesetzen.
Darwins Evolutionstheorie ist wissenschaftlich nicht haltbar.

Sie werden überrascht sein, wie unwissenschaftlich die Evolutionstheorie ist. Sie basiert auf Hypothesen und Fälschungen.

Sie widerspricht wesentlichen Gesichtspunkten, z.B. der Embryologie, der Phylogenese, der Ontogenese, den tatsächlichen medizinischen Befunden und den Fossilienfunden.

Für eine Entwicklung aus der anorganischen Natur zur organischen Natur (Leben) gibt es keinen einzigen Beleg. (Biogenetisches Naturgesetz)

Das Ursuppenexperiment ist in allen Punkten gescheitert. Es hat nie lebende Organismen hervorgebracht.

Die Prokaryonten können nicht aus der unbelebten Natur entstehen, weil es dem Gesetz der Thermodynamik widerspricht. Das Entropiegesetz besagt, aus sich heraus kann es keine höhere Entwicklung geben.
Alle bisherigen Experimente sind gescheitert, die aus anorganischer Materie Leben herstellen wollten. (Biogentisches Naturgesetz)
Zudem wird später gezeigt, dass selbst die drei Bestandteile eines DNA-Bausteins (des kleinsten Bausteins unserer Erbanlagen) nicht ohne Leben entstehen können.
Die Embryologie von Häckel sollte belegen, dass der Mensch dieselbe Entwicklung hat wie Fische, Lurche und weitere Lebewesen (siehe Abbildung s.44), von Beginn der Zeugung an. Dies ist in der Abbildung von Häckel deutlich zu sehen, dass der Embryo für alle diese Lebewesen vom Fisch bis zum Menschen gleich ausgesehen haben soll.
Dies hat sich jedoch als Fälschung erwiesen, die so perfekt war, dass sie sich nahezu 100 Jahre gehalten hat.
Es handelt sich hier um eine der schlimmsten Formen eines Wissenschaftsbetruges der Menschheitsgeschichte. (Richardson)

Selbst J. Huxley hat 1958 noch diese Fälschung als schlagenden Beweis für die Evolutionstheorie angeführt.
Somit ist der schlagende Beweis der Evolutionstheorie absolut als Betrug entlarvt.
Auch der Lehrstuhlinhaber für Anatomie, Prof. Blechschmidt, hat an über 30.000 Embryos belegen können, dass Häckel in allen Punkten gefälscht hat.
Die Nobelpreisträgerin Prof. Nüsslein-Volhard sagte mutig ganz offen, dass Häckel gefälscht hat.

Somit ist eindeutig belegt, dass die Basis, auf der die Evolutionstheorie beruht, ein Schwindel und Betrug ist, der nur ein einziges Ziel hatte, die Schöpfung und das Schaffen von allen lebenden Organismen zu leugnen und durch Fälschungen eine neue Ideologie aufzustellen, um Gott als Schöpfer aus der Entstehung des Lebens zu vertreiben.

Wenn man keine Fakten hat und noch dazu wissenschaftliche Tatsachen fälscht, so verkündet man nur Hypothesen. Hypothesen können die Grundlage von Ideologien oder Lügenmodellen sein.

Warum kann sich eine Ideologie halten?

Die Frage: Schöpfung oder Zufall? ist von entscheidender Bedeutung.
Diese Frage muss man deshalb beantworten, weil sie nicht nur von wissenschaftlichem Interesse ist, sondern die Frage nach dem, woher wir kommen, stellt.

Wäre diese Frage nur wissenschaftlich zu stellen, so wäre es überhaupt kein Grund, diese Frage auf so einer hohen Ebene zu stellen, wie sie derzeit diskutiert wird.
In vielen Fragen gibt es wissenschaftliche Auseinandersetzungen und Diskussionen, die berühren kaum jemanden, höchstens die Wissenschaftler, die sich mit dem Problem beschäftigen.

Bei der Frage: Schöpfung oder Zufall? liegen die Dinge deshalb etwas anders. Naturwissenschaftler, insbesondere die Biologen bzw. diejenigen, die biologische Untersuchungen und Beobachtungen gemacht haben, konnten Postulate aus der Natur nicht richtig einordnen. Wenn man Postulate als wissenschaftliche Tatsachen verkauft, versucht man ohne Experimente seine Vorstellungen mit einer Idee zu begründen. Ohne Experimente und medizinische Untersuchungen sind diese Ideen wertlos und können gefährlich sein, da sie zum Irrlehre-Dogmatismus führen können.
So hatte Darwin vermutet, dass es sich bei den Finken, die er beobachtete und die unterschiedliche Schnäbel hatten, um eine Mutation handelte.

Er ging davon aus, dass diese Veränderung der Schnabelform durch eine Mutation hervorgerufen wurde, durch Eingriff in die Erbanlagen. Er postulierte, dass es sich hier um die Entstehung einer neuen Art handelte.

Darwin leitete aus dieser Beobachtung heraus ab, dass er dadurch belegen könne, dass sich alles Leben aus der anorganischen Natur (Erde, Staub, Sand, Lehm, Wasser) zu einer Urzelle entwickelt hat und sich diese durch Mutation und Selektion zu Pflanze, Tier und Mensch entwickelt haben muss.

Der Fehlschluss Darwins führte zur Evolutionstheorie

Darwin erkannte bei seinen Beobachtungen der Finken mit ihren unterschiedlichen Schnabelformen nicht, dass es sich nicht um eine Mutation handelte. Hätte er bei Mendel, dem Vater der Genetik, nachgeschaut, so hätte er erkennen müssen, dass selbst bei der Kreuzung von Erbsen neue Farben entstehen können, d. h., neue farbige Erbsen sind in den Erbanlagen bereits gespeichert und kommen deshalb auch bei der Kreuzung ohne Mutation hervor.

Dieser fundamentale Fehlschluss, der heute medizinisch absolut belegt ist, führte zur Irrlehre Darwins.

Das Duo Häckel und Darwin

Leider hat Häckel, der zusammen mit Darwin besonders den Sozialdarwinismus weiterentwickelt hat, eine völlig falsche Richtung in die Wissenschaft gebracht.

Häckel, der zwar Medizin studiert hatte und dann nur als Biologe arbeitete, hatte ebenfalls embryonale Untersuchungen gemacht und dann versucht, mithilfe von Fälschungen diese Ideologie von Darwin zu bestätigen.
Die Vorstellungen dieser beiden Männer haben die Evolutionstheorie geprägt. Diese Irrlehre ist dann in die Philosophie, Politik und Theologie eingedrungen. Leider hat diese Ideologie im Bereich der Philosophie dazu geführt, dass sie von Marx, Engels und Nietzsche als Grundlage herangezogen wurde. Auch Hitler hatte in seinem Buch „Mein Kampf“ diese sozialdarwinistischen

Vorstellungen als Kampf für das Überleben einer Rasse verwendet. Wir kennen die Katastrophen von zwei Weltkriegen und dem Imperialismus.

Karl Marx war unglaublich begeistert von dem Buch Darwins. Er hatte endlich den Beleg gefunden, dass seine Ideologie, die des Marxismus, eine naturwissenschaftliche Begründung hatte. Somit war eine Rechtfertigung für sein Handeln ohne Rücksicht auf Naturgesetze und auf das herkömmliche Menschenrecht gegeben. Man brauchte keine Rücksicht auf sie zu nehmen.

Die Euthanasievorstellungen, die Vernichtung von unwertem Leben, wurde von diesem Ideologen, u.a. Häckel (Zitat aus Buch Lebenswunder) vorgetragen.
Der Rassismus, der Nationalsozialismus und der Kommunismus beriefen sich auf diese sogenannten „wissenschaftlichen" Hypothesen, dass das Leben aus sich selbst entstanden sei und somit eine moralische Verantwortung gegenüber dritten und einer höheren Instanz überhaupt nicht gegeben ist.
Das in jedem Menschen wohnende Gewissen, das für jeden Mensch die Richtschnur für das Handeln ist, orientiert sich an den Naturgesetzen und somit an den Schöpfungsgesetzen.
Dem Menschen ist ein systemimmanentes Kriterium wie Nächstenliebe, Menschlichkeit und Mitleid aufgrund seiner menschlichen Seele angeboren.
Bei der Evolutionstheorie besteht gar kein Grund, gegenüber Sozialschwachen oder dem Nächsten Menschlichkeit und Mitleid zu zeigen, da in der Materie diese Charakteristika nicht vorhanden sind.

Millionenfache Massenmörder Lenin, Hitler, Stalin

Deshalb war es das erste Ziel sowohl von den Kommunisten Lenin und Stalin als auch von Hitler, ihren Anhängern das Gewissen herauszureißen.

Aus den Zitaten dieser 3 Massenmörder (siehe später) ist eindeutig zu erkennen, dass sie dem Menschen das Gewissen herausreißen müssen (Lenin, Stalin) oder befreien müssen (Hitler), damit sie für ihr Handeln und das ihrer Anhänger bei Verbrechen gegen die Menschlichkeit nicht zur Verantwortung gezogen werden können.

Dies erkennt man daran, dass die millionenfachen Massenmörder Lenin und Stalin bis heute wegen ihrer Verbrechen gegen die Menschlichkeit noch nicht zur Rechenschaft gezogen wurden. Es gibt heute noch Personen, die diesen kriminellen Verbrechern Sympathien entgegenbringen. Sie haben immer noch nicht diese evolutionäre Gesinnung abgelegt, eine Ideologie, die auf Selektion beruht und zur Vernichtung des Schwächeren und Wehrlosen führen muss.

Hitler, ebenfalls Massenmörder, hatte das Pech, dass er den 2. Weltkrieg verloren hatte und somit er und seine Anhänger verurteilt wurden. Hätte Hitler den Krieg gewonnen, dann hätte er seine Verbrechen gegen die Menschlichkeit weiter fortgeführt. Es ist ein Glück für unser Volk gewesen, dass wir von dieser „evolutionären Ideologie" des Nationalsozialismus, einer Ideologie, die gegen Naturgesetze und Gottesgesetze gewesen ist, befreit wurden.

Da die Evolutionstheorie nur auf Mutation und Selektion (elitäre Masse, marxistische Ideologie) und der Macht des Stärkeren und Brutaleren beruht, hat man auch kein Unrechtsbewusstsein bei der Vernichtung von Wehrlosen, Schwachen und Andersdenkenden.

Für das moralische Unrechtsbewusstsein dieser Personen können die Täter nicht zur Rechenschaft gezogen werden.

Man ist somit gegenüber keinem Schöpfer verantwortlich.
Man ist selbst Herr über Leben und Tod, über Schöpfung und Gesetz.

Alle, die die Schöpfung ablehnen und sich selbst für eine Gottheit oder einen Selbsterlöser halten, müssen automatisch Evolutionisten sein.

Warum wissenschaftlich gesehen die Evolutionstheorie auch in der Biologie unwissenschaftlich ist

1. Züchtungen von neuen Tiergattungen gibt es nicht. Bisher ist es noch nie ein einziges Mal geglückt, eine höhere Form von einer bestehenden Tierart durch Mutation hervorzubringen.
2. Es gibt medizinisch keine Übergänge von einer zur anderen Tierart durch Mutation.

2.a In der Natur wurden noch nie genetisch, bzw. biochemisch Übergänge zwischen zwei Tierarten durch Mutation nachgewiesen.

2.b Piltdown-Mensch oder andere Fälschungen waren keine Zwischenstufen von Mensch und Affe. Sie waren nachweislich aus Menschen- oder Affenarten zusammengesetzt.

3. Es gibt keine Zwischenstufen von einer Tierart zur anderen durch Mutation.
4. Naturgesetze besagen, dass keine höheren Entwicklungsstufen möglich sind durch Mutation.(„ Hauptsatz der Thermodynamik“)
5. Die Konstanz der Gene eines Tieres bleibt stets erhalten. Gene sind mutationsresistent.
6. Es können jedoch Gene eines Tieres durch Inzucht, Züchtung oder Krankheit verloren gehen, aber es können keine neuen Gene entstehen.
7. Die Rassenzüchtung (neue germanische Rasse, oder der ideale Sozialist) war Wunschvorstellung der Evolutionisten Lenin, Hitler oder Stalin.
   Sie ist gescheitert.
   Die Erziehung zum sozialistischen, d.h. entmündigten, oder nationalsozialistischen Menschen ist gescheitert.
8. Voraussagen über den Nationalsozialismus oder Sozialismus waren schizophren. Chrustschow (sowjetischer Generalsekretär der UDSSR) sagte voraus, dass 1970 die Sowjetunion als das Paradies bestehen werde. „Wer es nicht glaubt, der ist psychisch krank“.
   Nationalsozialisten sagten voraus, dass nach dem Endsieg Hitlers alle Kirchen in Hitlertempel umgewandelt sein würden.

Die Evolutionstheorie besagt auch: Es haben zwei Sandkörner beschlossen, sich zu vereinen, um Leben, zum Beispiel ein Bakterium zu zeugen.
Dies widerspricht allen Naturgesetzen (S>0) und kann von keinem Naturwissenschaftler für ernst genommen werden.

Dies widerspricht dem zweiten Hauptsatz der Thermodynamik (Naturgesetz). Aus der hochgiftigen Ursuppe, die tödlich ist, solle sich ein Bakterium entwickelt haben, dies ist an Unsinn nicht zu überbieten, weil es allen Naturgesetzen widerspricht.

Die tödliche Ursuppe

Aus Stickstoff, Kohlenmonoxyd, Wasserstoff, Schwefelwasserstoff, Ammoniak und Blitzen bestand die Ursuppe.
Das sich aus dieser hochgiftigen, lebensfeindlichen Ursuppe ein Prokaryont (Bakterium) entwickelt haben soll, ist somit ein absoluter Unsinn und zeigt nur, dass man vom „Leben“ keine Ahnung haben kann.
Sollte es tatsächlich Leben gegeben haben, es wäre durch die Ursuppe vernichtet worden.
Keine Aminosäure, kein Zucker (Ribose) kein Nukleotid (DNA-Baustein) könnte überleben und sich weiterentwickeln, erst recht nicht die Enzyme, die nötig sind für die Verknüpfung der Aminosäuren, DNA-Bausteinen usw. Ohne Planung gibt es keine Höherentwicklung.

Fälschungen im Bereich der menschlichen Entwicklung – eine „Meisterleistung“ der Evolutionisten-.

Später werden Sie sehen, dass Häckel (s.38), der sich als General-Feldmarschall Darwins bezeichnete, über 12 Übergänge vom Affen zum Menschen in seinem Buch bildlich dargestellt hat und jeder Übergang dieser 12 Zeichnungen eine Fälschung ist.
Bei allen Funden, die man aus Überresten von „Frühmenschen“ entdeckt hat, ging man davon aus, dass es sich um Übergangsformen vom Affen zum modernen Menschen handeln müsse, was natürlich ein Irrtum war. Der Mensch war immer schon ein Mensch und ist durch kein Evolutionsprodukt aus einer Mutation entstanden.
Man versuchte mit allen möglichen Tricks die Entwicklung vom Affen zum modernen Menschen nachzuweisen. Man wollte Darwins und Häckels Vorstellungen belegen, obwohl sie der Genetik widersprechen.

Der Neandertaler ein Mensch wie Du und Ich

Der Neandertaler wurde im Jahre 1856 im Neandertal in der Nähe von Düsseldorf entdeckt.

Man hielt diesen Schädel des Neandertalers für ein Missing Link zwischen Affen und Menschen.
So beschrieb Marcellin Boule vor 100 Jahren diesen Neandertaler als „das Biest, das mit gebeugten Knien gegangen war und mit watschelndem Schritt, mit nach vorne hängendem Kopf auf einem untersetzten Hals mit Schimpansen-ähnlichem großen Zeh, der zur Seite herausragte", dargestellt wurde.
(siehe s.60)

Es sollte hier eine Zwischenstufe vom Affen zum Menschen gezeigt werden.
Im Science schrieb Shreeve 1994:18, dass es sich um eine Irrlehre handelt, die Marcellin Boule aufgestellt hat. Es handelt sich keineswegs um eine Zwischenstufe zwischen Affe und Mensch, sondern der Neandertaler war ein Mensch wie wir auch.
Auffällig ist, dass er größere Überaugenwülste hat. Diese ist eine Normvariante gewesen. Bei anderen Funden waren sie nicht so ausgeprägt.
Auch die heute lebenden Ureinwohner Australiens haben ebenfalls Überaugenwülste. Mittlerweile hat man weitere Neandertaler-Skelette gefunden und auch die Füße. Die Füße der Neandertaler sehen aus wie die eines heutigen Menschen, haben keinen abstehenden (s.75) großen Fußzeh wie er bei allen Affenarten stets vorhanden ist. Der Affenfuß hat nämlich eine Greiffunktion und findet sich nicht beim Menschen. Der Großzeh beim Menschen dient ausschließlich zur Stabilisierung des aufrechten Ganges. Dafür sind alle Affenarten nicht geeignet.

Die Darstellung des Neandertalers heute

Geht man heute ins Neandertalermuseum in Düsseldorf, so sieht man den Neandertaler so dargestellt wie einen heute aussehenden Mensch.

Jedem wird deutlich, mit Hilfe von Manipulation sollte uns eine affenabhängige Entstehung des Menschen vorgegaukelt werden, nur um einer Ideologie, der Evolutionstheorie, orientierungsblind zu folgen.

Wissenschaftlich ist mittlerweile belegt, dass der Neandertaler genau die gleichen Erbanlagen hat wie der Mensch. Er hat 46 Chromosomen wie der Mensch und nicht 48 wie alle Affenarten.

So schreibt M. Wolpoff et. al., „Neandertaler haben viel größere Überaugenwülste als lebende Europäer und sie sind immer kontinuierlich über die Stirn entwickelt. Eine bedeutende Anzahl von heutigen und lebenden Aborigines (Ur-Australier), haben große, kontinuierlich entwickelte Überaugenwülste. Mittlerweile ist nachgewiesen, dass die australischen Ureinwohner mehr Neandertaler-DNA haben als wir Westeuropäer. Somit ist verständlich, dass sich derartige Eigenheiten bei den australischen Ureinwohnern noch häufiger finden. Wir in Mitteleuropa haben etwa über 5% der DNA der Neandertaler."

Im Rahmen des Sozialdarwinismus wurden kleinste Veränderungen am Schädel oder am Körper schon als Mutation dargestellt. Dabei weiß jeder heute aufgrund der Genetik, dass die Komplexität der Schöpfung viele Normvarianten durch unsere Gene zulässt.

Der Neandertaler unterscheidet sich im Bereich der Mitochondrien (Energiefabriken) etwas vom heutigen Menschen.

Es hat jedoch Kreuzungen gegeben, die sehr gering waren, sodass auch das Erbgut vom Neandertaler heute noch im modernen Menschen nachweisbar (ca.3-20%) ist.

Warum der wesentlich kräftigere und größere Neandertaler gegenüber dem schwächeren moderneren Menschen ausgestorben ist, ist mit Sicherheit noch ein Rätsel.

Der Piltdown-Mensch – Eine Fälschung-

Die verzweifelte Suche vom Übergang vom Affen zum Menschen führte zu einer der größten Fälschungen auch in der englischen Geschichte. In Piltdown wurde ein Unterkieferknochen in einer Kiesgrube gefunden, sowie Fragmente eines Schädels.
Piltdown liegt in der Grafschaft East Sussex in Südengland. Jahrzehnte lang wurden von bedeutenden Wissenschaftlern hier die Funde als Übergangsformen zum modernen Menschen interpretiert.
Sein Alter schätzte man damals auf 500.000 Jahre.
Am 18. Dez.1912 gab Arthur Smith Woodward und Charles Dawson während eines Treffens der Geological Society of London bekannt, die Schädelfragmente seien ein epochemachender Fund.

Nahezu 40 Jahre später wurde die Piltdown-Fälschung am 21. November 1953 von Wissenschaftlern offen gelegt.
Dabei zeigte sich, dass es sich bei den Knochenbefunden um einen mittelalterlichen Menschenschädel, einen 500 Jahre alten Unterkiefer eines Orang-Utans und die fossilen Zähne eines Schimpansen handelte. Das Aussehen von hohem Alter wurde erzeugt, indem man die Knochen mit einer Eisenlösung und mit Kaliumdichromat einfärbte. Der bekannte Theologe Teilhard de Chardin wurde als Experte dazu gezogen.
Somit zeigte sich erneut der Versuch, die Evolutionstheorie als „wissenschaftliche" Wahrheit darzustellen.
Diese Fälschungen sind ein Beleg für die Evolutionslüge und sind als Fälschung zu entlarven. Pierre Teilhard de Chardin, ein Anhänger der Evolutionstheorie, erkannte ebenfalls die Fälschung nicht.

Evolutionäre Fälschungen in der Anatomie

Kommen wir zurück zur Anatomie, so wird jedem klar, dass bei der Fälschung des Piltdown-Menschen zuerst erkannt wurde, dass der Mensch und der Affe unterschiedliche Kiefergelenke haben. Somit erkannte man nach über 40 Jahren, dass der Übergang vom Affen zum Menschen nicht stimmen konnte und erst dann wurde diese Fälschung aufgedeckt.

Viele hochberühmte Wissenschaftler haben uns getäuscht, indem sie uns diesen Affen-Menschen Übergang als Evolutionsbeweis verkaufen wollten. Selbst der Theologe **Pierre Teilhard de Chardin** hat die Täuschung nicht erkannt. Der Kiefer war zu unterschiedlich, sodass man erkannt hat, dass der Piltdown-Mensch eine Fälschung von Anfang an war.

Um einen Übergang vom Menschen zum Affen zu belegen, wurden Teile mit Färbungsmitteln (Chromaten) eingefärbt, um einen 500 000 Jahre alten menschlichen Vorfahren vorzutäuschen.
Alle diese „Gelehrten" haben diesen Übergang 50 Jahre geglaubt, obwohl man die Fälschung hätte merken müssen. Die Öffentlichkeit wurde natürlich so sehr getäuscht, dass jeder für ein „Ewiggestriger" gehalten wurde, der nicht an diese Fälschung und an die Evolutionstheorie glaubte.
Es zeigt sich bei der Evolutionstheorie immer, wer die Wahrheit sagt, der wird denunziert.

Der Australopithecus, keine Vorstufe des Menschen

Clark und Tobias beschrieben im Science, dass die bisher vorherrschende Meinung, dass der Australopithecus uns als Zwischenstufe zwischen Affen und Mensch verkauft wurde, ein Irrtum war.
Typisch für einen Affen ist, dass er sich durch einen abstehenden großen Zeh auszeichnet, mit dem er Äste greifen kann.
Der Mensch benötigt den großen Zeh zur Stabilisierung seines aufrechten Gangbildes.
Deshalb kann ein Affe nie kilometerweit aufrecht laufen wie der Mensch, weil sein Fuß dafür gar nicht geeignet ist.
Mittlerweile zeigte sich, dass dieser Australopithecus genetisch ein Affe mit 48 Chromosomen war.

„Die Entdeckung von 4 Fußknochen liefert Belege, dass der Australopithecus-Fuß einen affenähnlichen Zeh besaß, der von anderen Zehen abstand, und hoch mobil war."
„Sein Fuß hat sich nur in einem kleinen Grad von dem eines Schimpansen unterschieden." Zitat nach Clark, Tobias.

Hominiden sind Verwandte von Affen

B. Wood schrieb in Science bereits 2002, folgendes: „Ich habe gerade meinen Studenten erzählt, es tut mir leid, aber ich weiß nicht mehr, wie ich den frühesten Hominiden vom frühesten Schimpansen-Vorfahren unterscheiden kann." (Siehe Abb. Affenfuß Seite 75)

Auf den Seiten 170 - 173 und auf diese Seite folgenden sind die Zitate von bedeutenden Wissenschaftlern aufgeführt, die eindeutig belegen, dass diese sogenannten Vorstufen vom Menschen keine Vorstufen sind, sondern Affenarten, die zum Teil ausgestorben sind.

Katastrophen führten zum Aussterben von Tierarten

Wir wissen, dass die Erde sehr viele Katastrophen erlebt hat, z.B. auch einen Meteoriteneinschlag der vor 60 Millionen Jahren in Mexico stattfand (Yucatan). Damals starben auch die Dinosaurier aus und wir müssen deshalb davon ausgehen, dass es auch ausgestorbene Affenarten gibt.

Neues zu Affen und Mensch

Der vorher vermutete Unterschied zwischen Affe und Mensch sei nur 1%, ist natürlich ein Mythos. Wenn man bedenkt, dass das Affengenom mehr als 10% länger ist als das Menschengenom und der Affe zusätzlich 2 Chromosomen mehr hat, so kann man sagen, dass auch dieser Betrug der Evolutionstheorie entlarvt ist.

So schrieb Cohen im Science 2007 (316) S. 1835
„1% Unterschied ist ein Mythos."

Chimpanzee Sequencing and Analysis Consortium, Nature 2005 (437) pp. 69-87
„4% Unterschied in den bisher untersuchten Genen. Die meisten Gene wurden ja noch nicht im Einzelnen (auf ihre DNA) untersucht. Innerhalb dieser Gene sind noch erhebliche Nukleotide ausgetauscht, sodass die Unterschiede noch erheblich größer sind. Dies haben wir bereits an anderen Stellen, die genauer untersucht wurden gesehen."

Literatur widerspricht dem Mythos der Abstammung vom Affen zum Mensch.

Im Einzelnen können in dieser weiterführenden Literatur die Unterschiede nachgelesen werden.

Hahn et. al. 2006, PLoS ONE 1(1): e85, doi:10.1371:
6,4% Unterschied fand er bei seinen untersuchten Genen.

Geschwind et. al 2006, Proc. Natl. Acad. Sci. USA 103, pp. 17973-17978.

Gehirngene

Gehirngene zeigen 17,4% Unterschied gegenüber dem Menschen.
Gehirngene unterscheiden sich deutlich zwischen Menschen und Affen.

Die Gehirngene, die für das logische Denken und wissenschaftliche Erkenntnis verantwortlich sind, unterscheiden sich deshalb noch mehr vom Affen. Deshalb unterscheidet sich der Mensch von allen anderen Tierarten.

Unterschied zwischen Mensch und Tier

Der Mensch kann denken und über sein Handeln frei entscheiden.
Es zeigt sich auch, dass für die Motorik der Hand im Gehirn allein 40% beansprucht wird im Gegensatz zu allen anderen höheren Lebewesen.
Somit kann der Mensch komplexe Arbeitsvorgänge durchführen, wie sie von keinem anderen Lebewesen möglich sind.
Somit bestätigt sich das Bibelwort: „Machet euch die Erde untertan."
Mit einer Affenhand können sie nur Äste greifen oder vielleicht noch Nüsse knacken, aber keineswegs einen Computer bedienen oder eine Maschine in der Fabrik bedienen, um Werkzeuge herzustellen, die nicht nur allein für die Nahrungsbeschaffung benötigt werden.
Betrachtet man zum Beispiel den Tintenfisch, so ist er in seiner manuellen Fähigkeit bei weitem dem Affen überlegen, wenn es um Herstellung von Werkzeugen geht.
Es wird doch kein Mensch behaupten wollen, dass der Mensch vom Tintenfisch abstammt, weil dieser intellektuell geschickter ist als der Affe.

Zusammenfassend kann gesagt werden, dass die Evolutionslüge in sich zusammengebrochen ist.
Im Bereich der Entstehung der Arten wurde die Hypothese Darwins, dass sich alles aus einer Urzelle entwickelt haben soll, die wissenschaftlich gesichert sei, als Lüge entlarvt.

Von der Genetik, den Naturgesetzen und den tatsächlichen Funden her ist die Entstehung des Lebens aus einer Urzelle nicht möglich.
Sein biologischer Kollege Häckel hat die embryonalen Bilder der Arten (Fisch, Molch, Schwein, Affe, Mensch), die sich auf der Erde befinden, die sich alle aus einer Prokaryonten-Zelle entwickelt haben sollen,gefälscht.
Die Bilder von Häckel bei der Embryologie wurden mit krimineller Energie gefälscht. (siehe auch Nobelpreisträgerin Nusslein-Vollhard, Wilkinson, Blechschmidt). Häckel nahm einen menschlichen Embryo als Ausgangspunkt (embryonales Frühstadium) für alle aufgeführten Lebewesen die er darstellte, angefangen vom Fisch über Schwein, Mensch und Affe, nur um zu belegen, dass die Phylogenese (stammesgeschichtliche Entwicklung) sich in der Embryologie wiederholt.

Auch die zunächst in der Abstammungsgeschichte des Menschen postulierten Zwischenstufen zwischen Affen und Mensch haben sich alle als Betrug herausgestellt. (Abbildung Buch Darwin s.19)
Typisch dafür war, dass man den Neandertaler als eine halbaffenförmige Figur dargestellt hat, mit einem affenähnlichen abstehenden großen Zeh und völliger Behaarung des Körpers. Im Neandertaler Museum wurde er vor 100 Jahren als Zwischenglied von Affen zum Menschen dargestellt. Der Betrug wurde dadurch entlarvt, dass man diesen Neandertaler jetzt wie einen Menschen darstellt.
Menschen, die in früheren Jahrhunderten gelebt haben, wie der Neandertaler, wurden zu Halbaffen erklärt.

Mittlerweile muss jedem einleuchten, es geht hier nicht um Wissenschaft, sondern es geht einzig und allein um den Verkauf einer Ideologie, die darauf beruht, dass man keine Erklärung für die genetische Vielfalt und die Genialität der Schöpfung hat, nur um Gott als Schöpfer auszuschließen.

Wäre diese Genialität der geschaffenen Tierarten inklusive der Menschen nicht mit derartig vielen genetischen Varianten ausgestattet, so käme es bei einer Katastrophe zum Untergang dieser Lebewesen (biogenetisches Naturgesetz). Diese Katastrophen können Naturkatastrophen oder bakterielle oder virale Infektionen sein. Ohne genetische Vielfalt (im Gegensatz zu Klonen) wäre ein Überleben der Lebensformen nicht möglich. Sie verhindern das Aussterben einer Tierart. Deshalb muss die Planung jeder Tierart genetisch so sein, dass sie auch bei schwersten Infektionen das Überleben einer Tierart sichert.
Wir kennen die katastrophalen Infektionen im Mittelalter, die durch Krankheiten wie die Pest zum Teil ganze Dörfer ausgerottet haben. Dies kennen wir aus der örtlichen Geschichte. Hätte es keine genetischen Varianten gegeben, so wäre vermutlich das Menschengeschlecht ausgestorben.
Aus unserer eigenen Familiengeschichte ist bekannt, dass Vorfahren auch „Pestkrankenhäuser" betreut haben und nicht gestorben sind. Dies war nur möglich, weil sie die genetische Variante besaßen, die dominant vererblich ist und über einen Abwehrmechanismus verfügt gegenüber dem Pesterreger.
Wer diese Anlage besitzt, hat auch eine Resistenz gegenüber dem HIV-Virus. Circa 3-5% der Menschen haben diese dominant vererbliche Anlage.

Machtegoismus widerspricht der Menschlichkeit

Schließe ich nämlich Gott aus, dann regiert das Gesetz des Mächtigen und Stärkeren, der sich als Herr fühlt, um über andere zu herrschen. Der Imperialismus, Kolonialismus, Nationalsozialismus und Sozialismus beruhen nämlich auf dieser Ideologie, weil die Macht und Rücksichtslosigkeit des Stärkeren, wie sie durch die Evolutionstheorie gerechtfertigt ist, sich durch Selektion bestätigen soll. Damit wird Machtrausch und Gier gefördert und dies sind Charakterzüge, die einem sozialen menschlichen Bewusstsein widersprechen.

Homo habilis, typisch für eine Affenart

Mittlerweile wurde erkannt, dass es sich bei vielen als Homo habilis bezeichneten Knochenfunden nicht um Vorstufen vom Menschen handelt, sondern dass sie genetisch Affenarten sind, die teilweise ausgestorben sind.

Wood und Collard haben bereits 1999 in einem Vergleich vom Homo habilis zum Menschen den Unterschied klar charakterisiert. Der Homo habilis hat im Vergleich zum Menschen nur ein Viertel bis ein halb so viel Hirnmasse wie der Mensch. Auch zeigt sich, dass er vom Körpergewicht etwa nur die Hälfte des Menschen hat. (siehe Vergleich s.291)

Bisher wurde der Homo habilis für das Zwischenglied zwischen Affen und Mensch gehalten.
Bei der Untersuchung der Hände und der Langknochen zeigte sich erneut, die Schlussfolgerung, „Homo habilis“ sollte aus Homo entfernt werden und zum Genus Australopithecus übertragen werden.
Ähnliche Schlussfolgerungen gelten auch für Homo Rudolfensis, wie oben erwähnt.

(Zitat: B. Wood and M. Collard, Science 1999 (284) S. 66-70)

Somit zeigt sich erneut, dass man die Evolutionslüge, die uns Zwischenglieder zwischen Affen und Menschen bisher als wissenschaftlich belegt verkauft hatte, wieder als Betrug entlarvt wurde.
Es gibt kein Missing-Link zwischen Affen und Menschen.

Wie bei der Besprechung der DNA-Bausteine gezeigt, ist ein Übergang vom Menschen zum Affen von der Genetik, Biochemie und Medizin nicht möglich.
Wer keine Ahnung von Naturgesetzen hat, der wird auch auf die Lügen von Hitler und Stalin hereinfallen. Der Übergang vom Affen zum Menschen widerspricht den Naturgesetzen.

Prokaryoten (Prokaryota) auch **Prokaryonten** (Prokaryonta) genannt, werden als die ersten zellulären Lebewesen bezeichnet, die keinen Zellkern besitzen. Ihre Erbanlagen, Ihre DNA die für die Steuerung der Zelle und die Vermehrung verantwortlich ist, befindet sich im inneren der Zelle (Zellplasma), ohne dass sie in einem Zellkern geschützt sind, deshalb ist auch diese DNA nicht so komplex, wie bei einer „normalen“ Zelle.
Ihr Zelltyp wird als Protocyte (Vorzelle) bezeichnet. Bakterien und Archaeen (sehr frühe Zellen) sind Prokaryonten.

Der Name bezieht sich auf die Kernlosigkeit (pró „vor“; káryon „Nuss“ oder „Kern“). Die Bezeichnung **Prokarya** wird seltener verwendet; die Bezeichnung **Monera wie sie Darwin und Häckel verwendeten** ist veraltet.

Polymerasen können nur durch Leben entstehen

Polymerasen sind in allen Lebewesen vorkommende Enzyme, die die Polymerisation (Verknüpfung) von Nukleotiden, die Grundbausteine der Nukleinsäure katalysieren (mit Hilfe von Enzymen verknüpfen). Ihre Funktion ist notwendig für den Aufbau der Erbinformation (DNA) im Prozess der Replikation (Vermehrung), eine der Voraussetzungen für die Zellteilung (biogenetisches Naturgesetz)

Des Weiteren sind sie notwendig für die ersten Schritte der Proteinbiosynthese, der Herstellung von Proteinen in der Zelle (biogenetisches Naturgesetz).

Die Polymerasen können jedoch nur hergestellt werden, wenn sie zuvor in einer Zelle durch die DNA gebildet sind. Auch hier gilt das Naturgesetz: Leben entsteht nur durch Leben (biogenetisches Naturgesetz).

Der Sozialdarwinismus und Marxismus

Marx las das Buch von Darwin über die Entstehung der Arten ein Jahr später als Engels.

Er nannte es „Das Buch, das die naturhistorische Grundlage für unsere Ansicht enthält“.

In einem Brief an den deutschen Sozialdemokrat Ferdinand Lassalle schrieb er: „Sehr bedeutend ist Darwins Schrift und passt mir als naturwissenschaftliche Grundlage des geschichtlichen Klassenkampfs.“

Er bedauerte, „dass“....

Trotz mangelhaften Vorstellungen (in diesem Buch Darwins) ist hier zuerst der Teleologie (Religion) in der Naturwissenschaft nicht nur der Todesstoß gegeben, sondern der rationelle Sinn derselben empirisch auseinander gelegt.

Marx und Engels hatten endlich eine Hypothese, dass eine gottgewollte Schöpfung nicht notwendig gewesen sei. Somit ist man auch gegenüber einem Schöpfer nicht verantwortlich für sein Handeln, weil man selbst das Maß aller Dinge ist. Wer die Macht hat, kann sich als Gott aufspielen und kann somit Verbrechen gegen die Menschlichkeit begehen. Dies zeigte sich an den millionenfachen Verbrechen und Morden im Sozialismus.

Ohne Darwin hätte die Theorie des Marxismus- Leninismus keine Grundlage. Sie ist die Basis für das rechtswidrige Verhalten gegenüber Menschenwürde und Freiheit des Menschen, denn die Diktatur des Proletariats, d.h. der Funktionäre und herrschenden Machtideologie des Führers und der Partei, bestimmt Gesetze, Recht und Ordnung. Somit ist diese Ideologie nur durch die Evolutionstheorie gerechtfertigt gewesen. Die Entwicklung des Lebens und des Kosmos hat sich nach dieser Ideologie aus sich selbst entwickelt und ist nicht durch einen Schöpfer gegeben worden. Wir wissen jedoch, dass Planung, Naturgesetze und auch das Sozialverhalten des Menschen in seinen Geboten von Gott festgeschrieben sind.

Diese Gebote sind jedem Menschen innewohnend und sind in den 10 Geboten Gottes festgeschrieben.

Im Sozialismus darf ich jemanden bestehlen, ausbeuten, unterdrücken und töten, wenn es im Sinne der Ideologie ist. Im Kommunismus wurde deshalb den Besitzern das Eigentum gestohlen und wer sich dagegen wehrte, wurde deshalb versklavt (Gulag) oder getötet.
Dies ist nach den Naturgesetzen, die Schöpfungsgesetze sind, nicht statthaft.

Die logische Konsequenz ist daraus, dass ein Evolutionist, ein Marxist und ein Nationalsozialist Gott ausschließen muss.
Und wie Hitler sagte: „Ich werde das deutsche Volk von den jüdischen Gewissensbissen (dem Menschen innewohnendes Rechtsempfinden auch seelisches Bewusstsein oder Gewissen genannt) befreien.“

Stalin sagte: „Ich habe von Marx und Lenin gelernt, dass ich dem Menschen das Gewissen herausreißen muss.“

Zusammenfassend kann gesagt werden, dass die Ideologischen Geschwister Nationalsozialismus und Marxismus sich in allem als Verbündete gegen die Naturgesetze und Schöpfungsgesetze wenden.

Dafür ist das Zitat Lenins auch typisch: „ Ein Millionär ist mir lieber, der Gott ablehnt als ein Arbeiter, der an Gott glaubt."

Zitate: (Hickmann s.o.)

Der Ausbau des Sozialdarwinismus zu einer Weltanschauung und seiner Instrumentalisierung war entscheidend.

Zur Genetik und DNA gehörend

Die Anatomie widerspricht der Ideologie der Evolutionstheorie.

Die Anatomie zwischen Affe und Mensch im Bereich des Schädels zeigt, dass ein bedeutender, d.h. ein gewaltiger Unterschied zwischen Affe und Mensch vorhanden ist (siehe später).
Die Chromosomen sind zwischen Mensch und Affe unterschiedlich.
Der Affe hat 2 Chromosomen mehr als der Mensch und somit käme es bei jeder Kreuzung biochemisch zu einem Kettenabbruch der DNA. Bei einem DNA -Kettenabbruch ist keine Kreuzung möglich, weil damit eine Zeugung ausgeschlossen ist. Dies ist eine ganz entscheidender und wichtiger Punkt im Bereich der Genetik, dass stets ein Kettenabbruch und somit keine Zeugung möglich ist, wenn die DNA- Längen der einzelnen Gene und auch der Chromosomen nicht übereinstimmen.
Dies ist ein absolutes Hindernis, das belegt, dass es nie zu einer Abstammung zwischen Affe und Mensch oder auch andere Affenarten gegeben hat und je geben wird.
Nicht nur das Entropiegesetz spricht dagegen, sondern die Biochemie, Genetik und Medizin sind der schlagende Beweis dafür, dass die Evolutionstheorie eine

Summation von Betrug und Fälschung ist. Es hat nie eine Entwicklung von einer Tierart zur anderen gegeben.

Somit ist keine Verwandtschaft oder Abstammung möglich.
Dagegen haben die Evolutionisten behauptet, dass sich der Mensch aus einer Affenart heraus gebildet haben soll.
Dies widerspricht allen Erkenntnissen der Genetik, der Biochemie und der Medizin.

Diese Fehlvorstellungen, dass der Mensch von einer Vorstufe des Affen oder vom Affen direkt abstamme, beruht eindeutig auf falschen Behauptungen von Darwin. Auch Häckel vertrat die gleiche Meinung, der einen menschlichen Embryo nahm und ihm als Grundlage viele dieser Lebewesen zuordnete, vom Fisch angefangen über Schwein, Affe und Mensch. Dann fertigte er Zeichnungen an, die die Übergänge zu den entsprechenden Lebewesen zeigten. Alle diese Übergänge sind Phantasiegebilde.
Diese Fälschungen sind entlarvt worden, aber sie wurden als wissenschaftliche Grundlage der Evolutionstheorie als Wahrheit verkauft.
Selbst der erste Direktor (J. Huxley) der UNESCO (wichtige Organisation der UNO) hat 1958 noch gesagt, dass diese Embryologie (von Häckel und Huxley entworfen) der schlagende Beweis für die Evolution sei.
Es ist erschreckend, wenn führende Funktionäre mit extrem hohen Gehältern in der Öffentlichkeit diese Betrügereien verkünden. Sie richten natürlich ihre Politik nach dieser Irrlehre aus.
Wie soll dann ein einfacher Bürger diese manipulierten Machenschaften von Leuten in Führungspositionen erkennen.
Hitler, der Evolutionist, der in seinen Buch „Mein Kampf“ genau diese ideologischen Vorstellungen vertrat, hat sich ebenfalls auf den Sozialdarwinismus und auf Häckel berufen.
So wurde in einem Buch von Häckel bereits die Vorstellung beschrieben, dass man minderwertiges Leben wie Behinderte, Kranke und Alte, er zählte dazu auch Krebskranke, mit Zyankali oder mit Morphium beseitigen müsse, um die menschliche Rasse nicht zu schwächen.
(Zitiert aus Häckels Lebenswunder)

Dies ist die Steilvorlage für Nationalsozialisten für den Holocaust. Ebenso wurde dieser Sozialdarwinismus, den Häckel in Deutschland salonfähig gemacht hat, von Marxisten übernommen und führte dort im Gulag (sozialistisches Straflager in der Sowjetunion), zu millionenfachen Morden.
Wann wird man endlich erkennen, dass die Irrlehren des Nationalsozialismus oder des Sozialismus, die zur Ermordung von über 100 Millionen Menschen führten, eigentlich Kinder der Evolutionstheorie sind.

Wer als Politiker glaubhaft sein will, sollte die Evolutionstheorie entlarven, da sie der Steigbügelhalter für Verbrechen gegen die Menschlichkeit in der Vergangenheit war. Ein Politiker sollte über diese Fälschungen informiert sein und darauf achten, daß diese Irrlehren endlich in den Schulen offengelegt und entfernt werden. Weil er die Natur und Naturgesetze respektiert muß er die Evolutionstheorie ablehnen. Naturgesetze sind Schöpfungsgesetze und die kommen nun mal von einem Schöpfer und sind Teil der göttlichen Ordnung.

Unterschiedliche DNA-Bausteine zwischen Menschen und Affe belegen die Evolutionslüge

Wir wissen mittlerweile, dass der Mensch nicht nur unterschiedliche Chromosomen hat, sondern aus 3,4 00000000 (Milliarden) DNA Bausteinen pro Körperzelle besteht.
Der Einfachheit halber sprechen wir meistens nur von 3 Milliarden DNA-Bausteinen. Der Affe mit 48 Chromosomen hat 3,8 Milliarden DNA Bausteine (Moleküle).

Zeugung ist nur bei gleichen Chromosomen und gleichen DNA-Bausteinen möglich

Bei jeder Kreuzung oder Replikation (das heißt Vervielfältigung der DNA) z.B. zur Neuherstellung einer neuen Zelle, muss stets die gleiche Übereinstimmung vorhanden sein. Die Konstanz, d.h. der Anteil der 3,4 Milliarden DNA Moleküle muss immer vorhanden sein, denn aufgrund des Enzyms der DNA Polymerase kann eine Vervielfältigung nur aus dem vorhandenen Leben entstehen. DNA Bausteine müssen bei der Kreuzung übereinstimmen, damit die Zeugung vollzogen werden kann.

Ist dies nicht der Fall, kommt es zu einem Kettenabbruch. Somit müssen bei einer Zeugung auch zwischen einem Paar immer die gleichen Chromosomen vorhanden sein und auch die DNA übereinstimmen.
Deshalb ist dies von einigen Wissenschaftlern belegt, das der Mensch und der Affe sich um 1 % unterscheidet, als wissenschaftlicher Irrtum zu bezeichnen, da schon allein der Affe mehr als 10 Prozent DNA- Bausteine hat als der Mensch.

Das biogenetische Naturgesetz

Das biogenetische Naturgesetz besagt, dass Leben nur durch Leben entstehen kann. Das Leben ist in der DNA gespeichert und nicht in der unbelebten Natur. In der unbelebten Natur gibt es keine DNA Bausteine.
Selbst durch einen menschlichen Eingriff kann keine neue menschliche DNA entstehen.
Der Grund liegt darin, dass unsere Erbanlagen, die in der DNA gespeichert sind, für jedes Lebewesen einmalig und immer gültig sind.

Wie sich gezeigt hat, beruht die Vorstellung der Evolutionisten (Häckel usw.), dass die Ontogenese, die sich widerspiegeln soll in der Phylogenese, d.h. bei der Entstehung des Embryos für jedes Lebewesen gleich sein soll, nachweislich falsch ist und daher widerspricht diese Irrlehre dem Naturgesetz und den Untersuchungen und Fakten in der Natur.

Stabilität der Gene und DNA Bausteine widerlegen die Evolutionstheorie

Durch die biochemischen, genetischen Untersuchungen können wir deshalb sagen, dass die DNA und auch die Chromosomen von Tieren und Pflanzen sehr unterschiedlich sind und keineswegs aus Prokaryonten entstanden sind. Der Grund liegt in der Stabilität der DNA. Man könnte es auch anders ausdrücken: in der Mutationsfeindlichkeit der DNA.
Dies zeigt sich, dass z.B. bei einer Erneuerung einer Hautzelle selbst nach 80 Jahren kein Fehler bei der Neubildung bei den 3,4 Milliarden Zellen entsteht. Und es werden Milliarden Hautzellen gebildet und kaum Fehler entstehen, obwohl der Körper Gift und mutationsauslösende Substanzen abwehren muss. Hier von Zufall zu sprechen grenzt schon an Einfältigkeit.

Mutation ist Krankheit und Tod und somit kein Antrieb für evolutionären Weiterentwicklung

Somit wird deutlich dass wir ohne die Stabilität unserer Erbanlagen gar nicht existieren könnten. Stellen sie sich vor, unsere Darmzellen müssen sich ständig erneuern, und es würde so wie es die Evolutionslehre lehrt zu ständigen Mutationen kommen. Es würde kein Mensch alt werden, da er längst an einem Krebs oder mutierten, degenerierten DNA gestorben wäre (biogenetisches Naturgesetz).

Sie sehen also, dass die Evolutionslehre im Widerspruch zur Natur, Naturgesetzen und zu tatsächlichen wissenschaftlichen Befunden steht.
Bei Darwin und Häckel wird eine Entwicklung der Genetik (DNA) von einem Lebewesen zum nächsten postuliert und festgeschrieben.

Die Abstammung, die bei Darwin und bei Häckel durch einen Stammbaum aufgeführt wurde, hat nie stattgefunden und steht den wissenschaftlichen Befunden entgegen.

In der Abbildung s.46 sehen sie wie Häckel auch in Übereinstimmung mit Darwin einen Stammbaum von Prokaryonten bis zum Menschen gezeichnet hat. Dabei ist jeder Übergang nachweislich Betrug, da nie eine Zwischenstufe nachgewiesen wurde und stets Millionen von DNA Baustein-Änderungen notwendig wären.
In keinem einzigen Fall konnte dies nachgewiesen werden.
Genetisch ist dies nachweislich ein vorsätzlicher Betrug, der nur darauf abzielte, eine stammesgeschichtliche (phylogenetische) Abstammung zu belegen, weil diese Äußerung eine der wichtigsten Aussagen der Evolution ist.

Unter seinem Pantheismus (Häckel) versteht man, dass alles göttlich sei, auch die Materie, obwohl jeder weiß, dass die Materie nur aus Protonen, Neutronen und Elektronen besteht.
Diese Materieteilchen sind nicht göttlich, sondern sind nur ein Schöpfungsprodukt eines Schöpfers. Kein vernünftiger Mensch mit einem gesunden Menschenverstand glaubt, dass diese 3 Materieteilchen einen Geist haben, der von sich aus denkt, dass er Leben geschaffen hat.

Diese Irrlehre Pantheismus, oder Monismus genannt versuchte zu erklären, wie die unbelebte Natur sich in eine belebte Natur hochentwickelt haben soll. Diese Irrlehre war notwendig, um den Widerspruch zu den Naturgesetzen wie der Entstehung des Lebens zu erklären.
Ich würde gerne meine Meinung ändern, wenn jemand erklärt, wie diese Materieteilchen denken können. Dieser Pantheismus müsste also erklären, warum es in der unbelebten Natur dann zu einer Höherentwicklung, also zum Leben kommen kann.

Aber Häckel baute dagegen auf diesen Pantheismus sein „Biogentisches Grundgesetz“ auf, das im Widerspruch zu Naturgesetzen, Genetik, Naturwissenschaften und tatsächlichen Befunde steht.

Da Darwin und Häckel aber nicht erklären konnten, wie die ersten Lebewesen entstanden sind, hat Häckel eine Religion den „Monismus“ geschaffen. Dieser Monismus vertrat die irrsinnige Meinung, dass die leblose Materie einen Geist habe.

Dieser Pantheismus, der vor 3000 Jahren schon als Unsinn entlarvt wurde, wurde hier erneut aus der Schublade geholt, weil Darwin und auch Häckel nicht erklären konnten, wie aus Lehm und Sand die ersten Prokaryonten (sie nannten sie damals Monea) ohne Geist entstanden sein sollen. So werden Irrlehren geschaffen, wenn man sich außerhalb der Natur, den Naturgesetzen und der göttlichen Ordnung stellt. Die Folge musste sein, wie oben beschrieben, dass sich der Nationalsozialismus und der Kommunismus nur entwickeln konnten, weil sie auf diese Irrlehre aufgebaut haben.
Hier findet man deutliche Zeichen einer Ideologie, man erschafft sich eine Weltanschauung, die der Natur widerspricht, um seine haltlosen Hypothesen zu rechtfertigen.
Die Folgen davon sind stets Verbrechen gegen die Menschlichkeit, was sich durch den Nationalsozialismus und Sozialismus in politischer Hinsicht gezeigt hat.

Prokaryonten- die ersten Lebensformen

Prokaryonten sind die ersten Lebensformen und habe eine eigene DNA mit vielen Millionen DNA-Bausteinen. Woher sollten einfachste Lebensformen ihre Information (DNA-Bauplan) bekommen haben, wenn keine Matrize (Vorlage) vorliegt, die ihnen die Erbanlagen (DNA) des Prokaryonten vorschreibt und genau festlegt. Selbst diese einfachsten Lebensformen sind schon so kompliziert, dass Wissenschaftler, die diese primitiven Lebensformen untersuchten, bereits darauf hinwiesen, dass sie fast so kompliziert sind wie wir.

Somit erklärt sich auch, dass diese frühen Lebensformen Millionen von DNA-Bausteinen benötigen, damit sie als Lebensform überhaupt existierten können. Sie müssen aus anorganischen (ohne Leben) Bestandteilen wie Erde, Wasser, Luft und Wärme Lebensbausteine herausholen und sie in lebenden Zellen zu Eiweiß, Fetten, Zucker und Vitaminen verarbeiten. Wer sagte ihnen zum ersten Male, wie sie diese Arbeit ausführen sollten? Wer hat das Programm für diese Lebewesen geschrieben? Wer gab ihnen das Leben?
Wer hat Millionen von DNA-Bausteinen für diese Zellen in den Genen der Zellen geschrieben? Wir kennen nicht einmal die einfachsten Teile dieser DNA. Dann zu behaupten, sie habe sich aus sich selbst entwickelt, d.h. ohne Geist,

d.h. ohne Schöpfer, grenzt an Größenwahn und Wahrnehmungsstörungen. Oder hat möglicherweise einer der Atheisten diese Prokaryonten geschaffen?

Es ist ganz wichtig, dass sich diese frühen Lebensformen von Bestandteilen von anderen Lebensformen nicht ernähren können, wie wir Menschen es tun. Diese frühen Lebensformen müssen aus der anorganischen (unbelebten) Natur sich die Mineralsalze holen und dann organische Substanzen, wie Aminosäuren und Eiweiße aufbauen. Dieser komplexe Vorgang beinhaltet auch die Möglichkeit, dass diese Prokaryonten auch essentielle Aminosäuren herstellen können, Fettsäuren und andere hoch komplexe lebensnotwendige Strukturen, wie Enzyme, damit auch die Zellmembran und der Zellstoffwechsel aufrechterhalten werden kann.

Selbst in diesen einfachen Prokaryonten muss bereits die genetische Information vorhanden sein, die zeigt, wie sich diese Zellen vermehren können. Wir wissen zum Beispiel bei Darmbakterien, dass sie Millionen von DNA-Bausteinen innerhalb von Minuten aufbauen können und sich in dieser Zeit vermehren.

Häckel und auch Darwin benutzen noch den veralteten Namen Monea für Prokaryonten. Diese sind nachweislich nicht die Vorstufen höherer Organismen, da nie eine Mutation gezeigt hat, dass sie eine höhere Lebensform ausbilden können.
Selbst Coli-Bakterien (Darmbakterien), die sich innerhalb von 20 Minuten vermehren, sind auch nach Millionen von Jahren noch die gleichen.
Es fand nie eine Mutation statt, wie von Häckel und Darwin in dem biogenetischen Grundgesetz ausgeführt wurde.

Das biogenetische Naturgesetz

Deshalb möchte ich, da ich das Molekulargewicht der Mitochondrien- DNA zum ersten Male bei Eukaryonten nachgewiesen habe, zu dem sogenannten biogenetischen Grundgesetz Häckels Stellung nehmen. Diese wissenschaftlichen Untersuchungen wurden in der Zeitschrift für Genetik publiziert.
Siehe G. Weth u. G. Michaelis in Molec. gen Genet 135. 269-274 (1974)
Die Mitochondrien kommen nur bei höheren Organismen vor und sind für die Energiebereitstellung der Körperzellen entscheidend verantwortlich.

Die Mitochondrien-DNA, die unabhängig von der Zellkern-DNA ist, steuert die Mitochondrien, die die Energie für die Körperzellen herstellen.

Im biogenetischen Grundgesetz, das von Haeckel aufgestellt wurde und weite Verbreitung fand, liegt die „wissenschaftliche“ Grundlage der Evolutions-Theorie. Dabei hat er keine echten genetischen Untersuchungen durchgeführt. Dieses Gesetz sieht die Höherentwicklung bis zum Menschen durch Mutationen vor. Dies widerspricht der Biochemie, der Genetik, der Medizin und den Naturgesetzen.

Komplexität der Nervenzellen widerlegt Evolution

Jede Gehirnzelle reagiert in einer bestimmten Situation exakt auf die „Steuerung“. Somit kann jede Information einer Nervenzelle genau dosiert und somit gesteuert werden.

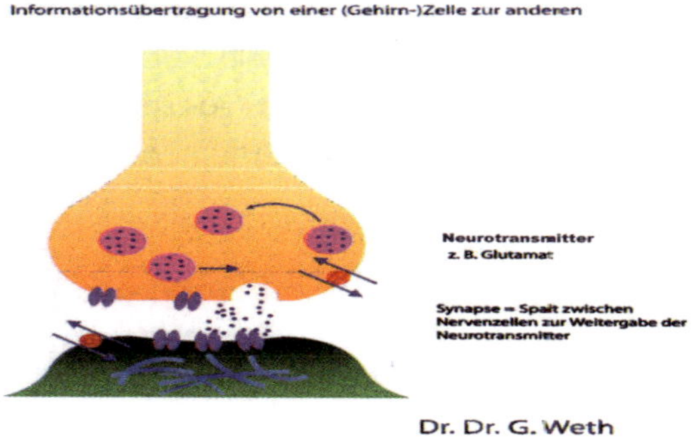

Die Informationsübertragung erfolgt durch eine genau bestimmte Anzahl von Neurotransmittern. So entsteht eine fein abgestufte Regulation. Dabei darf der Synapsen-Spalt nur eine Größe von max.1/1.000.000 Millimeter haben, da sonst zu viel Energie verloren geht und das das zu zerebralen Funktionsstörungen führen würde. Jede Zelleist mit Zehntausend gleichartigen Informationsträgern (Synapsen)verknüpft. Wer das für Zufall hält, der hat dies nicht verstanden.

Biogenetisches **Naturgesetz** widerspricht dem Biogenetischen **Grundgesetz** (Häckels)

Deshalb habe ich medizinisch- naturwissenschaftlich ein biogenetisches Naturgesetz formuliert, dass sich an der Biochemie, der Genetik, der Medizin und den Naturgesetzen orientiert. Es widerspricht dem biogenetischen Grundgesetz (Evolutions-theorie), von Haeckel formuliert und von Darwin und Huxley gefördert, das im Widerspruch zu den Naturgesetzen steht.
Wenn die Basis einer Irrlehre im Widerspruch zur Natur steht, dann muss man, falls man kein Ideologe sein will, an ihre Fundamente gehen. Die Basis der Naturwissenschaft und der Medizin muss sich an den Naturgesetzen ausrichten. Nur wer mit den Naturgesetzen übereinstimmt, kann keine Irrlehren vertreten.

Die biogenetischen Naturgesetze (im Einklang mit der Natur, der Medizin und der Naturwissenschaft)

Leben kann nur durch Leben entstehen, ist ein Naturgesetz.

Nicht Mutation, sondern die Komplexität der Gene sind die Triebfeder einer Weiterentwicklung der Lebensformen.

Mutation führt dagegen zur Degeneration, Krankheit und Tod.

In der Evolutionstheorie ist genau das Gegenteil gesagt, und steht somit im Widerspruch zur Genetik, Biochemie und Medizin.

Die Mutation ist der Hemmschuh für die Weiterentwicklung der Organismen, weil es durch Degeneration zum Untergang der Lebensformen kommt und nicht zur Höherentwicklung.

Definitionen des Biogentischen Naturgesetzes:

Verfasser dieses biogenetischen Naturgesetzes:
Dr. med., Dr. rer. nat., Dipl. chem. Gosbert Weth

Das biogenetische Naturgesetz besagt:

1. Kein einziger DNA-Baustein (Nukleodit) kann sich in der unbelebten Natur bilden.

2. Das biogenetische Naturgesetz besagt, dass ohne Vorlage (Matrize) einer DNA es kein Leben bei Prokaryonten gibt.

3. Das biogenetische Naturgesetz besagt, dass ohne Vorlage (Matrize) einer DNA es kein Leben bei höheren Organismen vom Einzeller angefangen bis zum Menschen geben kann.

4. Das biogenetische Naturgesetz besagt, dass ohne Vorlage (Matrize) einer DNA keine RNA gebildet werden kann und somit keine Translation stattfinden kann und somit kein Leben entstehen kann.

5. Das biogenetische Naturgesetz besagt, dass sich kein einziger DNA-Baustein bei einfachsten Lebensformen (Prokaryonten) in der unbelebten Natur bilden kann. (Naturgesetze, S>0)

6. Das Biogentische Naturgesetz besagt, dass für die einfachsten Lebensformen Millionen von DNA Bausteinen(Nukleoditen) nötig sind. Ohne Planung ist der Aufbau der einfachsten Lebewesen nicht möglich.

7. Das biogenetische Naturgesetz besagt, dass sich kein einziger DNA-Bauplan für Bakterien oder höherer Einzeller (Bierhefe) in der unbelebten Natur bilden kann. (Naturgesetze, S>0)

8. Das biogenetische Naturgesetz besagt, dass sich erst recht kein einziger DNA-Bauplan für höhere Organismen in der unbelebten Natur bilden kann.

9. Das biogenetische Naturgesetz besagt, dass die DNA einer jeden Lebensform mutationsresistent ist, sodass selbst nach Billionen von Generationen (z.B. Coli-Bakterien) immer noch die gleiche DNA vorhanden ist wie vor 2 Milliarden Jahren (z.B. Archebakterien) (Das Coli-Bakterium vermehrt sich alle 20 Min. d.h. 20x3x24=1440/ Tag x365 Tage = 525.600 im Jahr, nach 80 Jahren 42.048.000 bei 2 Milliarden Jahren ca. 1051x 10^{12} Generationen ohne Gendefekt oder etwas mehr oder weniger. Selbst wenn wir auf das Alter der ersten Tiere gehen, wären es immer noch Tausend Trilliarden Generationen.

10. Das biogenetische Naturgesetz besagt, dass die DNA einer jeden Lebensform mutationsresistent ist, sogar dann, wenn toxische Substanzen für diese Lebensform (z.B. einem Bakterium) tödlich sein können.

11. Das biogenetische Naturgesetz besagt, dass die DNA einer jeden Lebensform mutationsresistent ist, nie als Klon vorliegt, da genetische Varianten deshalb ein Überleben sichern können. Ein Klon entsteht stets, wenn die neue Lebensform keine genetische Vielfalt aufweist.

12. Das biogenetische Naturgesetz besagt, dass die DNAs einer jeden Lebensform sich nicht als Klone auszeichnen und somit überleben können, wenn ein Teil der Lebensformen (z.B. bei Bakterien) durch Antibiotika zerstört werden. Dabei zeigen die resistenten Bakterien, dass sie nicht mutiert sind, indem sie sich genauso verhalten, wie die nicht Antibiotika-resistenten Keime (MRSA= Methicillin-resistenten Staphylococos- Aureus). Und zum ersten Mal beschrieben wurden Methicillin-resistente Staphylococcus-aureus-Stämme 1993 bei australischen Ureinwohnern, die nie Kontakt zum Gesundheitswesen hatten.[19] EE Udo, JW Pearman, WB Grubb: Genetic analysis of community isolates of methicillin-resistant Staphylococcus aureus in Western Australia.. In: J Hosp Infect 1993, 25, S. 97–108. PMID 7903093.

Somit ist bereits in den Genen seit Beginn der Schöpfung die Multiresistenz, das Überleben genetisch festgeschrieben. Dies belegt eindeutig, dass erneut widerlegt ist, dass Selektion durch Mutation entstanden sein soll, da bereits in den Genen schon die Multiresistenz vorhanden war und nicht erst entstanden ist.

13. Das biogenetische Naturgesetz besagt, dass ein genialer Reparatur-Mechanismus in einer Zelle aktiv ist, der aufgetretene Mutation beheben kann. Nur durch Planung ist ein eingebauter Reparaturservice möglich. (Als ob ein eingebauter Mechaniker im Auto bei Defekten möglich ist;„Die Autoingenieure könnten etwas von der Genetik lernen“!!!)

14. Das biogenetische Naturgesetz besagt, dass Mutationen nahezu immer zu Krankheit, Zeugungsunfähigkeit und Tod führen.

15. Das biogenetische Naturgesetz besagt, dass aus der unbelebten Natur die 5 von 6 nötigen Bestandteilen eines DNA-Bausteins (Desoxyribose und Basen) nicht entstehen können.

16. Das biogenetische Naturgesetz besagt, dass aus der unbelebten Natur die 5 nötigen Bestandteile eines RNA-Bausteins (Ribose und Basen) nicht entstehen können.

17. Das biogenetische Naturgesetz besagt, dass ohne Enzyme nicht ein einziger DNA-Baustein in der unbelebten Natur entstehen kann.

18. Das biogenetische Naturgesetz besagt, dass ohne Enzyme nicht ein einziger DNA-Baustein in der belebten Natur entstehen kann.

19. Das biogenetische Naturgesetz besagt, dass Enzyme nur durch eine DNA oder RNA hergestellt werden können.

20. Das biogenetische Naturgesetz besagt, dass Enzyme nur bei einem optimalen pH (7,38-7,42) arbeiten können und stets „geschützt“ werden müssen. Einige wenige Mikroorganismen könnten möglicherweise in sehr seltenen Fällen davon abweichen.

21. Das biogenetische Naturgesetz besagt, dass ohne Planung kein einziger DNA- Strang (Doppelhelix) in der unbelebten Natur entstehen kann.

22. Das biogenetische Naturgesetz besagt, dass ohne Planung kein einziger RNA- Strang (Doppelhelix) in der unbelebten Natur von sich aus entstehen kann.

23. Das biogenetische Naturgesetz besagt, dass ohne Planung kein einziger DNA- Strang (Doppelhelix) in der belebten Natur von sich aus entstehen kann.

24. Das biogenetische Naturgesetz besagt, dass ohne Schutzproteine kein einziger RNA -Strang in der unbelebten Natur überleben kann.

25. Das biogenetische Naturgesetz besagt, dass die Telomere, die Endkappen von Genen und Chromosomen, unterschiedlich für jede Lebensart ist. (Die Telomere sind vom Affen zum Menschen völlig unterschiedlich).

26. Das biogenetische Naturgesetz besagt, dass ohne Enzyme nicht ein einziger DNA-Baustein in der unbelebten Natur geschützt werden kann.

27. Das biogenetische Naturgesetz besagt, dass ohne Enzyme nicht ein einziger DNA-Baustein in der belebten Natur geschützt werden kann.

28. Das biogenetische Naturgesetz besagt, dass ohne Enzyme nicht ein einziger RNA-Baustein in der unbelebten Natur geschützt werden kann.

29. Das biogenetische Naturgesetz besagt, dass unbelebte Materie von sich heraus kein Leben bilden kann. (S>0)

30. Das biogenetische Naturgesetz besagt, dass die Herstellung eines DNA-Moleküls mit und ohne Enzyme in der unbelebten Natur nicht möglich ist.

31. Das biogenetische Naturgesetz besagt, dass die Herstellung eines RNA-Moleküls mit und ohne Enzyme in der unbelebten Natur nicht möglich ist.

32. Das biogenetische Naturgesetz besagt, dass die Verknüpfung (Polymerisation) eines DNA-Moleküls ebenso beim RNA-Molekül mit einem weiteren ohne Vorlage (Matrize) in der unbelebten Natur nicht stattfinden kann.

33. Das biogenetische Naturgesetz besagt, dass die Verknüpfung (Polymerisation) eines DNA-Moleküls (ebenso beim RNA-Molekül) mit einem anderen ohne Enzyme in der belebten Natur nicht möglich ist.

34. Das biogenetische Naturgesetz besagt, dass die Herstellung eines DNA-Moleküls ohne Histone (Schutz-Proteine) in der unbelebten Natur nicht möglich ist.

35. Das biogenetische Naturgesetz besagt, dass die Herstellung eines RNA-Moleküls ohne Histone (Schutz-Proteine) in der unbelebten Natur nicht möglich ist.

36. Das biogenetische Naturgesetz besagt, dass die neu hergestellte DNA (RNA) vor Noxen wie Wasser, Verdauungs-Enzymen, Säuren und Basen geschützt werden muss.

37. Das biogenetische Naturgesetz besagt, dass niedrige Organismen Prokaryonten ohne DNA (bzw. RNA) nicht entstehen konnten.

38. Das biogenetische Naturgesetz besagt, dass höhere Organismen ohne DNA nicht entstehen konnten.

39. Das biogenetische Naturgesetz besagt, dass das Leben genau die notwendigen Mineralien zum Erhalt des Lebens in der unbelebten Natur findet (Was wäre, wenn alles Gold wäre?). Ein lebender Organismus benötigt zum Leben nahezu 50 Elemente, um den Stoffwechsel aufrecht zu erhalten. Dazu ist es notwendig, dass Spuren von seltenen Mineralien für den Organismus vorhanden sind. So fand man in einer Region in China, in der sich eine hohe Krebsrate zeigte, dass in dieser Region das Spurenelement Selen extrem selten

vorhanden und für die Krebserkrankung verantwortlich war. Nach Substitution mit Selen ging die Krebsrate zurück. Somit wird erneut belegt, dass das Leben ohne die Planung der Schöpfung gar nicht möglich ist.

40. Das biogenetische Naturgesetz besagt, dass höhere 0rganismen ohne DNA nicht entstehen konnten

41. Das biogenetische Naturgesetz besagt, dass niedere Organismen erst notwendig waren, damit (wir als) höhere Organismen überleben können.
(Sie bilden Vitamine und wichtige Eiweiße, Fette und Kohlenhydrate zum Leben, die wir nicht selbst herstellen können.)

42. Das biogenetische Naturgesetz besagt, dass jedes Lebewesen, und jede Lebensart seine eigene DNA besitzt.

43. Das biogenetische Naturgesetz besagt, dass jedes höhere Lebewesen seine eigene embryonale Phase bis zur Geburt hat. (Wiss. Publikation von Prof. Dr. Blechschmidt, Prof. Dr. Nüsslein-Vollhardt)

44. Das biogenetische Naturgesetz besagt, dass jedes Lebewesen seine eigene embryonale Phase und keine phylogenetische Phase durchläuft.
(Der Mensch hat keine Kiemen im embryonalen Zustand, ist auch kein Affenembryo)

45. Das biogenetische Naturgesetz besagt, dass höhere Lebewesen nie Kiemen bilden als ein Zeichen der Ontogenese durch Rekapitulation der Phylogenese

46. Das biogenetische Naturgesetz besagt, dass es dem Entropie-Gesetz nicht widerspricht und sich somit an der Natur orientiert. Das biogenetische Grundgesetz (Evolutionstheorie (z.B. bei Häckel) widerspricht dem Entropiegesetz).

47. Das biogenetische Naturgesetz besagt, dass jedes Lebewesen seine eigene embryonale Phase bis zur Geburt hat.

48. Das biogenetische Naturgesetz besagt, dass jedes Lebewesen seine eigene artentypische embryonale Phase von der Zeugung bis zur Geburt durchläuft.

49. Das biogenetische Naturgesetz besagt, dass die Gesetze der Thermodynamik nicht verletzt werden dürfen(da sie mit Naturgesetzen übereinstimmen).

50. Das biogenetische Naturgesetz besagt, dass keine Naturgesetze verletzt werden dürfen.

51. Das biogenetische Naturgesetz besagt, dass eine jede Lebensart (Pflanze oder Tier und Mensch) sich durch die genetische Vielfalt auszeichnet.
(Die ermöglicht erst das Überleben bei Krankheit oder Katastrophen)

52. Das biogenetische Naturgesetz besagt, dass Leben nicht durch einen Klon entstanden ist und nicht durch genetische Einfältigkeit gekennzeichnet ist (Diese würde bei Katastrophen zum Aussterben der Arten führen)

53. Das biogenetische Naturgesetz besagt, dass bereits in der frühesten embryonalen Phase der Mensch sich von allen anderen Tierarten unterscheidet.

54. Das biogenetische Naturgesetz besagt, dass der Mensch 46 Chromosomen hat und somit nicht von einer Affenart (oder „hypothetischen" Tierart bzw. Affenvorstufe), die 48 Chromosomen hat, abstammen kann.

55. Das biogenetische Naturgesetz besagt, dass der Mensch 46 Chromosomen hat und somit nicht von einer Tierart (oder „hypothetischen" Tierart bzw. Affenvorstufe), die weniger oder mehr als 46 Chromosomen hat, abstammen kann.

56. Das biogenetische Naturgesetz besagt, dass der Mensch 3,4 Milliarden Basenpaare (3,4 Milliarden DNA-Bausteine) hat und mit dem Affen mit 3,8 Milliarden Basenpaaren sich weder kreuzen noch von ihm abstammen kann.
(Über 100 Millionen DNA- Bausteine müssten geändert werden, um eine Änderung zu erwirken).

57. Das biogenetische Naturgesetz besagt, dass schon eine einzige Änderung eines DNA-Bausteins (Nukleodit) von 3,4 Milliarden Nukleotiden verantwortlich ist für Krankheit oder Tod.

Energiestoffwechsel der Zellen

58. Das Biogenetische Naturgesetz besagt, dass die Energie für Stoffwechsel-Vorgänge der Körperzelle (Verknüpfung und Aufbau der DNA, Herstellung von Aminosäuren, Fettsäuren, Eiweißaufbau) zuvor durch die Bildung körpereigener energiereicher Energieträger durch eine DNA hergestellt werden muss.

59. Das Biogentische Naturgesetz besagt, dass die DNA verantwortlich für Stoffwechsel-Vorgänge der Körperzelle (Verknüpfung und Aufbau der DNA, Herstellung von Aminosäuren, Fettsäuren, Eiweißaufbau) zuvor durch Bildung erst durch körpereigene Energieträger (energiereicher Phosphate (ATP, GPT...) hergestellt werden kann.

Folglich kann nur Schöpfung in Frage kommen, da bereits Evolution als Betrug entlarvt wurde.

60. Das Biogentische Naturgesetz besagt, dass die Energie für Stoffwechsel-Vorgänge der Körperzelle (Verknüpfung und Aufbau der DNA, Herstellung von Aminosäuren, Fettsäuren, Eiweißaufbau) zuvor durch Bildung körpereigener energiereicher Phosphate (ATP, GPT...) erst durch körpereigene Stoffwechselvorgänge hergestellt werden muss.

61. Das Biogentische Naturgesetz besagt, dass die Energie für Stoffwechsel-Vorgänge der Körperzelle (Verknüpfung und Aufbau der DNA, Herstellung von Aminosäuren, Fettsäuren, Eiweißaufbau) zur Bildung körpereigener energiereicher Phosphate (ATP, GPT..) zuvor aus der Nahrung bereitgestellt werden muss.

62. Das Biogentische Naturgesetz besagt, dass die Energie durch stoffwechselkonforme Energie-Träger aus energiereichen Phosphaten (ATP, GPT…) maßgeblich bereitgestellt werden muss.

63. Das biogenetische Naturgesetz besagt, dass erst die DNA (RNA) einer lebenden Zelle vorhanden sein muss, damit die Herstellung von ATP (GPT...) möglich wird und die Funktion von energiereichen Phosphaten vorhanden sein muss, damit ein Stoffwechsel erst möglich wird.

Folglich:

Ohne körpereigene Energieträger (ATP, GPT) keine DNA
Ohne DNA keine körpereigenen Energieträger (ATP, GPT)

Ohne Nukleoside (Basen) keine DNA
Ohne DNA keine Nukleoside

Ohne Desoxy-Ribose (C-5 Zucker) keine DNA
Ohne DNA keine Desoxy-Ribose (C-5 Zucker)

Ohne Enzyme keine DNA-Baustein (Nukleotid)
Ohne Nukleotid (DNA-Baustein) keine DNA

Ohne Enzyme kein einziger DNA-Baustein und somit keine DNA
Ohne DNA keine Enzyme und somit kein Nukleotid (DNA-Baustein).

Ohne Zellmembran keine geschützte DNA
Ohne DNA keine Zellmembran

Ohne Schutzproteine keine DNA (Wasser würde eine Hydrolyse verursachen)
Ohne DNA keine Schutzproteine

Ohne Stoffwechselvorgänge keine Desoxyribose
Ohne DNA keine Stoffwechselvorgänge.

Ohne Zuckermoleküle keine DNA
Keine DNA ohne Zuckermoleküle

Kein Eiweiß ohne DNA
Ohne DNA kein Eiweiß

Ernst Haeckel hat sein Biogenetisches Grundgesetz als wissenschaftlich begründete Darstellung des Zusammenhanges zwischen der Phylogenese und Ontogenese proklamiert. Als wortgewaltiger Freigeist griff er jeden an, der seinen Vorstellungen widersprach (Keplerbund).

Höhere 0rganismen konnten ohne DNA nicht entstehen!

Das biogenetische Naturgesetz besagt, dass die genetischen und biochemischen Aussagen im biogenetischen Naturgesetz wissenschaftliche Tatsachen sind und im Einklang mit der Natur und den Naturgesetzen stehen. Das biogenetische Naturgesetz widerspricht deshalb dem biogenetischen Grundgesetz (Evolutionstheorie), weil es den Naturgesetzen und den tatsächlichen Untersuchungsbefunden widerspricht.

In der unbelebten Natur gibt es keine höheren organischen Moleküle, (Enzyme, DNA) die überleben könnten und die zum Leben notwendig sind.

Das saure und basische Milieu oder Wasser in der unbelebten Natur führen sofort zu einer Zerstörung dieser höheren organischen Moleküle.

Die DNA beim Menschen widerspricht der Abstammung vom Affen

Wie oben bzw. später gezeigt, ist der Mensch durch 46 Chromosomen definiert und diese 46 Chromosomen mit 3,4 Millionen DNA-Bausteinen sind weder mit einem Affen noch mit einem anderen Lebewesen verwandt, sodass man eine Abstammung ableiten könnte.
Es gibt natürlich noch Tiere, die ebenfalls 46 Chromosomen haben, das sind die Rappenantilope und der chinesische Hirsch. Die DNA-Bausteine sind jedoch verschieden angeordnet, auch ist die DNA-Größe unterschiedlich.

Wenn die Vorstellungen von Darwin und Häckel stimmen würden, dass sie von einander abstammen würden, dann kann jeder sofort nachvollziehen, dass selbst nicht einmal ein zweijähriges Kind diesen Schwachsinn glauben würde, dass der Mensch mit den Hirschen oder Affen verwandt ist.

Affen-DNA und Affen- Gene nicht vergleichbar mit Menschen-DNA

Mit dem Affen ist der Mensch auf keinen Fall verwandt, da alle Affenarten: Schimpansen, Gorillas oder Orang-Utans (Pongo) 48 Chromosomen haben. Der Mensch hat nur 46 Chromosomen. Somit ist eine Kreuzung nicht möglich. Außerdem ist die Affen-DNA über 12% länger.

Die Genetik aller Lebensformen besagt, dass jedes Lebewesen und jede Pflanzenart, eine einzigartige DNA besitzt (Biogenetisches Naturgesetz).

Die Einzigartigkeit jeder Lebensform ist im biogenetischen Naturgesetz festgelegt

Darwin und Häckel sagen im Widerspruch zur Natur, dass sich Leben aus der Monea, genauer gesagt aus Prokaryonten, durch Mutation und Selektion entwickelt hat.
Dies widerspricht dem Naturgesetz, den wissenschaftlichen Tatsachen und nachweislich allen wissenschaftlichen Erkenntnissen.

Selbst dann, wenn man das Göbels-Zitat (Propaganda Minister Hitlers) benutzt, welches besagte: „Man muss nur die Lüge solange wiederholen, bis alle die Lüge als Wahrheit hinnehmen.“ Dadurch wird die Vorstellung Darwins und Häckels auch nicht richtig!
Die Nationalsozialisten als Anhänger des Sozial-Darwinismus, von dem sie ihre Rassenideologie ableiteten, haben gelernt, wie man Lügen als Wahrheit verkauft, ebenso wie die wissenschaftliche „Begründung“ des Sozialdarwinismus, der auch im Kommunismus als Pseudo-Lehre galt und dort als „wissenschaftlicher Marxismus“ seine Begründung fand.

Das biogenetische Grundgesetz (Evolution) besagt somit, dass in keinem Experiment aus anorganischen Bestandteilen z.B. Phosphate, die in Erde und Lehm vorhanden sind, durch Einwirkung von physikalischen Methoden in einem abgeschlossenen Milieu sich Leben bilden kann. Dieses abgeschlossene Milieu kann auch unsere Erde sein.

Selbst das Miller-Experiment konnte in keinem einzigen Fall zeigen, dass es organische Substanzen gebildet hat, die notwendig waren für den Aufbau der Erbanlagen (DNA, Gene) und der Prokaryonten.

Die Prokaryonten sind die ersten und einfachsten Lebensformen, die es gibt. Sie sind kleiner als eine Zelle, können selbst kleiner als einzellige Lebewesen sein und stellen vermutlich die ersten Lebensformen dar.

Mittlerweile hat man auch erkannt, dass diese Prokaryonten genetisch so komplex sind, dass tausende DNA- oder RNA-Bausteine auf keinen Fall in der Natur sich entwickeln können.

Der Betrug und die Manipulation bei der Entstehung des Lebens

Miller hat in einem Experiment versucht, aus anorganischen Molekülen unter optimalen Bedingungen (mit Blitzen, Gasen, Temperaturen, Mineralien, wie sie in der Natur so für sich isoliert nicht vorkommen können, eine optimale Atmosphäre für Lebensformen zu erschaffen. Diese Experimente der Leben-

Neubildung sind in allen Punkten gescheitert. **Leben benötigt eine DNA, weil nur durch eine vorhandene DNA sich Leben entwickeln kann.**

Nicht ein einziger DNA Baustein ist beim Miller- Experiment so entstanden, obwohl dieses Experiment 1000 Mal wiederholt wurde.
Der Betrug besteht darin, dass immer noch Leute behaupten, hier wären die einfachsten Bausteine für die DNA, die für das Leben notwendig sind, für ein Leben entstanden. (siehe Abb. s.151)
Wissenschaftlich ist eindeutig belegt, dass diese Behauptung Betrug ist, da sie den Naturgesetzen widerspricht.

Das Miller-Experiment belegt eindeutig, dass nie eine einzige Desoxyribose entstanden ist, die für einen DNA-Baustein (Biogenetisches Naturgesetz) notwendig ist.

Das Miller-Experiment belegt auch eindeutig, dass nie eine einzige Nukleotidbase entstanden ist, die notwendig ist für einen DNA Baustein (Biogenetisches Naturgesetz).

Das Miller-Experiment belegt ebenso eindeutig, dass nie eine einzige Ribose (zur RNA Herstellung) entstanden ist, die notwendig ist für einen RNA Baustein (Biogenetisches Naturgesetz).

Selbst die Ankopplung eines DNA-Bausteines zu einer weiteren DNA oder DNA-Baustein ist absolut unmöglich, und widerspricht Darwin und Häckel und der biogenetischen Regel (Biogenetisches Naturgesetz).

Ein DNA-Baustein enthält ein anorganisches Phosphat, das nur in der anorganischen, das heißt in der unbelebten Natur vorhanden ist.

Dagegen findet sich eine Desoxyribose (C5-Zucker) als Teil eines einzigen DNA-Bausteins nicht in der freien Natur.

Ebenso findet sich kein einziges Nukleosid (Base) als Teil eines einzigen DNA-Bausteins in der freien Natur.

Somit kann nicht einmal ein einziger DNA -Baustein in der Natur entstehen (Biogenetisches Naturgesetz).

Deshalb ist es Betrug zu behaupten, dass Millionen von DNA- Bausteinen sich zur Monea (veraltete Ausdrucksweise für die ersten Lebewesen) bzw. Prokaryonten zusammengefunden haben.

Kein Leben ohne Enzyme

Um einen DNA-Baustein herzustellen, benötigt man immer Enzyme, z.B. Phosphatasen, die die Ankopplung von Phosphat an die Desoxyribose (Zucker) ermöglichen.
Weitere Enzyme werden für die Ankopplung von Desoxyribose an die Base (Nukleodit) benötigt.

Somit sagt das biogenetische Naturgesetz, dass nur durch diese sehr komplexen Enzyme die Herstellung eines DNA-Bausteins möglich ist, weil nur Leben durch Leben entstehen kann.

Die folgende Abbildung zeigt, dass die Komplexität der Enzyme noch komplizierter ist als der DNA -Baustein. Diese Enzyme können jedoch nur durch eine bereits vorhandene DNA hergestellt werden, weil Leben nur durch Leben entstehen kann (Biogenetisches Naturgesetz).

Das von Häckel aufgestellte Gesetz, er bezeichnete es als biogenetisches Grundgesetz, beruht auf Fälschungen. Er hat immer gezeigt, dass aus der leblosen Natur (anorganischen Natur) Prokaryonten(Monea) entstanden. Dies ist biochemisch absolut unmöglich und somit falsch.

Darwin und Häckel behaupteten:
(Oder Entlarvte Fälschungen)

1. Aus der unbelebten Natur kam es zur Bildung der Monea (erste Lebensformen) (widerspricht Naturgesetzen).

2. Durch Mutation und Selektion kam es zu Höherentwicklung, von Prokaryonten (Monea) über Vielzeller (höhere Lebewesen) bis zum Menschen (Biogenetisches Naturgesetz).

3. Daraus resultiert die falsche Vorstellung, dass es durch Mutation zu einer Höherentwicklung kommt, obwohl tatsächlich das Gegenteil der Fall ist und Mutation zu Degeneration führt.

**„Mutation führt nicht zur Evolution,
der Untergang ist die Folge der Mutation“**

**Die Selektion durch Mutation
ist eine Irrlehre der Evolution**

**Durch Mutation zur Selektion
Ist die Irrlehre der Evolution**

**Ohne DNA kein Leben
Ohne Leben keine DNA**

**Bedeutet unser Schöpfer ist unser Gott
Deshalb glauben wir an das Gottes-Wort**

**Der Irrlehren- Dogmatismus der Evolution
führt zum Kommunismus, Millionen Tote waren die Folge davon**

**Auch der National-Sozialismus beruft sich auf die Evolution
Rassismus ist die Folge bitt Herr tue uns davor verschon**

„Mutation in der Genetik führt zu Degeneration,
weil dies eine Schädigung der DNA bedeutet“
mit der Schädigung der DNA schwindet das Leben schon davon

In der Abbildung (Abb. s.46) ist diese Irrlehre deutlich sichtbar. Wir sehen hier, dass aus einem Stammbaum sich alles entwickelt haben soll. Eindeutig ist belegt, dass dies biochemisch und genetisch überhaupt nicht möglich ist und dem biogenetischen Naturgesetz Häckels hundertprozentig widerspricht.

Diese Vorstellungen von Mutation zu Selektion zur Evolution beruhte auf der Entwicklungsgeschichte des Menschen nach Darwin, der von einem einzigen Punkt aus die Entwicklung des ganzen organischen Lebens erklärt hat. Von der Pflanze bzw. von Tieren, Affen, soll sich der Mensch entwickelt haben. Diese Entwicklung hat nie stattgefunden außer durch manipulierte Bilder. (siehe s.46)

Dies zeigte Darwin und auch Häckel durch seine embryonalen Studien, die er bildlich darstellte und zeigte, dass aus einem gemeinsamen (gleichaussehenden) Embryo sowohl der Fisch, das Schwein, der Affe und der Mensch sich entwickelt haben.
Dies legte er auch in seinem biogenetischen Grundgesetz dar.

Selbst wenn man diesen Betrug längst aufgedeckt hat, gibt es immer noch Anhänger. Der ehemalige Leiter der UNESCO, J. Huxley hat noch 1958 gesagt, dass die Embryologie der schlagende Beweis ist für die Evolutionstheorie.

Somit ist belegt, dass diese entlarvten und aufgedeckten Fälschungen in der Embryologie tatsächlich der schlagende Beweis dafür sind, dass die Evolution nie stattgefunden hat und auf Manipulationen beruhte.

Diese Täuschung in der Wissenschaft und in der Öffentlichkeit führte zu dem Glauben, dass eine Evolution stattgefunden hat.

Millionen von Lebensformen gibt es auf der Erde und in keinem einzigen Fall konnte je belegt werden, dass sich eine Lebensform in eine andere entwickelt hat.

Somit ist eindeutig belegt, dass das biogenetische Grundgesetz von Häckel falsch ist. Alle Fakten sprechen gegen diese Ideologie, sodass die Entstehung des Kosmos, der Pflanzen, der Tiere und des Menschen einzig und allein durch Schöpfung möglich sind.

Der Grund liegt darin:

1. Leben kann nur durch Leben entstehen.

Selbst ein DNA-Baustein (Nukleotid) besteht aus einem Phosphat, einem Zucker (Ribose) und einem Nukleosid (Base). Aus seinen 3 Bestandteilen außer dem Phosphat weder ein Zucker (Desoxy-Ribose), weder eine Ribose, noch ein Nukleosid (DNA-Base, z.B. Adenin, Thymin, Cytosin und Guanin, für die RNA wird Uracil anstelle von Thymin eingesetzt) entstehen kann.

2. Enzyme können nur durch Leben entstehen.

Die Verknüpfung dieser 3 DNA-Bausteine kann nur mit Hilfe von Enzymen entstehen. Enzyme sind sehr komplexe organische Moleküle, es ist nahezu unmöglich, diese Enzyme selbst herzustellen, weil ihre Struktur so komplex ist, dass man keine Möglichkeit hat, ohne Leben, d.h. ohne DNA diese Enzyme herzustellen.

3. DNA kann nur durch Enzyme entstehen

Die Verknüpfung der einzelnen DNA-Bausteine kann nur durch Enzyme entstehen. Diese speziellen Enzyme, DNA-Polymerasen, müssen zuvor die Vorlage von DNA-Bausteinen haben, damit eine DNA aufgebaut werden kann, die typisch ist für diese Lebensformen.
Somit hat jedes organische Leben, ob Bakterium, Einzeller, Amöben, Hefezellen, Pflanzen, Tiere oder Menschen eine eigene DNA-Matrize, an der mithilfe dieser DNA-Polymerase die genetische Information abgelesen werden kann, um eine gleichartig geformte Zelle herzustellen.
Die Information der Zelle, die neu aufgebaut wird, kann nur die Information übernehmen, die bereits vorher in der alten Zelle vorhanden war.

Dies ist so zu verstehen, wenn sie auf einem Computer eine Information haben, dann können sie diese nur dann abrufen, wenn eine Information vorher erst auf den Computer eingebracht worden ist. Auch der Computer kann nicht eine Information aus sich selbst herausgeben, sondern muss erst eine Information bekommen, damit Sie sie abrufen können.

Es ist unverständlich, dass mit vorsätzlicher krimineller Energie erzählt wird, dass, um in der Computersprache zu sprechen, eine Information aus dem Computer herauskommen kann, die vorher nicht eingebracht worden ist.

Somit kann auch aus der Zelle nur dann eine neue Zelle entstehen, wenn bereits eine Zelle vorhanden ist, die diese Information beinhaltet.

4. Die Energie kann nur durch energiereiche Phosphate geliefert werden

Um eine Nukleotid an ein vorhandenes Nukleotid oder einen DNA-Strang zu knüpfen, ist Energie notwendig. Diese Energie muss zuvor immer bereitgestellt werden. Nur mit einer körpereigenen Energieform, die man **ATP** oder energiereiche Phosphate (**A**denosin-**T**ri-**P**hosphat) nennt, ist dies möglich.

Diese energiereichen Phosphate können nur durch eine DNA-Steuerung hergestellt werden.

Somit gilt erneut das biogenetische Naturgesetz, dass durch genetische Information erst aus der DNA die Bildung des ATP vorliegen muss, bevor die Energie für die Verknüpfung der einzelnen Nukleotide (DNA-Bausteine) möglich ist.

5. Mutationen sind nahezu immer die Ursache für Krankheiten (Krebs) und keine Höherentwicklung

Eine Mutation führt nahezu immer zu Krankheit, Lebensqualitätsminderung und Tod, und nachweislich nie zu einer höheren Lebensstufe.

Somit steht das biogenetische Naturgesetz völlig im Widerspruch zu dem biogenetischen Grundgesetz von Häckel und Darwin.

Darwin, Häckel und alle Evolutionisten, die jetzt das biogenetische Grundgesetz umgeändert haben in eine biogenetische Grundregel, ändern nichts an der Tatsache, dass der Schwindel und Betrug in der Wissenschaft durch Schilderwechsel weiterhin als Betrug erkannt wird.

Somit kommt man immer zu einer klaren Erkenntnis, dass das biogenetische Naturgesetz, welches besagt, dass Leben nur durch Leben entstehen kann, belegt, dass die biogenetische Grundregel bzw. das biogenetische Grundgesetz nichts anderes ist als ein Irrlehren-Dogmatismus, der über 100 Jahre die Menschheit belog.

Das biogenetische Grundgesetz

Das biogenetische Grundgesetz wurde 1866 von Ernst Häckel aufgestellt als eine biologische Tatsache, die einen bestimmten Zusammenhang zwischen den Entwicklungen der einzelnen Lebewesen (Ontogenese) und seiner Stammesentwicklung (Phylogenese) behauptete.
Allein diese Vorstellung ist schon eine Anmaßung, ein Grundgesetz zu formulieren und eine biogenetische Charakterisierung zu definieren, die für alle Lebewesen gelten sollen. Er wiederholte im Endeffekt nichts anderes als die Vorstellung Darwins, die er in seinem Buch „Über die Entstehung der Arten" aufgezeichnet hat.
Darwin ist ebenfalls wie Häckel der Meinung, dass sich alles aus einer Urzelle entwickelt haben soll, ohne zu erklären, woher diese Urzelle kam.

Im Jahre 1874 hat Ernst Häckel mit der Anthropogenie nochmals die embryonalen Stadien von Fisch, Salamander, Schildkröte, Huhn, Hund, Kalb, Kaninchen und Mensch so dargestellt, als ob sie alle im embryonalen Stadium gleich aussehen würden.
Diese Darstellung beruht nachweislich auf Betrug, denn wir wissen heute, dass die embryonale Entwicklung der einzelnen Lebewesen sich nie so entwickelt hat.

Schilderwechsel vom biogenetischen Grundgesetz zur biogenetischen Regel

Diese Vorstellung des „biogenetischen Grundgesetzes“ von Häckel wurde jetzt durch den Schilderwechsel von Evolutionisten zu „biogenetische Grundregel“ umbenannt.

Aber durch den Schilderwechsel ändert sich nichts an der Tatsache, dass sie auf Fälschungen beruht. Sowohl die Vorstellung Darwins, Huxleys und auch Häckels widersprechen allen naturwissenschaftlichen Erkenntnissen, die wir heute von der Genetik haben.

Jedes Lebewesen, ob Mikroorganismus, Tier oder Mensch, hat im Gegensatz zur Vorstellung von Darwin, Huxley und Häckel eine klar definierte biogenetische DNA, was der von Darwin, Huxley und Häckel postulierten Vorstellung widerspricht, dass sich durch Mutation und Selektion neues Leben entwickelt hat.

Der Beleg ist dadurch gesichert, dass es nie Zwischenstufen zwischen den einzelnen Lebensformen gegeben hat. Selbst bei Mikroorganismen finden wir keine Zwischenformen. Naturwissenschaftlich, genetisch und medizinisch ist nie eine Zwischenstufe gefunden worden. Auch aus Fossilienfunden sind keine Zwischenstufen bekannt.

Seit Milliarden von Generationen keine Mutation

Die Colibakterien (Darmbakterien) die sich alle 20 Minuten erneuern können, sind nach Millionen von Jahren und nach milliardenfacher Vermehrung immer noch die gleichen wie seit Urzeiten.
Somit widerspricht die Natur und das Naturgesetz eindeutig Darwin, Huxley und Häckel.
Ein weiterer Gesichtspunkt ist, dass es nie eine Höherentwicklung geben kann, weil dies dem Entropiegesetz, einem wichtigen und entscheidenden Naturgesetz, widerspricht.
Selbst Albert Einstein und Max Planck, die größten Wissenschaftler aller Zeiten, haben stets betont, dass das Entropiegesetz eines der bestbelegtesten Naturgesetze ist. Den größten Wissenschaftlern aller Zeiten zu widersprechen durch Manipulation der wissenschaftlichen Erkenntnisse ist nur mit Größenwahn zu vergleichen, wie ihn Hitler hatte, der ein Anhänger des Sozialdarwinismus war und seine Rassenideologie daraus ableitete. Es kann nie eine Höherentwicklung geben aus einer unterentwickelten Struktur. (Entropie-Gesetz)

Dies wäre nur durch eine DNA -Manipulation bzw. Vermehrung möglich. Dies ist genetisch und biochemisch ausgeschlossen, da es stets zu einem Kettenabbruch der DNA kommt.
Stellen Sie sich vor, Sie haben einen Schreibtisch, und auf diesem Schreibtisch liegt ein Stapel voll geordneter Blätter und durch einen Wind würden diese Blätter verwirbelt. So wird die höhere Ordnung zur Unordnung. Die Unordnung kann jedoch nur durch ein Eingreifen von außen (wie es durch die Schöpfung eines Planers nur möglich ist) wieder zur alten Ordnung zurückkehren.

Hiermit wird deutlich, dass durch Mutation, die eine Schädigung der Erbanlagen zur Folge hat, es nahezu immer zum Abbau dieser Höherentwicklung kommt. Dies besagt auch das Naturgesetz und die Erkenntnisse aus der Natur.

In allen Schriften Häckels, die seiner wissenschaftlichen Publikation „Generelle Morphologie“ nachfolgen, sagte Häckel folgendes: „Die Ontogenese ist eine kurze und schnelle Rekapitulation der Phylogenese, bedingt durch die physiologischen Funktionen der Vererbung (Fortpflanzung) und Anpassung (Ernährung)“.

Häckel, der sich als General-Feldmarschall Darwins bezeichnete, hat mit „gewaltiger Stimme“ (Zitat) diese Fälschungen in Vorträgen vorgetragen.

In Lehrtafeln und in seinen Büchern hat er aufgezeigt, wie diese Entwicklung evolutionär stattgefunden haben soll. Diese Zeichnungen der Abstammung von unterschiedlichen Lebensformen sind Betrug.
Es gibt keine Höherentwicklung aus einer „älteren“ Lebensform, weil es genetisch nicht möglich ist. Auch ist heute belegt, dass nahezu zur gleichen Zeit die Lebewesen im Zeitalter (Präkambrium und Kambrium) in einer relativ kurzen Zeit entstanden sind, nicht wie es die Evolution uns vortäuschen will.

In einer anderen Publikation hat er dies etwas deutlicher ausgedrückt, mit den Worten: „Die Keimes-Entwicklung (embryonale Entwicklung) ist eine gedrängte und verkürzte Wiederholung der Stammesentwicklung; die Wiederholung ist umso vollständiger, je mehr durch beständige Vererbung die ursprüngliche Ausgangsentwicklung beibehalten wird, hingegen ist die Wiederholung umso unvollständiger, je mehr durch wechselnde Anpassung die spätere Störungsentwicklung eingeführt wird.“

Diese Hypothese der Evolutionisten, die Häckel als Grundgesetz formulierte, wurde schon sehr früh in Frage gestellt. Denn viele Larven, die eine Metamorphose durchmachen, z.B. von der Larve zum Schmetterling, widersprechen eindeutig dieser Vorstellung. Auch viele andere Entwicklungsstadien widersprechen diesen Vorstellungen.

Auch die Entwicklung der Pflanzen, die sich ebenfalls aus diesem Prokaryontenstatus entwickelt haben sollen, widerspricht diesem biogenetischen Grundgesetz der Darwinisten.

Embryologie widerspricht der Evolutionstheorie

Die Embryologie beim Menschen oder bei höheren Lebensformen widerspricht ebenfalls der Evolutionstheorie, da alle Lebewesen bereits bei der ersten Formgestaltung selbst nach einer Woche schon unterschiedliche embryonale Stufen zeigen.

Die von Häckel und Darwin begründete evolutionäre Entwicklung von verschiedenen höheren Lebensformen wie Fische, Vögel, Säugetiere und Mensch hat nicht stattgefunden, wie Häckel es gezeigt hat. Der Betrug, der sich in der Evolution mehr als 100 Jahre gehalten hat, ist als Fälschung erkannt. Nicht eine einzige Zwischenstufe wurde in der Natur gefunden. Biochemisch und medizinisch ist dies unmöglich.

In den heutigen Lehrplänen der Lehrer in den Schulen und im Unterrichtsplan für Schüler ist jedoch diese Irrlehre noch als nahezu einziger Lehrinhalt für Schüler und Studenten als Lernstoff vorgegeben. Somit müssen Schüle, wie Studenten wider besseres Wissen und der Erkenntnis der Wissenschaft in der Genetik, in der Naturwissenschaft und in der Medizin Irrlehren lernen, die aus dem vorletzten Jahrhundert stammen.

Besonders im Nationalsozialismus und im Kommunismus wurden stets diese Irrlehren als wissenschaftliche Dogmen angesehen und man durfte diesen nicht widersprechen.
Somit wird diese Irrlehre des vorletzten Jahrhunderts im Geiste der Verbrechersysteme noch gelehrt.

Es wird endlich Zeit, hier eine Unterrichtsänderung zu veranlassen, noch dazu, weil diese Irrlehre die Basis für millionenfaches Morden und Weltkriege war.

Die Kiemenatmung des Menschen, Fälschungen Häckels.

Häckel nahm einen menschlichen Embryo und ordnete diesen allen aufgeführten höheren Organismen Fisch, Schildkröte, Schwein und Mensch zu, um zu belegen, dass diese Lebewesen im frühen embryonalen Stadium gleich aussehen würden. Weiterhin ist festzustellen, dass bei dem menschlichen Embryo Manipulationen vorgenommen wurden, die an krimineller Energie nicht zu überbieten sind. Um wie später von ihm und den Evolutionisten behauptet, der menschliche Embryo hätte Kiemenatmung statt Lungenatmung, wurden Furchungen aufgezeigt, die vom Kopf bis zur Mitte des Embryos reichen.
Damit sollte belegt werden, dass der Mensch Kiemen in seiner Entwicklung und in seinem embryonalen Stadium hatte.
Der Mensch hatte nie Kiemen in der embryonalen Entwicklung, die drei Furchungen die man sehen kann, sind nichts anderes als ein Oberkiefer, ein Unterkiefer und der Rachen eines menschlichen Embryos. Und somit haben die Furchungen weder Kiemen- noch Lungenfunktionen. Zu den übrigen Furchungen: Häckel hat 8 Furchungen dazu gefügt, und alle Evolutionisten haben diesen Betrug seit 100 Jahren fortgeführt. Das sind Manipulationen, wie sie nur von Leuten mit krimineller Energie ausgeführt werden können.
So hat J. Huxley noch 1958 behauptet, dass diese Embryologie der schlagende Beweis für die Evolutionstheorie ist.
Wir wissen heute, dass dieser Beweis auf kriminelle Machenschaften beruht (Richardson). Somit ist selbst durch Evolutionisten belegt, dass ihr schlagender Beweis der Evolutionstheorie auf Betrug beruht.
Einen menschlichen Embryo, (genauer einen menschlich gefälschten Embryo) zu nehmen, ihnen allen aufgeführten Lebewesen (siehe Abb.s.284) zuzuordnen, und als frühestes Entwicklungsstadium auszugeben, ist kriminell. (Richardson)

Richardson hat dies eindrucksvoll in einer wissenschaftlichen Publikation herausgestellt. Selbst J. Huxley hat noch 1958 den Betrug Häckels als schlagenden Beweis für die Evolutionstheorie beschrieben. Sein Großvater Huxley, der mit Darwin zusammenarbeitete und auch als Bulldogge Huxley bezeichnet wurde, war auch ein Propagandist dieser betrügerischen Evolutionstheorie.

Sie wissen, dass J. Huxley der erste Präsident der UNESCO wurde (eine Organisation der UNO). Wenn schon Personen in diesen Positionen diese Irrlehren der Evolutionstheorie vertreten, die nachweislich der Natur, den Naturgesetzen, den wissenschaftlichen Erkenntnissen und Tatsachen widersprechen, wie soll dann ein einfacher Mensch erkennen, der nicht den Zugang zu diesen wissenschaftlichen Erkenntnissen hat, dass ihm ein Irrlehren-Dogmatismus gelehrt wird.

Wir wissen heute aus unserer medizinischen Erfahrung, dass eine Mutation, die die Triebfeder für Selektion sein soll, nicht zu einer Höherentwicklung führt, wie sie Darwin postulierte. Er wollte diese Mutation uns als Voraussetzung für die Evolution verkaufen. Eine Mutation führt immer zu einem Untergang, Krankheit, mangelnder Anpassung und Aussterben der Arten.

Embryonale Furchungen bis zur Embryomitte waren Betrug.

Selbst der menschliche Embryo wurde manipuliert, dies erkennt man daran, dass die Furchungen des Embryos bis zur Mitte des Embryos reichen.
Diese Furchungen wurden dann als Kiemenatmung verkauft. Diese Fälschung widerspricht allen wissenschaftlichen Tatsachen.
Es wurde derartig gelogen und betrogen, dass diese Kiemen ein Zeichen für die phylogenetische Entwicklung sein soll. Dies sollte der Beleg sein, dass sich das Leben aus dem Wasser entwickelt haben musste. Dies ist eine unglaublich kriminelle Manipulation.
Dabei sind tatsächlich nur 3 Furchungen (anstelle von über 10) beim menschlichen Embryo nachweisbar. Dabei handelte es sich nicht um eine Lungen-oder Kiemenfunktion, sondern es handelt sich um die Gesichtsorgane Oberkiefer, Unterkiefer und Rachen. Eindeutig hat dies Prof. Blechschmidt, der Anatom war und tatsächlich Untersuchungen an Tausenden von Embryos durchführte, belegt. Auch die Nobelpreisträgerin Frau Prof. Vollhard-Nüsslein konnte dies eindeutig belegen und hat es deshalb auch öffentlich mitgeteilt (Die Zeit), dass Häckel gefälscht hat.
Die Evolution ist ein Beleg für die Fälschungen und Manipulation von über 100 Jahren in der Wissenschaft, insbesondere in der Biologie.
Es ist unglaublich, wenn man bedenkt, dass Personen, die diese Fälschungen

noch als schlagenden Beweis sehen, mit Spitzengehältern und Spitzenpositionen belohnt werden. Wie sollen dann Personen, die keinen Zugriff zu Wissenschaft haben, diese kriminellen Methoden erkennen? Sie werden wirklich für dumm verkauft.

Sozial-Darwinismus, die Grundlage für Nationalsozialismus und Kommunismus

Der aus der Evolutionstheorie entwickelte Sozialdarwinismus, der besonders von Häckel entwickelt wurde und die Vernichtung unwerten Lebens vorsah, bot eine Steilvorlage für den Nationalsozialismus.

Denn er schlug schon in seinen Buch vor, Kranke und Körperbehinderte mit Morphium oder Zyankali zu entsorgen. Er fühlte sich berufen, eine genetische Beratung anzubieten. Dabei hatte er selbst ein behindertes Kind.

Man wird die Vermutung nicht los, was sich bei allen diesen Personen zeigt, angefangen von Darwin, Häckel, Marx ,Lenin, Stalin, es sind alles Persönlichkeiten, die mit ihren Verletzungen nicht umgehen konnten und die aufgrund dieser Verletzung in ihrem Verhalten Schwierigkeiten hatten, damit umzugehen.

Ich möchte nicht im Einzelnen auf diese Personen eingehen, worin diese Verletzungen bestanden, dies würde den Rahmen sprengen, darüber sollen andere schreiben. Es wäre jedoch schön, wenn sich Historiker mit dem Problem auseinandersetzen würden. Gerne würde ich mein medizinisches Wissen zur Verfügung stellen, dass ich durch jahrzehntelange medizinische Erfahrung einbringen kann. Dabei haben wir interessante hormonelle Konstitutionen gefunden, die in dieser Weise noch nicht publiziert sind. Ich war auch Leiter eines Hormonlabors an der Universität und hatte auch die Leitung eines Krankenhauslabors.

Botschaft von Fatima und die Irrlehren

Der Marxismus und Leninismus, der für Millionen Morde und Verbrechen an der Menschlichkeit verantwortlich ist, wie auch der Nationalsozialismus berufen sich auf die Evolutionstheorie. Diese Evolutionstheorie war die Grundlage und Rechtfertigung für ihr Handeln.
Somit wird deutlich, dass die Botschaft von Maria (Mutter Gottes), die in Fatima vom 13. Okt. 1917 erschien, lautete: **"Wenn sich die Welt nicht ändert, wird Russland seine Irrlehren (gemeint war der Kommunismus mit seiner Evolutionstheorie) in der ganzen Welt verbreiten"**.
Circa einen Monat später fand die Oktoberrevolution in Russland statt. In Russland wurde die Zeit nach dem julianischen Kalender ausgerichtet und deshalb fand laut unserem Kalender (gregorianischen Kalender) die Oktoberrevolution erst im November statt.
Damals wurde diese Botschaft der Mutter Gottes „von den sogenannten Gelehrten" als Unsinn angesehen, weil sie glaubten, dass aus Russland keine Irrlehre kommen kann, da das Zaristische Russland doch christlich ist. Aber leider wurde durch millionenfache Morde in kürzester Zeit der Kommunismus eingeführt.

Die Oktoberrevolution (Russland) beruhte auf der Evolutionstheorie. Karl Marx sagte eindeutig: „Jetzt haben wir den naturwissenschaftlichen Beweis durch Darwin, dass sich das Leben aus sich selbst entwickelt hat und dafür war kein Gott notwendig. Somit können wir selbst entscheiden, was Recht und was Unrecht ist. Wir sind das Maß aller Dinge. Wir spielen Gott und können deswegen über Leben und Tod entscheiden". Somit rechtfertigten sie auch die millionenfachen Morde nicht nur an Wehrlosen und Schwachen, sondern auch an Andersdenkenden.

Hitler, durch den der Nationalsozialismus in Deutschland groß wurde, zeigt bereits in seinem Buch „Mein Kampf", dass er als ein Evolutionist alles niederkämpfen muss, was seinen evolutionären Vorstellungen zuwider läuft. Das bedeutete, dass sich nur eine Rasse, die germanische Rasse, als die überlegene im Sinne der Evolution durch Selektion durchsetzen muss und nur dann überleben kann.

Der Sozialdarwinismus, der sich auf Darwins Vorstellungen gründet und weiterentwickelt wurde, führte zur Rechtfertigung der Vernichtung minderwertigen Lebens. Häckel sagte selbst, dass man minderwertiges Leben oder Kranke doch befreien soll. Dies äußerten auch Nationalsozialisten und Kommunisten.
Zu diesem minderwertigen Leben wurden nicht nur behinderte Menschen, sondern auch Krebskranke gezählt.

Häckel schlug deshalb vor, mit Hilfe von Zyankali oder Morphium diese minderwertigen Lebewesen zu entsorgen.
Genau das taten die Nationalsozialisten Jahrzehnte später.

Jedem muss jetzt sofort klar werden, welche Theorie und Gesinnung zu den Verbrechen gegen die Menschlichkeit führte. Diese Ideologie lieferte nicht nur die Basis für millionenfache Morde, sondern auch die Rechtfertigung für den Imperialismus. Diese Vorstellungen führten zum Imperialismus und Kolonialismus, weil sie durch die Evolutionstheorie gefördert und gerechtfertigt waren. Der Imperialismus und Kolonialismus braucht keine Rechtfertigung vor einem Schöpfer.

Die Sorge der Mutter Gottes Maria um die Menschheit war deshalb so wichtig, dass sie diese Botschaft durch ein Sonnenwunder am 13. Okt. 1917 bestätigte und vor der Gefahr dieser Evolutionstheorie warnte. Obwohl ca. 70 000 - 100000 Menschen dieses Sonnenwunder sahen, um diese Botschaft zu untermauern, wurde in Theologenkreisen diese göttliche Botschaft wider besseres Wissen nicht gebührend gewürdigt. Somit kam es, wie auch in dieser Botschaft angekündigt, noch zu einem schlimmeren Krieg als dem Ersten Weltkrieg.
Die menschliche Eitelkeit ist aufgrund ihres Größenwahns so verblendet, dass man meint, sie wüsste alles besser.

40 Jahre Betrug durch den Piltdown Menschen

Der Schädel des Piltdown-Menschen wurde 40 Jahre lang der ganzen Welt als der größte Beweis für die Richtigkeit der Theorie von der menschlichen Evolution gezeigt.
Aber dieser Schädel war in Wirklichkeit die größte Fälschung in der Geschichte der Wissenschaft. Der Piltdown- Mensch war nichts anderes als eine Fälschung. Der Kieferknochen eines Affen wurde an den menschlichen Schädel angeklebt. Bei dieser Fälschung aus einem etwa über 100 Jahre alten menschlichen Schädelknochen mit einem Kieferknochen eines Affen wurde die Manipulation durchgeführt.
Jahrzehntelang bemerkte man nicht, dass hier ein Betrug vorlag. Auch stellte man diese Manipulation nicht in Frage, weil die Ideologie der Evolutionstheorie unantastbar ist und als wissenschaftliche Wahrheit hingestellt wird.
Auch hier wird wieder einmal klar, dass diese Evolutions- Ideologie auf dem Fundament Betrug beruht.

Mutationen sind genetische Unfälle

Mutationen sind genetische Unfälle, die in allen lebenden Gen-Strukturen vorkommen können. Wie jeder andere Unfall auch verursachen Mutationen nichts anderes als Schmerz und Zerstörungen.
Vergleichbar ist dies mit einem neuen Auto. Werden dort Manipulationen vorgenommen, so kann es zu einem defekten Auto führen.
Zu behaupten, dass Evolution durch Mutation stattfindet, ist genauso unsinnig, als wollte man sagen, die Konstruktion einer Uhr wird durch Schläge verbessert.

Selektion

Die natürliche Selektion ist die angebliche „schöpferische Kraft“ evolutionärer Veränderungen. Dies widerspricht der Natur. In der Natur werden die genetisch mutierten Lebensformen (siehe Fliegenexperiment Seite 25, 26 u. 30) die nahezu immer krankheitsanfällig sind, aussterben.
Stellen wir uns eine Herde von Gazellen vor, die vor ihren Fressfeinden

davonlaufen. Es ist durchaus so, dass die langsamen, kranken und schwachen, d.h. die möglicherweise mutierten Gazellen von den Raubtieren gefressen werden, weil Mutation immer zu Krankheit und körperlicher Leistungsschwäche führt.

Die gesunden Gazellen werden besser überleben. Ihre „erschaffenen" Erbanlagen (DNA) haben das Überleben seit tausenden von Jahren garantiert. Die Gazelle wird auch nicht in eine andere Lebensform übergehen, weil ihre DNA immer die gleiche Tierart zeigt. Die Genetik ist stets optimal durch Schöpfung geschaffen worden.

Die natürliche Selektion kann der DNA keine zusätzliche Information zufügen, weil dies ein Naturgesetz ist und dem 2. Hauptsatz der Thermodynamik widersprechen würde. (biogenetisches Naturgesetz)

Millionen alter Lebensformen sind nach Millionen von Jahren immer noch die gleichen

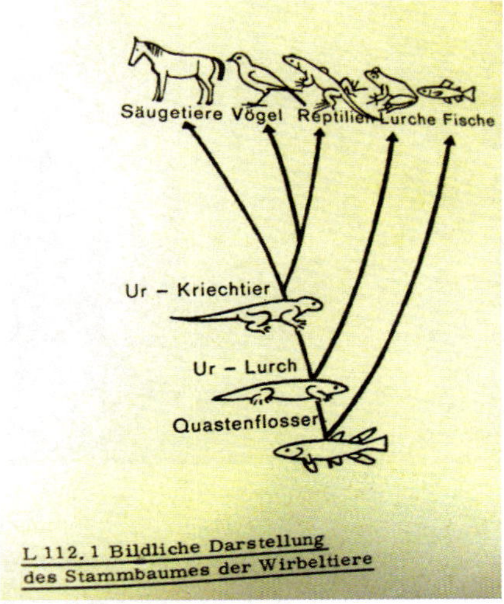

Die Keulenrochen waren vor 250 Millionen Jahren die gleichen wie heute. Auch der Quastenflosser (siehe Bild), von dem alle Lebewesen sich ableiten sollen, wurde in den letzten Jahrzehnten wiederentdeckt. Er sieht nach 200 Millionen Jahren noch genauso aus wie damals. Er ist nicht mutiert, welche Blamage für die Evolutions-Anhänger. Keine Mutation nach 200 Millionen von Jahren belegt und beweist, dass es nie eine Evolution gab.

Die Haie sind auch über 200 Millionen Jahre alt so wie viele andere Lebewesen auch, es hat auch hier nie eine Evolution stattgefunden. Aus den Haien hat sich keine neue Tierart entwickelt. Man hat nie Zwischenstufen gefunden, sondern nur ausgestorbene Tiergattungen.

Der Australopithecus -Schädel ist wie ein Schimpanse heute und hatte nie

etwas mit einem menschlichen Vorfahren zu tun. Der Betrug geht jedoch soweit (siehe Abb.), dass in den heutigen Schulbüchern, die noch im Jahre 2015 herausgegeben wurden, er als Übergang vom Affen zum Menschen dargestellt wird (aus Abb. Lehrerausgabe: Lebendige Welt).
So wird heute noch in den Schulen Irrtum verkündet. **Keine dieser Entwicklung hat je stattgefunden.**

Weiterhin wird heute in den Schulbüchern dieser Irrtum verkündet

So wird dieser Australopithekus mit menschlichen Füßen gezeigt, obwohl er Affenfüße hat und gar nicht stehen oder laufen kann, wie dargestellt. Kein Affe kann sein Kind so an der Hand nehmen, wie es in den Schulbüchern gezeigt wird.
Dann wird eine Evolutionsentwicklung dargestellt, die auch so nicht stattgefunden hat. Sie zeigt nichts anderes als die Fälschungen, die Häckel

vorgestellt hat. In krimineller Weise hat Häckel die Entwicklung des Lebens von der Monea in vielen Zwischenstufen vom Menschen gezeigt. Kein einziger Übergang dieser 20 Zwischenstufen hat je stattgefunden oder ist belegt worden. Genau wird eine Entwicklung über verschieden Entwicklungsstufen gezeigt, die weder wissenschaftlich belegt noch biochemisch und genetisch möglich ist. Wir wissen aus Fossilienfunden, dass seit der Zeit des Cambriums vor ca. 200 Millionen Jahren nahezu alle Tierarten nachweisbar sind. Für den Menschen gilt dies nicht. Mensch und Tier haben sich wissenschaftlich nachweisbar nicht aus einer Zelle entwickelt. Diese von Häckel oder Darwin aufgestellte Behauptung, dass sie sich aus einer Monea, (Prokaryont heute genannt) entwickelt haben, fand wie die Evolution nie statt.

Diese falschen Vorstellungen von Darwin und Häckel, die eine Entwicklung des Lebens evolutionär zeigen sollen, ist biochemisch gar nicht möglich, weil Millionen von DNA -Bausteinen hätten geändert werden müssen.

Um dem Ganzen noch die Krone aufzusetzen, werden diese Manipulationen in unseren Schulbüchern unseren Kindern als Lehrstoff beigebracht. Es ist ein Skandal, wenn man bedenkt, dass in der Schule schon in frühester Kindheit die Kinder betrogen werden, und dann später sich die Pädagogen wundern, wenn diese Kinder irren oder spinnenden Theorien hinterherlaufen.
Der Nationalsozialismus und der Kommunismus, wie bereits gesagt, berufen sich auf diese Evolutionstheorie weil sie eine höhere Instanz, der sie gegenüber verantwortlich sein müssten, durch die Evolutionstheorie leugnen können.

Eine Verantwortung gegenüber Natur und Moral findet dann nicht statt

Wie beim Aufbau einer DNA gezeigt, kann diese nur durch Enzyme hergestellt werden, diese Enzyme können nur durch eine DNA hergestellt werden.
Aus sich heraus ist die Entstehung so unwahrscheinlich, als ob sich aus der Erde etwas ganz „Simples“ mit Millionen Atomen selbst entwickeln würde. So wäre es millionenfach einfacher, wenn sich aus der Erde z.B. ein Auto von selbst entwickeln würde.
Dieser Irrlehren-Dogmatismus, dass es von sich aus eine Höherentwicklung (z.B. aus Schrotthaufen entsteht von sich aus ein Flugzeug) geben kann, spricht eher für einen schizophrenen Patienten als für einen gesunden

Menschenverstand. Millionenfach komplizierter als ein Auto sind dagegen die einfachsten Lebensformen, die bereits Millionen von DNA-Bausteinen zur Steuerung benötigen. Die Vorstellung einer Höherentwicklung aus sich heraus widerspricht jeder Logik.

Einfachste Lebensformen

Gerade bei einfachsten Lebensformen liegt das größte Problem bei den Evolutionisten.
Bisher konnte kein einziger Darwinanhänger überzeugend darlegen, woher die erste Zelle kam.
Wir haben gesehen, dass nicht einmal in der unbelebten Natur ein einziger DNA-Baustein entstehen kann, da dafür die Bausteine (Nukleoside, Zucker, energiereiche Phosphate) in der unbelebten Natur fehlen.
Wie sollen dann Millionen von DNA-Bausteinen entstehen und noch in der richtigen Reihenfolge in einer Zelle geschützt entstehen? Dies widerspricht jedem gesunden Menschenverstand.
Dann wird zwar behauptet, dass von der ersten Urzelle sich alles Leben entwickelt haben soll, Belege gibt es aber nicht.
<u>Märchengeschichten werden nicht deshalb wahr, wenn man sie als Tatsachen verkauft.</u>
Mittlerweile ist auch diese Irrlehre wegen Unwissenschaftlichkeit in sich zusammen gebrochen. Es ist erstaunlich, dass egal auf welchem Gebiet man sich bei der Evolution betätigt, man finden nur Betrug und Unwissenschaftlichkeit und Widerspruch zu den Naturgesetzen.
Nur weil Verbrechersysteme sich auf diese Theorie, die Evolutionstheorie berufen, deshalb finden sie immer noch Anhänger.
Es ist einfach erschreckend, dass unsere Rundfunk- und Fernsehanstalten sich immer noch weigern die Wahrheit zu verbreiten, die Lügenvorstellung und die Fälschungen verschweigen und noch schlimmer propagieren, um diese Manipulationen aufrecht zu erhalten.
Somit ist es auch verständlich, dass der Irrlehren- Dogmatismus des Nationalsozialismus und des Kommunismus nicht beseitigt werden kann.

Die Heuchelei von Demokratie-Verständnis ist deutlich entlarvt, wenn Fälschungen verschwiegen werden und wissenschaftliche Tatsachen geleugnet werden.

Komplexität des Säure- Basen Haushaltes beim Zellstoffwechsel

Im gesamten Stoffwechsel der Zellen muss der Säure- Basen- Haushalt stets konstant gehalten werden. Im physiologischen Stoffwechsel der Zellen liegt meistens ein pH Wert von 7,4 vor.
Dies ist ein Naturgesetz und ist ein Beleg für das biogenetische Naturgesetz. Um dies genau zu erklären, müssten man mehrere Bücher schreiben, dies würde den Rahmen sprengen.
Wäre in der Zelle ein anderer pH- Wert vorhanden, dann käme es zu Krankheit und Tod. Selbst wenn der Säuregehalt nur 1/10.000 (ein Zehntausendstel) des Magens im Blut betragen würde, wäre dies mit dem Leben unvereinbar, wenn nicht sofort eine Intensivtherapie durchgeführt werden könnte.
Daran kann jeder erkennen, wie komplex die Körperzellen arbeiten.

.

Stoffwechselleistung der Prokaryoten

Anoxygene Photosynthese	vorhanden
Oxygene Photosynthese	vorhanden
Aerobe Atmung	vorhanden
Gärung	vorhanden
Anaerobe Atmung	vorhanden
Stickstoff-Fixierung	vorhanden
Chemolithotrophie	vorhanden

Da die Trockenmasse von Prokaryonten im Mittel etwa 50 % Kohlenstoff enthält, kann man annehmen, dass den $3{,}5 - 5{,}5 \cdot 10^{17}$ g Kohlenstoff der gesamten Prokaryonten etwa $7 - 11 \cdot 10^{17}$ g Trockenmasse entspricht. Bei einem Wassergehalt von Mikroorganismen von etwa 80 % ergibt sich daraus eine Gesamtmasse an Prokaryonten von $3{,}5 - 5{,}5 \cdot 10^{18}$ g (3,5 – 5,5 Billionen Tonnen).

Lit: W. B. Whitman, D. C. Coleman, W. J. Wiebe: *Prokaryotes: the unseen majority.* In: *Proceedings of the National Academy of Sciences of the United States of America*. Band 95, Nummer 12, Juni 1998, S. 6578–6583, ISSN 0027-8424. PMID 9618454.PMC 33863 (freier Volltext). (Review).

Eine Hypothese der Erdöl- und Erdgasherstellung- widerspricht der Evolutionstheorie

Die Prokaryonten zeigen bereits nahezu alle Fähigkeiten, die höhere Organismen besitzen. Diese Tatsache, dass selbst kleinste Organismen bereits in kilometertiefer Erde für unser Leben solche komplexen Strukturen besitzen, zeigt, dass eine evolutionäre Entwicklung gar nicht möglich sein kann. Wie sollte Evolution durch Selektion stattgefunden haben in diesen tiefen Erdschichten.

So gibt es Prokaryonten, die einen anaeroben Stoffwechsel und aeroben Stoffwechsel besitzen in kilometerweiter Tiefe. So besitzen einige anoxygene Photosynthese, oxygene Photosynthese, aerobe Atmung, Gärung, anaerobe Atmung, Stickstoff-Fixierung, Chemolithotrophie, die kleinsten Lebensformen bereits Fähigkeiten, die auch höhere Organismen besitzen.

Erdöl könnte von diesen Organismen im Innern der Erde erzeugt werden. Deshalb wird Erdöl und Erdgas ständig aus geleerten Ölfeldern wieder nachgeliefert.

Diese Hypothese würde auch erklären, dass das Erdöl organischen Ursprungs ist.

Diese Hypothese kann natürlich nicht vertreten werden, wenn man von einer evolutionären Entwicklung ausgeht. Wie sollte man erklären, wie in der Tiefe der Erde derart viele Milliarden mal Milliarden von Mikroorganismen entstehen konnten, da ja kaum ein Austausch der Materie im Untergrund stattfindet. Egal, wie man es dreht und wendet, man kommt immer zu dem Schluss, es gibt keine sinnvolle Erklärung für die Tatsache, warum sollen Multi-Milliarden von Mikroorganismen im Erdinnern sein, die uns das Erdöl und Erdgas herstellen, damit wir Energie für unser Leben haben, damit die Menschheit überleben kann, wenn es nicht Gottes Wille wäre, für uns zu sorgen.

Schöpfung statt Evolution
Liebe statt Egoismus
Nächstenliebe statt Kampf gegen meinen Nächsten
Ellenbogen-Verhalten

Evolution kennt keine Liebe und Sorge für den Nächsten. Liebe, ein Zeichen des wahren Menschseins, ist somit ein Zeichen eines schöpferischen und liebenden Gottes.

Diese Tatsache steht im Widerspruch zum Egoismus im Kampf um die Macht des Stärkeren. (Durch Selektion zur Evolution, Darwin).

Es geht bei der Evolution nur um Überleben und Kampf. Evolution ist Kampf und Übertrumpfen des Nächsten. Deshalb hat der Evolutionist Hitler auch sein Buch „Mein Kampf" genannt. Seine evolutionären Vorstellungen sind die des Sozialdarwinismus.
Wer sich nicht gegen diese Irrlehre des Sozialdarwinismus wendet, der bereitet die Basis für neue Ideologien vor.

Der Ausschluss Gottes, d.h. das Leugnen der Naturgesetze, führt automatisch zum Kampf gegen den Nächsten. Im Sinne Hitlers kommt diese sozialdarwinistische Vorstellung, die gegen die Natur gerichtet ist, zum Tragen.

Wie komplex die Prokaryonten sind, zeigen ihre Strukturen:

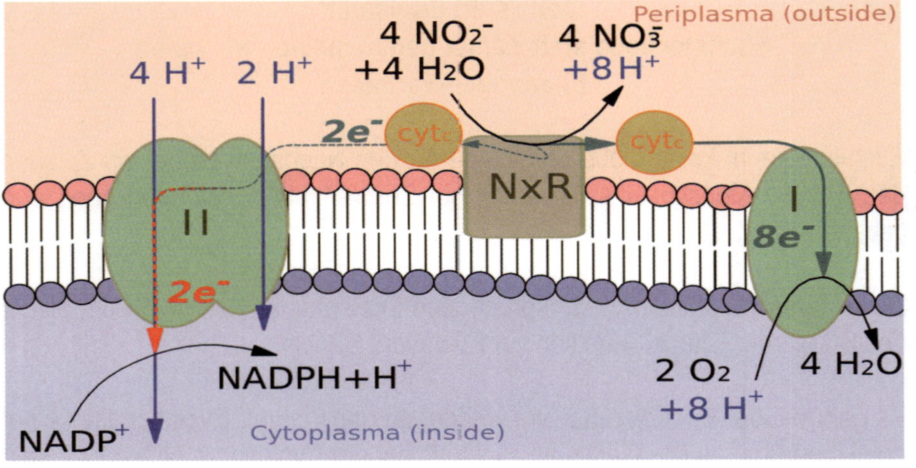

Weitere Einzelheiten

Abbildung: Prinzip des aeroben Stoffwechsels von Nitrit oxidierenden Bakterien. NxR ist ein Enzymkomplex, an dem die Oxidation von Nitrit zu Nitrat katalysiert. Die bei der Oxidation freiwerdenden Elektronen werden an Cytochromc (cytc) übertragen. Das Cytochrom c wird überwiegend an ein Transmembran-Enzym (I) übertragen, an dessen Innenseite OO zu Wasser reduziert wird. Ein kleiner Teil des Cytochromc gelangt in den Transmembrankomplex II. In ihm befindet sich eine Elektronentransportkette, deren Komponenten durch einströmendes H+ soweit reduziert werden, dass im Cytoplasma NADH reduziert werden kann. Dieser chemische Vorgang, dessen Beschreibung oben ein Redox-System darstellt, war, bevor es überhaupt Zellen gab, mit einem eigenen Stoffwechsel vorzufinden.

Bisher ist es keinem Wissenschaftler gelungen, diesen Komplex aus anorganischen Molekülen dieses Prokaryonten herzustellen.

Dies wird auf Grund der Komplexität auch nie der Fall sein können.

Wer glaubt, dass könne dann durch Zufall entstehen, der ist eine wissenschaftliche Null oder Evolutionist.

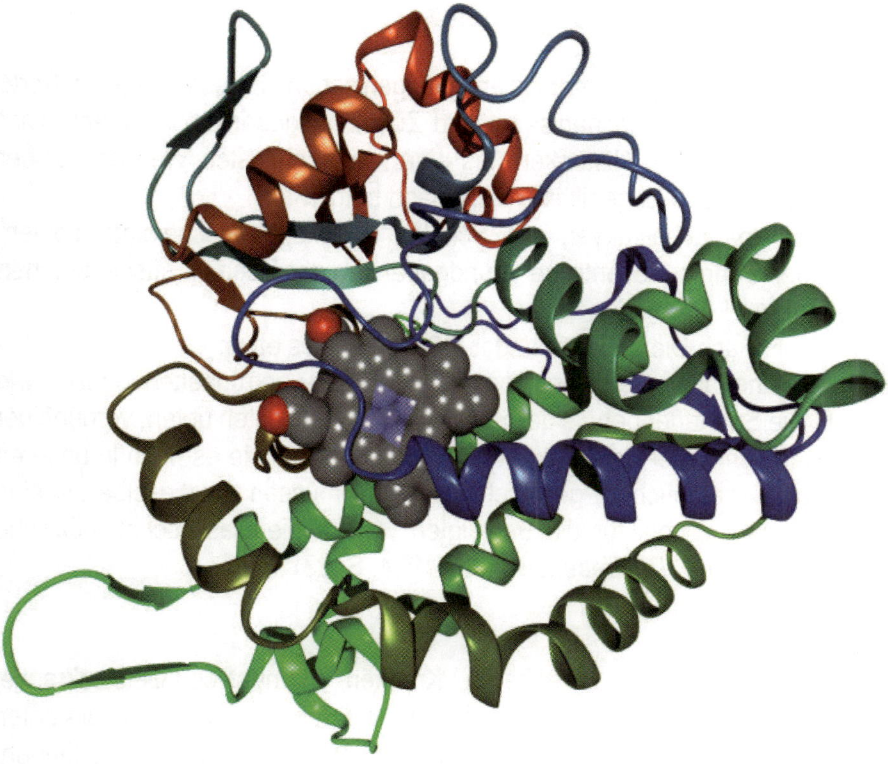

Als Beispiel sei die komplexe Struktur eines Enzyms gezeigt:

Eugenik und Sozialdarwinismus

Weil sich Ernst Haeckel sehr dezidiert zu eugenischen Fragestellungen äußerte und dabei Selektionsmechanismen und Züchtungsgedanken ansprach, wird er von verschiedenen Historikern als einer der wichtigsten Wegbereiter der Rassenhygiene und Eugenik in Deutschland betrachtet.[1] [21][22][23]
Auch Wilhelm Schallmayer, ein Schüler Haeckels, bescheinigte seinem ehemaligen Lehrer, wesentliche Grundgedanken der Eugenik ausgesprochen zu haben.[24]
In Haeckels Buch Die Lebenswunder (1904) heißt es etwa:
„Es kann daher auch die Tötung von neugeborenen verkrüppelten Kindern, wie sie z. B. die Spartaner behufs der Selection der Tüchtigsten übten, vernünftiger Weise gar nicht unter den Begriff des ‚Mordes' fallen, wie es noch in unseren modernen Gesetzbüchern geschieht. Vielmehr müssen wir dieselbe als eine zweckmäßige, sowohl für die Beteiligten wie für die Gesellschaft nützliche Maßregel billigen." (*Die Lebenswunder,* 1904, S. 23)

Oder:
„Hunderttausende von unheilbaren Kranken, namentlich Geisteskranke, Aussätzige, Krebskranke usw. werden in unseren modernen Kulturstaaten künstlich am Leben erhalten und ihre beständigen Qualen sorgfältig verlängert, ohne irgend einen Nutzen für sie selbst oder für die Gesamtheit." (Häckel in *Die Lebenswunder,* 1904, S. 134)
Haeckel griff die Idee auf, die Ausschaltung der Selektion durch die Medizin würde zu degenerativen Erscheinungen führen, und popularisierte sie in Deutschland. 2. Auflage. 1908, S. 69, Hervorhebung im Original)

Häckel klagt die Medizin an, dass sie durch ihre Heilmethoden die Selektion behindert und somit auch die Evolution. Er wirft ihr deshalb konstruktives Verhalten vor.
Otto Speck vertritt dagegen die Auffassung, dass Ernst Haeckel 1911 in Dresden eine eugenische Beratungsstelle eröffnete und sich sehr wohl um eine praktische Umsetzung der Rassenhygiene und Eugenik in der Politik bemühte.

---

1 Indexzahlen beziehen sich auf die lfd. Nr. im Literaturverzeichnis

Er schreibt: „Konkrete Ziele waren eine rassenhygienische Eheberatung und in politischer Hinsicht die Durchsetzung gesetzlicher Regelungen zur Sterilisierung fortpflanzungsunwürdiger Personen aus den unteren sozialen Schichten.“ [28]

Durch die Übertragung des darwinistischen Evolutions- und Selektionsprinzips auf menschliche Gesellschaften bereitete Ernst Haeckel in Deutschland, sowie verschiedene Wissenschaftler aufzeigten, den Boden für den Sozialdarwinismus.[29][30][31]

Der Soziologe Fritz Corner bezeichnete ihn 1975 als Vater des deutschen Sozialdarwinismus.[32]

Euthanasie

Als einer der ersten deutschsprachigen Autoren, der die Tötung Schwerkranker – auf ihren Wunsch – und Schwerbehinderter – ohne ihre Zustimmung – forderte, wurde Haeckel auch zum Vordenker und Wegbereiter der freiwilligen und unfreiwilligen „Euthanasie“ in Deutschland. Schon drei Jahre vor der Programmschrift Die Freigabe der Vernichtung lebensunwerten Lebens von Alfred Hoche und Karl Binding (1920) hatte er in Ewigkeit (1917) über „die unheilbar an Geisteskrankheit, an Krebs oder Aussatz Leidenden, die selbst ihre Erlösung wünschen“, „neugeborene Kinder mit Defekten“ und „Missgeburten“ unmissverständlich geschrieben: „Eine kleine Dosis Morphium oder Zyankali würde nicht nur diese bedauernswerten Geschöpfe selbst, sondern auch ihre Angehörigen von der Last eines langjährigen, wertlosen und qualvollen Daseins befreien“ (S. 35). Darin klingt Hoches Begriff der „Ballastexistenzen“ bereits an, und mit seinen Ausführungen über den angeblich geringeren „Lebenswert“ verschiedener Menschengruppen (*Lebenswunder,* 1904, S. 291–315) hatte Haeckel schon zuvor maßgeblich zur Idee von „lebensunwertem Leben“ beigetragen.

Auszeichnungen

Die Royal Society verlieh ihm 1900 die Darwin-Medaille „für seine langanhaltende und hochbedeutsame Arbeit in der Zoologie, die stets vom Geist des Darwinismus inspiriert war“ (Original: For his long-continued and and highly important work in zoology all of which has been inspired by the spirit of Darwinism).[59]

Bewunderung durch die linken Politiker

Verwunderlicher ist die Begeisterung der Linken für den „General-Feldmarschall des Darwinismus“ (Haeckel über sich selbst). August Bebel, Carl v. Ossietzky, Kropotkin und W.I. Lenin waren nicht die einzigen, die Haeckels Thesen begierig aufgriffen und glaubten, mit ihnen eine Waffe für den Klassenkampf in der Hand zu halten. Dies gelang nur, indem sie – im Gegensatz zu den Nazis, die die Selektionsaspekte und den „Kampf ums Dasein“ der Evolutionstheorie überbetonten – das Prinzip der ständigen Fortentwicklung im Tier- und Pflanzenreich auf die Menschen übertrugen, und zwar zum einen auf die Menschen als biologische Wesen (die Eugenik als Verbesserung des Menschen war auch unter Sozialisten vor 100 Jahren sehr beliebt und das nicht nur in der politischen Polemik, wie bei Bebel, der sich gegen den Krieg mit dem Argument aussprach, dass dabei die stärksten, wehrtüchtigen Männer sterben würden und somit das eigene Volk degenerieren), zum anderen auf die menschlichen Gesellschaftsformation: **Es schien ein natürliches Gesetz der Evolution zu sein, dass der Kapitalismus quasi von alleine vom Kommunismus abgelöst würde.**

Aus dem gleichen Grund freundete sich auch das liberale Bürgertum schnell mit dem Sozialdarwinismus an. Er postulierte den evolutionären Übergang vom Feudalismus zum Kapitalismus, das hieß Reformen statt Revolutionen. Außerdem vermochte er gleichzeitig die eigene Stellung gegen das aufbegehrende Proletariat abzusichern, dem erklärt wurde, es wäre eine unterlegene „Rasse“ oder würde sich aus Individuen zusammensetzen, die eben von Natur aus mit weniger reichen Gaben ausgestattet wären.

Kommen wir zum Rassismus von Haeckel, der mit seinen diesbezüglichen Ausführungen im Gegensatz zu seiner sonstigen „Modernität“ auffallend altmodisch und überholt klingt. Dies mag daran liegen, dass sich die Naturwissenschaften in den letzten 100 Jahren so rasant entwickelt und sich somit selbst überholt haben, d.h. dass sein biologistisches Argumentationsschema nach wie vor Gültigkeit beanspruchen kann, allerdings die Inhalte hoffnungslos überholt sind. Andererseits dürfte die kapitalistische Eigendynamik inzwischen viele der scheinbar natürlichen Unterschiede der „Völker“ ad absurdum geführt haben, indem sie alle unter den gleichen globalen Verhältnissen vergesellschaftet hat. Nicht zuletzt zwang die Erfahrung des Nationalsozialismus zu einer kritischen Abkehr vom Sozialdarwinismus oder zumindest zu einer affirmativen Modernisierung.

Haeckel ist einer der ersten, der den Menschen vom Affen abstammen lässt(5) und einen Stammbaum der zehn verschiedenen „Menschenrassen" aufstellt (Abb. s.38).

Er nimmt die Kategorisierung anhand der Merkmale, Haarbildung (Voll- und Schlichthaarige), Hautfarbe (schwarz, gelb, rot und weiß), Zahnstellung (Schief- und Gradzähnige) und Schädelbildung (Lang-, Kurz- und Mittelköpfe) vor. Es fällt auf, dass er die niedrigen „Menschenrassen" (Papua-Mensch, Hottentotten) nach diesem System eindeutig klassifizieren kann: Sie vereinigen genau die „Affenmerkmale" auf sich: starke Behaarung, dunkle Haut, lange Köpfe und vorspringende Vorderzähne. Bei der „zehnten und letzte(n) Menschenart (...) an der Spitze", dem weißen Menschen, gelingt ihm diese genaue Zuordnung nach biologischen Kriterien nicht mehr: Die „Weißen" sind nämlich nicht nur weiß, sondern auch „dunkel braungelb", welches gar in „schwärzliches Braun" übergehen kann. Auch die Schädelform variiert bei den „hochentwickelten Arten" beträchtlich, was nicht die Theorie zum Wanken bringt, sondern nur noch die Höherwertigkeit durch Vielfalt untermauern soll: „Die Schädelbildung ist mannichfaltiger als bei allen übrigen Arten." (Die höchste Menschenart wird deswegen auch „die meisten anderen Species im Kampfe um das Dasein früher oder später besiegen und verdrängen". Die niedrigen gehen „mit raschen Schritten ihrem völligen Aussterben entgegen", die mittleren werden „begünstigt durch die Natur ihrer Heimat, der sie sich besser als die (weißen) Menschen anpassen können, den Kampf ums Dasein mit diesen noch auf lange Zeit hinaus glücklich bestehen")

Hier wird deutlich, dass die irren Vorstellungen der Evolutionisten sich völlig von der Wertevorstellung verabschiedet haben, dies kann nur deshalb der Fall sein, da diese Evolutionsideologie sich von den Schöpfungsgedanken und somit von der Verantwortung gegenüber einer höheren Autorität (Gott) verabschiedet hat. Prof. Wolfgang Kuhn (Uni Saabrücken), ein Biologe, hat eine sehr schöne Zusammenstellung über Darwin und die Evolutionstheorie zusammengefasst. Sie ist so gut gelungen, dass ich sie weitestgehend wörtlich übernommen habe.

Darwins Evolutionstheorie- Eine bleibende Herausforderung
Von Prof. Dr. Wolfgang Kuhn

Wolfgang Kuhn (1928 - 2001) war Professor für Biologie an der Universität Saarbrücken *(Lit. Stolpersteine des Darwinismus – Ende eines Jahrhundertirrtums*, -Verlag, ISBN 3-7171-1072-1

Marx und Darwin:
Als im Jahre 1859 das Hauptwerk Charles Robert Darwins über "Die Entstehung der Arten" erschien, schrieb Friedrich Engels, Mitverfasser des "Kommunistischen Manifests" von 1849 einen begeisterten Brief an seinen Freund Karl Marx, mit dem zusammen er den „Wissenschaftlichen Sozialismus" begründete. Dieser Darwin, heißt es in dem Brief, sei "ganz famos". Die Teleologie, die Zweckmäßigkeit alles Lebendigen, bislang ein unlösbares Rätsel für jeden materialistisch-atheistischen Erklärungsversuch, sei nun endlich durch ihn „kaputtgemacht". Karl Marx erklärte denn auch bereits 1860, Darwins Evolutionstheorie diene ihm als naturwissenschaftliche Grundlage für die Beurteilung des Klassenkampfs in der Geschichte und wollte Darwin sein Buch "Das Kapital" widmen, was dieser jedoch dankend ablehnte. Aber es lässt sich nun einmal nicht leugnen: Darwins Lehre ist nicht nur die "geistige Mutter von Marxens Klassenkampf" (M. Thürkauf), sondern, wie prominente Vertreter des Marxismus offen bekennen, die vermeintlich wissenschaftliche Basis ihres atheistischen dialektischen Materialismus. Eine entsprechend unheilvolle Rolle spielte sie bezeichnenderweise auch in Mussolinis Faschismus und Hitlers Nationalsozialismus [1].
Dieser ideologische Missbrauch einer angeblich wissenschaftlichen Theorie über die Entstehung der Arten gehört keineswegs der Vergangenheit an. Auch heute berufen sich Atheisten zur scheinbaren Rechtfertigung ihres Materialismus nach wie vor auf Darwin. Bei einer Umfrage unter Schülern erklärten kürzlich noch über 50%, nicht mehr an Gott zu glauben, weil durch die Darwinistische Evolutionstheorie längst bewiesen sei, dass es niemals eine göttliche Schöpfung gegeben habe und sowohl die Entstehung des Lebens als auch seine Höherentwicklung von einfachsten Formen bis hinauf zum

Menschen ohne Plan und Ziel ganz "von selbst" erfolgt seit [2].
Keiner hat wohl ehrlicher die Rolle dieser evolutionistischen Theorie „Fern von aller Wissenschaft“ (L. v. Bertalanffy) gekennzeichnet als Sir Arthur Keith: "Die Evolution ist unbewiesen und unbeweisbar. Wir glauben bloß deswegen an sie, weil wir sonst an eine Schöpfung glauben müssten - und eine solche ist undenkbar".
Nirgendwo offenbart sich wohl deutlicher das für die darwinistische „Beweisführung“ so kennzeichnende Palmström-Syndrom: dass "nicht sein kann, was nicht sein darf" (Chr. Morgenstern).

Unter den physiologischen Veränderungen, die durch Mutationen hervorgerufen werden, sei hier nur die erbliche Diabetes oder Zuckerkrankheit erwähnt.
Bereits diese wenigen Beispiele zeigen das für nahezu alle bisher bekanntgewordenen Mutationen Kennzeichnende: sie verursachen Verkümmerungen und Verluste von Eigenschaften, bedingen also keinesfalls irgendwelche neuen im Sinne echter Neuerwerbungen! Ludwig v. Bertalanffy **vergleicht die Mutation als einen gelegentlichen Fehler bei der Reduplikation des Genetischen Code der DNS (der Verdopplung bei jeder Zellteilung) deshalb auch treffend mit einem Tippfehler, wie er beim Abschreiben eines Originals durch eine nicht besonders sorgfältige Stenotypistin zustande kommt.**
So wenig, wie etwa ein Gedicht Goethes durch einen derartigen Tipp- oder Druckfehler verbessert werden könnte, erzeugen demnach Mutationen irgendwelche Verbesserungen oder vervollkommenen den organischer Strukturen oder der Leistungen eines Lebewesens.
Als Standardbeispiel für eine positive Mutation, die - obwohl im Grunde genommen ebenfalls Defektmutation - einen Überlebensvorteil bedingt, dient in unseren Lehr- und Schulbüchern immer wieder die Sichelzellenanämie. Es handelt sich dabei um die Mutation eines Gens, dessen Defekt eine krankhafte Veränderung der Gestalt der roten Blutkörperchen zur Folge hat, die dadurch weniger Sauerstoff als normale Erythrozyten aufnehmen und transportieren können. Menschen, die nur ein einziges krankes Sichelzellen-Gen in

ihrem (doppelten) Chromosomensatz haben - das zweite, entsprechende oder parallele Gen ist gesund –, in Bezug auf dieses Genpaar also heterozygot sind, besitzen in malariaverseuchten Gegenden Gesunden gegenüber eine durch diese krankhafte Blutveränderung bedingte höhere Überlebenschance. Es gibt in diesen Malariagebieten mehr heterozygote Sichelzellenanämie -Kranke als in nicht-malariaverseuchten Gegenden, wo ihre Vitalität den homozygot Gesunden gegenüber deutlich geringer ist. Tragischer weise für den Neodarwinismus kann sich diese günstige Mutation, die in Wirklichkeit ja ebenfalls nur eine Verlustmutation darstellt, niemals homozygot (reinerbig) durchsetzen, also zur Bildung einer neuen, malariaresistenten Menschenrasse führen. Homozygot, das bedeutet: wenn beide betreffenden Gene des doppelten Chromosomensatzes krank sind, ist die Sichelzellenanämie letal, führt also zum Tode!
Trotz der Erfahrung, dass nahezu 100% aller Mutationen Verlustmutationen sind, nimmt die neodarwinistische Theorie nach wie vor an, dass ein - bislang, wie gerade das Sichelzellenanämie Beispiel zeigt, unbekannter! - minimaler Anteil an positiven Mutationen alleinige Ursache aller Neubildungen im Verlaufe der allmählichen Höherentwicklung ist.
Ich kann mich noch sehr gut an die Uni Würzburg erinnern, da hatten wir eine Patientin, die aus der Türkei kam und unerklärliche gastrointestinale Beschwerden aufwies, erst nach langen Untersuchungen stellten wir fest, dass diese Patientin ebenfalls eine Sichelzellenanämie hatte und dies die Ursache für ihre Erkrankung war. Wir haben jetzt auch eine Lösung dafür gefunden und ich habe es mit dem späteren Direktor und Kollegen der Uni Leipzig Professor Mösner vorgetragen. Hier von einer genetischen Höherentwicklung zu sprechen zeugt davon, dass man die negativen Auswirkungen dieses Krankheitsbildes völlig verkennt.

Einer Theorie, die allein materialistische, chemisch-physikalische Ursachen anerkennen will, bleibt jedoch keine andere Erklärungsmöglichkeit, da es eine Alternative, also Schöpfung nicht geben darf. Aus dem gleichen Grund muss - wohl oder übel! - konsequenterweise daran festgehalten werden, dass die

Mutation ein rein zufälliges Geschehen ist, also weder Sinn, noch Plan und Ziel kennt. Aber auch diese zwingende Voraussetzung einer neodarwinistischen Erklärung der Entstehung von neuem und höherem ist grundsätzlich unbeweisbar und wissenschaftlich falsch!
Wie oben gezeigt, ist dies biochemisch überhaupt nicht möglich und widerspricht den heutigen Vorstellungen der biogenetischen Vorstellungen unserer Zeit. Eine Mutation ist einfach ein Unfall, der nie zu einer Höherentwicklung führen kann und wird.
Das geht - peinlicherweise - ja bereits aus der Definition des Zufalls als einer gesetzlosen Beliebigkeit (Zitat nach J. Illies) hervor. Wie sollte etwas Gesetzloses mit Hilfe von Naturgesetzen, die in ihrer Exaktheit und Berechenbarkeit doch das genaue Gegenteil beinhalten, als beliebig und unberechenbar bestimmt werden?

Die Selektion im unerbittlichen Kampf ums Dasein, die nicht minder blind ausmerzt, was weniger fit ist, nannte er treffend *Urbrutalität.*

Zum Neodarwinismus wurde Darwins Theorie durch den Einbau der modernen Biologie in ihr Gedankengerüst (Illies), vor allem die Einbeziehung der Ergebnisse von klassischer - wie Molekulargenetik, der Populationsgenetik und der Serologie zum angeblichen Beweis auch einer physiologischen Verwandtschaft zwischen Arten.
Im Prinzip hat sich dadurch allerdings nichts geändert. **Es handelt sich ja dabei lediglich um Erweiterungen und die Versuche einer Bestätigung jenes Dogmas, an dem nicht gerüttelt werden darf: dass nämlich Mutation und Selektion alleinige Ursachen der Höherentwicklung sind.**

Keine Mutation überschreitet die Artgrenze!

Die zahllosen, bislang durch Strahlen oder Chemikalien ausgelösten Mutationen, die den natürlichen völlig entsprechen, haben keinerlei Hinweis auf irgendwelche, die Grenzen der jeweiligen Art überschreitenden Umformungen oder gar die Bildung andersartiger, neuer Strukturen ergeben. (Biogentisches Naturgesetz). Siehe auch oben Fliegen-Experiment

Alle blieben innerhalb der Grenzen der Art *(intraspezifische Mutationen)*. Sie bewirkten ausnahmslos nur Abänderungen von Organen oder Merkmalen, die vorher schon vorhanden waren. So wurden beispielsweise Individuen der Taufliege Drosophila Melanogaster über tausend (!) Generationen hinweg immer wieder Strahlen ausgesetzt, die Mutationen auslösten. Die Ergebnisse der Untersuchungen an insgesamt mehreren Millionen (!) Tieren bestätigten die Erfahrung, dass nahezu alle Mutationen Verlustmutationen sind, also Schädigungen bewirken, und ergaben, dass sich zwar die Augenfarbe ändern kann, die Form der Flügel und Füße, dass die Organe verkrüppeln (z. B. als Stummelflügel, Klumpfüße etc.) und verkümmern, aber nicht in einem Fall irgendetwas Neues entstand - schon gar nicht eine andere Insektenart! Es besteht nicht der mindeste Zweifel daran, dass alle diese vielen Mutanten der Drosophila immer noch zur gleichen Art gehören wie ihre Vorfahren (R. Zdansky). Bitte schauen sie nochmals die Ergebnisse meines Kollegen an, der mit hochtoxischen Substanzen (Giften) und energiereichen Strahlen nur Verstümmelung und Tod der Fliegen auslöste. Alle Experimente, die tausendmal auch von anderen Wissenschaftlern berichtet und wiederholt wurden, wiedersprechen 100 prozentig der Evolutionstheorie.

Man hat auch bei anderen Lebewesen, sogar bei Säugetieren, vergleichbare Mutationen ausgelöst, doch das Ergebnis entspricht in allem dem der Drosophila-Erfahrungen: Bis heute ist noch kein einziger Fall von **Artgrenzen-Überschreitung** bekanntgeworden!
Die von Häckel dargestellte Abstammung der Arten ist ein Beleg für den wissenschaftlichen Betrug, dass sich eine Art zu einer anderen Art durch Mutation weiterentwickelt hat.

Neodarwinismus widerspricht den tatsächlichen wissenschaftlichen Erkenntnissen

Somit erweist sich die Grundvoraussetzung der neodarwinistischen Theorie gerade nicht als gesichertes Ergebnis wissenschaftlicher Forschung, sondern als unbewiesenes Dogma, als *Glaubenssatz*. Wenn nämlich etwas nicht durch Messung Erwiesenes, etwas nicht Messbares für wahr gehalten wird, so sagt Max Thürkauf, so gehört das in Bezug auf die moderne Naturwissenschaft zum Bereich des Glaubens!

Wie für jeden Glauben ist auch für diesen (Evolutionstheorie) die Hoffnung auf Erfüllung bestimmter Erwartungen kennzeichnend.

Da *Kleinmutationen* keine neuen Arten und noch weit weniger neue Baupläne wie etwa den der *Wirbeltiere* oder der *Stachelhäuter* hervorzubringen vermögen, setzt man seine Hoffnung auf *Großmutationen*, die sozusagen Riesensprünge darstellen über Art- und Klassen-, ja sogar Stammesgrenzen hinweg, etwa gemäß dem bekannten Ausspruch von

Saint Hilaire: “Der erste Vogel kroch aus einem Reptilienei!”.

Bislang konnte allerdings noch nie eine Großmutation beobachtet werden, weder in der Natur, noch im Experiment. Weder durch Toxine noch durch Bestrahlung kam aus dem Vogelei ein Reptil oder umgekehrt.

Biochemische Untersuchungen der DNA widersprechen der Evolution

Biochemisch kann die minimalste Mutation von 3,4 Milliarden beim Menschen schon Krankheit und frühzeitigen Tod bedeuten.

Wie sollen dann über 100 Millionen Änderungen stattfinden, das ist biochemisch überhaupt nicht möglich.

Es zeugt von Größenwahn und Allmachtsgedanken, wenn man glaubt, man muss nur ein paar Worte sprechen und sofort ändern sich über 100 Millionen DNA Bausteine und eine neue Tierart entsteht. Das ist das Problem unserer Gesellschaft, je geringer die Kenntnis ist, umso größer ist der Größenwahn des eigenen Wissens.

Zudem wäre sie derart extrem unwahrscheinlich, da schlagartig völlig neue, fehlerfrei funktionierende *Ganzheiten* das Ergebnis sein müssten, das kann man getrost als unmöglich betrachten.

Stolpersteine Darwins

Darwin selbst sagte, die Wandlungsfähigkeit der Organismen folgt ebenso wenig einem Plan wie die wechselnde Richtung des Windes. Kann allein durch sinnloses Zufallsgeschehen die gesamte unerhörte Ordnung und Zweckmäßigkeit des Lebendigen entstanden sein? Es hat schon seinen besonderen Grund, dass Darwin selbst einmal offen gestand, allein schon der bloße Gedanke an ein menschliches Auge versetze ihn in einen Fieberzustand! Das soll heißen: seine "so herrlich einfache" Theorie kann nicht erklären, wie eine derart hochkomplizierte *Ganzheit* sich allmählich aus weniger vollkommenen Vorstufen entwickelt.
Arthur Koestler nannte dann auch – obwohl diese Erkenntnis für jedes beliebige Organ ebenso gilt – das Auge den "klassischen Stolperstein des Darwinismus".

Einmal stellt sich nämlich die Frage, die Darwin "Fieber" verursacht: Ist es wirklich möglich oder vernünftigerweise auch nur denkbar, dass rein zufällig die genannten (und das sind bei weitem noch nicht alle!) Voraussetzungen, die ein Auge zum Sehorgan geeignet machen, gerade so, also *richtig* zustande kommen und exakt zueinander passen? Und zum anderen: wie konnten die noch nicht vollkommenen Vorstadien einer allmählichen Entwicklung – welchen Organes auch immer! – der *Selektion* entgehen, da sie doch noch nicht funktionsfähig waren und somit keinen *Überlebensvorteil* erbrachten? Aber selbst wenn diese Zwischenstufen einer Entwicklung einen Auslesewert besessen hätten, – und hier würde der überzeugte Darwinist auf primitivere Augenformen wie etwa *Pigmentbecherzellen* bei Würmern, *Grubenaugen* und *Lochkameraaugen* bei Weichtieren verweisen –, so wäre gerade deshalb nicht einzusehen, weshalb sie sich, da sie doch ihrer Aufgabe erwiesenermaßen voll genügten, noch weiter hätten vervollkommnen sollen! Davon abgesehen lassen sie sich zwar zu einer recht anschaulichen *theoretischen Entwicklungsreihe* vom lichtempfindlichen Gewebe bis zum Wirbeltierauge zusammenstellen, aber in Wirklichkeit sind sie eben leider über gar nicht miteinander verwandte, verschiedene Tierstämme (Hohltiere, Stachelhäuser, Würmer, Weichtiere, Gliederfüßler) verstreut – ein Umstand, den man in unseren Schulbüchern geflissentlich verschweigt!

Ob nun Auge, Ohr, Verdauungstrakt, Drüsen- oder Nervensystem, stets ist das Problem das gleiche: die Wahrscheinlichkeit, dass derartig sinnvoll durchorganisierte und funktionierende Ganzheiten *zufällig* entstanden, ist allein schon mathematisch derart gering, dass sie längst nicht mehr in noch vorstellbaren Zahlen ausgedrückt werden kann. So ist vergleichsweise die Wahrscheinlichkeit dafür, dass eine Katze, die auf den Tasten einer Schreibmaschine herumhüpft, dabei zufällig Goethes Faust schreibt (1. und 2. Teil!), nach M. Thürkauf sehr viel größer als die, dass allein durch Zufallsmutationen der komplizierte Organismus einer Katze zustande kommt! Ein entsprechender Vergleich stammt von L. v. Bertalanffy. Es ist demnach immer noch viel wahrscheinlicher, dass während einer Explosion im Eisenwerk herumgewirbelte Metallteile zufällig so zusammenprallen, dass dabei ein fahrbereites Auto entsteht, als dass auch nur eine einzige lebende Zelle zufällig von selbst gebildet wird. Diese lebendige Zelle ist nicht nur viel komplizierter als das Auto, sondern vermag sich ja selbst zu *reparieren*, selbständig *fortzubewegen* und zu *vermehren*!

Das dritte Problem ist bis jetzt noch gar nicht berücksichtigt: dass nämlich echte *Ganzheiten* niemals nur durch eine Summierung ihrer verschiedenen Teile entstehen! **So wenig, wie eine bloße Anhäufung, eine reine Summe also von Baumaterial, am Bauplatz wahllos abgeladen, jemals von selbst ein Haus ergibt, führt die allmähliche Summierung von Mutationen über längere Zeiträume hinweg irgendwann zu einem funktionsfähigen Organismus.** Eine Ganzheit – ob Haus, Auto oder Computer – ist stets mehr und anderes als eine Summe ihrer Teile: das Ergebnis einer *Integration* der gegenseitigen Zu-Ordnung aller Teile nach einem Plan, auf ein bestimmtes Ziel hin orientiert. **Ohne das Know-how, das Gewusst- wie, kurz: ohne Geist entsteht niemals eine echte Ganzheit!** Ohne Plan und Ziel, ohne ordnenden Geist also ist keine Evolution von einfachen zu höheren Formen, von geringerer zu größerer Mannigfaltigkeit möglich.

Warum die Evolution nicht möglich ist.

Der Grund liegt in der Natur und den Naturgesetzen selbst. Die Entstehung einer neuen Zelle aus einer alten ist der **Inbegriff des Konservativen**, d.h. das Bewahren der gleichen Genetik oder Erbanlagen. Deshalb dürfen auch keine Ablesefehler oder veränderte DNA-Bausteine bei der Vermehrung eingefügt werden. Das bedeutet, es darf keine Mutation stattfinden, da selbst eine einzige Mutation der DNA zu Krankheit oder Tod führen kann.
Die Weitergabe der Mutation führt bei der DNA (Erbanlagen) dazu, dass auch mit den gleichen Chromosomen oder Genen oft keine Zeugung stattfindet oder eine Degeneration oder Erbkrankheiten auftreten können. Deshalb darf bei den 3,4 Milliarden DNA-Bausteinen des Menschen keine Mutation auftreten. Es müssen die geschaffenen Erbanlagen (DNA) absolut bewahrt werden.

Die Utopie vom Stammbaum

Die zahlreichen Versuche, *Stammbäume* zu konstruieren, die durch ihre Verzweigungen Verwandtschafts- und Abstammungsverhältnisse erkennen lassen, scheiterten alle an dem "frustrierenden Unternehmen der unauffindbaren Ahnenformen" (Illies). Tatsächlich sind alle diese vielen Verzweigungsstellen rein hypothetisch (und deshalb von ehrlichen Autoren stets nur gestrichelt gezeichnet!).
Bis heute ist trotz eifrigen Suchens kein einziges echtes fossiles oder lebendes *Zwischenglied* gefunden worden, wie es an jeder Verzweigungsstelle zu fordern ist – etwa zwischen den Reptilien und den von ihnen abgeleiteten Vögeln. Der berühmte Archaeopteryx stellt keine *Übergangsform* zwischen beiden Klassen dar, sondern war trotz aller Reptilienmerkmale (langer Schwanz, bezahnter Kiefer u. a.) bereits ein echter, warmblütiger und Federn tragender Vogel. Nach neueren Funden ist es sogar wahrscheinlich, dass schon vor ihm weiterentwickelte Vögel gelebt haben. Ein "Schlüpfen des ersten Vogels aus einem Reptilienei", also eine hypothetische Großmutation, die unmittelbar vom Reptil zum Vogel führte, ist wahrscheinlichkeitstheoretisch ebenso ausgeschlossen wie eine entsprechende Umwandlung durch sich summierende kleine Mutationsschritte.

Fehlende Zwischenglieder oder Subtypen

Die anfängliche Ausrede der Darwinisten, das Fehlen von Zwischen- oder Übergangsformen sei durch die lückenhafte Fossilüberlieferung zu erklären, ist längst nicht mehr stichhaltig. "Das fossile Material, das zeitlich geordnet in den Schichtgesteinen der Erde vorliegt, spricht gegen eine kontinuierliche Umbildung und vor allem gegen ein allmähliches Auseinanderhervorgehen der Baupläne", schreibt der Paläontologe Oskar Kuhn. "Nirgends sind Übergangsformen zwischen den Typen und Subtypen bekannt" [11]. Somit fehlt also, wie sogar G. Heberer zugeben musste, dem hypothetischen *Stammbaum* der *Baumstamm*: wir kennen rezent und fossil lediglich Zweigspitzen oder Endknospen, die verschiedenen Arten nämlich, nicht jedoch die nach der Theorie zu fordernden Äste, aus denen sie hervorgegangen sind – und schon gar nicht die Abzweigungsstellen von irgendeinem Stamm, der sich als reines Wunschbild entpuppt hat. Was bereits vom Archaeopteryx festgestellt wurde, gilt gleichermaßen von allen anderen vorschnell als *Übergangsformen* erklärten Fossilien. Sie stellen – mit erheblichen Einschränkungen! – bestenfalls *Modelle* einer möglichen Zwischenstufe dar, sind jedoch aus anatomischen Gründen selbst mit Sicherheit keine solche gewesen!

Kein Mutations-Selektionsmechanismus biochemisch möglich

Gegen den Mutations-Selektionsmechanismus als alleinige Ursache der Evolution sprechen auch die sogenannten lebenden Fossilien. Wenn es tatsächlich einen Zwang zur Höherentwicklung gäbe, einen *Selektionsdruck*, der nur den Tüchtigsten, den besser angepassten überleben lässt, dürften längst schon keine primitiven Lebewesen mehr existieren. Und doch haben gerade Bakterien, Einzeller, aber auch gewisse Weichtiere, Gliederfüßler und sogar Fische die längste Geschichte. Seit dem Erdaltertum haben sie ihre Gestalt nicht verändert, mussten sich demnach also allen Umweltveränderungen am erfolgreichsten angepasst haben, ohne irgendeine Höherentwicklung zu durchlaufen!

Das evolutionistische Denken steckt voller unlösbarer Widersprüche!

Dazu gehört auch die Tatsache, dass die Mannigfaltigkeit des Lebendigen weit über das nur zu seiner Erhaltung Notwendige hinausgeht, also niemals Produkt eines "Kampfes ums Dasein" sein kann. Adolf Portmann hat immer wieder eindringlich auf den "Darstellungswert" von Formmerkmalen (Geweihformen, Gebissdifferenzierungen usw.) und Zeichnungsmustern (Fell- und Gefiederfärbung, Schmetterlingsflügel-Mosaiken usw.) verwiesen.

Moses oder Darwin?

Diese seltsame Schein-Alternative, einstmals zum Buchtitel und kämpferischen Schlagwort hochgespielt, beruht auf einem tiefgreifenden Missverständnis. Die Bibel, vor allem der Schöpfungsbericht der Genesis, ist ja keineswegs ein Lehrbuch der Naturgeschichte, sondern der Heilsgeschichte! Ihre Darstellungsweise ist dem damaligen Weltbild und Weltverständnis angemessen, um den Menschen verständlich zu sein. Schon die Fragestellung Schöpfung *oder* Entwicklung ist falsch! Für Gott, bei dem Vergangenheit, Gegenwart und Zukunft in einem ewigen *Jetzt* zusammenfallen ("Ich bin der Ich bin"), kann es keinen Unterschied geben zwischen dem Augenblick der Schöpfung am Anfang und einer allmählichen Entwicklung auf Sein Geheiß hin. „Die Bibel ist kein naturwissenschaftliches Lehrbuch, sondern ein Buch einer Heilsbotschaft (Gundilla Gottschalk)

Religion und Evolution

Christentum und Evolutionstheorie

Die katholische Kirche äußerte sich wiederholt zur Evolutionstheorie, so Papst Pius XII. in seiner Enzyklika Humani generis, Papst Johannes Paul II. auf der Vollversammlung der Päpstlichen Akademie der Wissenschaften und Papst Benedikt XVI. in seiner Predigt zur Amtseinführung. Dort heißt es **„Wir sind nicht das zufällige und sinnlose Produkt der Evolution. Jeder von uns ist Frucht eines Gedankens Gottes."** Die Evolutionstheorie wird vom Vatikan als „vereinbar mit dem christlichen Glauben" bezeichnet. (Lit.: *The Vatican claims Darwin's theory of evolution is compatible with Christianity.* In: telegraph.co.uk. 11. Februar 2009).

Islam und Evolutionstheorie

Für den Islam ist die Evolutionstheorie ein relativ junges Gedankengebäude. Es gibt keine einheitliche Meinung darüber, ob und in welchem Maße sie mit der Religion vereinbar ist. Die Haltung der Muslime zur Evolution variiert stark je nach Herkunftsland. In manchen Ländern ist eine signifikante Mehrheit davon überzeugt, dass der Mensch sich nicht evolutionär entwickelt hat, sondern von Allah erschaffen wurde. (Lit: SWR 2009: Islam und Darwin - ein Widerspruch ? - abgerufen am 15. Februar 2016. PewResearchCenter, The World's Muslims: Religion, Politics and Society, 4/2013 S.132, Februar 2016
Weitere Literatur s.o.

Darwins Lehre ist Irrlehre

Vertrauen auf die Allmacht des Zufalls oder Glauben an die Allmacht eines Schöpfers.

Nicht der Fitteste und Brutalste setzt sich durch, sondern der Tüchtigste und Antimateralistische, d.h. der mit der höchsten sozialen Intelligenz.
Die Bibel sagt es genauso. „Die Sanftmütigen werden das Land erben"

Sir Arthur Keith hat zweifellos recht: die darwinistische Theorie ist nicht beweisbar. In der Naturwissenschaft gilt lediglich als bewiesen, was im Experiment rekapituliert werden kann. Die Evolution lässt sich jedoch schon aus rein zeitlichen Gründen nicht im Labor wiederholen. Bislang ist es ja noch nicht einmal gelungen, auch nur eine einzige lebende Zelle künstlich zu erzeugen! Auch in Zukunft wird sich also nichts an dem Status der Theorie ändern. Mit dem Literaturnobelpreisträger Fr. Mauriac kann man von ihr sagen, dass sie in ihrem Vertrauen auf die Allmacht des Zufalls weit mehr "frommen Glauben" erfordert als das, woran "wir anderen armen Christen glauben"!

Anmerkungen - weiterführende Literatur

[1] Kuhn, W., Auschwitz – Ende einer biologischen Weltanschauung. (Stimmen der Zeit 4/1964); ders., Die Schattenseite eines Mythos. Darwinismus als Wegbereiter des Neofaschismus; "factum" 11/12, 1982.
[2] Kretschmer, A., Schöpfung oder Evolution? Integral 6, 1981/19.
[3] Thomas v. Aquin, Summa theol. I. S. August. lib. 2 supra Genesim ad litt.
[4] Huxley, J., Entfaltung des Lebens. Hamburg 1954/63.
[5] Spülbeck, 0., Der Christ und das Weltbild der modernen Naturwissenschaft, Berlin 1959/184.
[6] Wickler, W., Zufall und Voraussagbarkeit in der Entwicklung und in den Reaktionsweisen der Organismen, Gesetzmäßigkeit und Zufall in der Natur, Würzburg 1968.
[7] Illies, J., Der Jahrhundertirrtum. Würdigung und Kritik des Darwinismus, Frankfurt 1983/56.
[8] Kahle, H., Evolution - Irrweg moderner Naturwissenschaft, Bielefeld 1980/30
[9] Monod, J., Zufall und Notwendigkeit, München 1973.
[10] Heitler, W., Evolution durch Physik? Nova Acta Leopoldina Nr. 218, Bd. 42, Evolution, Halle 1975/468. [11] Kuhn, 0., Entelechie und Evolution; Naturf. Ges. Bamberg 53, 1979/145-1
Weitere Literatur:
Thürkauf, M., Die moderne Naturwissenschaft und ihre soziale Heilslehre – der Marxismus, Schaffhausen 1980. Portmann, A., An den Grenzen des Wissens. Vom Beitrag der Biologie zu einem neuen Weltbild, Wien – Düsseldorf 1974. Locker, A. (Hrsg.), Evolution – kritisch gesehen, Salzburg 1983. Kuhn, W., Stolpersteine des Darwinismus, Berneck 1984.

Evolution und Schöpfung (Pierre Teilhard de Chardin)

In seiner ersten veröffentlichten Schrift Von der Willkür in der Physik (1905) entwickelt der „vor–evolutionäre" 24-jährige Teilhard das Konzept des „Unterhalb der Dinge" (später: das „Innen der Dinge")
„Gott hat seine Materie so geschaffen, dass bei entsprechender Kombination

ihrer Grundelemente neue Eigenschaften wie das Leben oder der Geist in Erscheinung treten". (Autor: Was nicht stimmen kann, da ständig neues Leben entstehen müsste). An dieser Stelle skizziert Teilhard erstmals die Lösung des Problems, von „Schöpfung" und „Evolution" im Sinn einer *creatio continua*. Teilhard versucht also, das Wirken Gottes in der Welt unter dem Blickwinkel evolutionärer Gesichtspunkte zu deuten (Widerspricht der Tatsache, dass für jede Lebensform, d.h. für jede Pflanze und jedes Tier muss eine eigene DNA geschaffen werden, d.h. Eingreifen Gottes ist permanent nötig).
Gott ist damit in der gesamten Entwicklung verborgen am Werk, ohne damit seine Transzendenz, die im ganzen Lourdes-Artikel unbezweifelbar gewahrt wird, einzubüßen (Widersprich ständigem Gottes-Eingreifen, was Wunder ausschließen würde). Gott ist, wie wir wissen, ständig präsent. Bibelzitat: „Ich bin bei euch alle Tage bis zum Ende der Welt".

Diese Information wissen wir auch von begnadeten Personen.

Woran erkennt man einen Evolutions-Anhänger?
Daran, dass er an Fälschungen glaubt.
(Embryologie, Kosmos aus dem Nichts,)

Woran erkennt man einen Evolutions-Anhänger?
Daran, dass er Naturgesetze leugnet.

Woran erkennt man einen Evolutions-Anhänger?
Daran, dass er noch nicht weiß, dass alle Affen-Arten 48 Chromosomen haben und der Mensch nur 46 Chromosomen hat und somit eine Abstammung unmöglich ist. Belegt ist diese wissenschaftliche Untersuchung in der Polymerchemie. Es kommt stets zu einem Kettenabbruch, wenn bereits (wie von Vollmert gezeigt) die DNA nicht übereinstimmt. Somit ist biochemisch, genetisch, medizinisch und naturwissenschaftlich die Abstammung ein naturwissenschaftlicher Betrug.

Woran glaubt ein Evolutions-Anhänger?
Er glaubt, dass Lehm, Staub und Sand denken können.
– Er glaubt, dass Atome die Urzelle erdacht haben. Deshalb haben sich Gnostiker und Agnostiker ihre eigene Religion geschaffen, dass die Materie denken kann und sich aus sich selbst entwickelt hat, ebenso das Leben.
Frei nach dem Motto „ Glaube nur an die Irrlehre von Darwin und schon entsteht nach dem Ausrufen:“ Darwin, Darwin“ ein Leben aus Staub und Ton.

Luft, Meer und Ton haben die erste Zelle geschaffen“,
weil sie dachten, mir können dies ohne Schöpfer machen

So konnten auch die Affen
durch überspringen der Naturgesetze einen
Menschen erschaffen

Rufe nur aus Darwin Darwin
Und Leben folgt als Gewinn

oder
Rufe als Evolutionist nur Darwin, Darwin
Und aus Staub winkte das Leben als Gewinn

Man hat über 100 Jahre die Schüler Irrlehre Evolution gequält,
weil Hitler und Stalins den Sozial-Darwinismus haben auserwählt.

Wer solchen einen Evolutions-Unsinn glaubt
Dem wird der ganze Verstand geraubt

Der Glaube an Gott ist für mich Hilfe und Halt und somit wunderbar,
weil er mir hilft, das ich auf der Erde geborgen und noch nie verloren war

Liebe, Geborgenheit, Vertrauen Schutz, Hilfe sind Gaben von Gott
Nur Sie sind Zeichen eines Schöpfers, deshalb vertraue ich seinem Wort

Kampf, Macht gehört zur herz- und gefühllosen Evolution
Sie führen zur Unterdrückung, Einsamkeit und Depression

Der Glaube an unseren Gott gibt mir Zuversicht und Sicherheit,
weil er mich liebt, für mich sorgt, mir vergibt und auch verzeiht.

Deshalb investiere 10 Euro in deine Zukunft und in dein Leben,
kaufe dir eine Bibel und ihre Perspektiven werden dich erheben

Nur wer an einem Evolutionswahn leidet, der glaubt, dass sich 5 Bausteine aus sich selbst zu einem Haus aufbauen können.

Warum betrügen Lehrer, (Schul-Politiker) ihr Schüler mit gefälschten Daten durch Evolutionisten, weil sie immer noch Marionetten des sozialdarwinistischen Wahns sind, an den Hitler, Lenin und Stalin glaubten.

Diese Diktatoren benutzten die Vorstellungen des Sozialdarwinismus für ihre Rechtfertigung ihrer Verbrechen.

Wer den Betrug liebt, der glaubt an die Evolutionstheorie.
Wer an die Evolutionstheorie glaubt, der hält Betrug für Wahrheit.

Deshalb gibt es für Evolutionsanhänger keine Wahrheit mehr.

Man nehme einen menschlichen Embryo und behaupte, dass er die frühe embryonale Vorstufe vieler Lebewesen (in Bildern dargestellt: Fisch, Salamander, Schildkröte, Huhn, Hund, Kalb, Kaninchen, Mensch) sei und dann muss man falsche Zwischenstufen vortäuschen und schon ist diese Fälschung, als ein Beleg für die von der Abstammung von einem einzigen und gleichem Embryo, erklärt. Somit ist der Beleg erbracht, dass sich aus dem gleichen Klon das Leben evolutioniert hat.

Somit besagt die Embryologie der Evolution, dass sich alle Lebewesen aus einem menschlichen (gefälschten) Embryo entwickelt haben.
Tatsache ist, dass jedes Lebewesen seine eigene embryonale Entwicklung von der Zeugung bis zur Geburt durchläuft. Somit stehen die Fakten, also Tatsachen und Wissenschaft gegen die Ideologie der Evolution.

Die Evolutionstheorie, diese Irrlehre, die durch den Sozialdarwinismus für den Nationalsozialismus und auch für den Kommunismus die „wissenschaftliche" Grundlage geschaffen hat, ist so tief im Bewusstsein eingeprägt, dass man nicht erkennen kann, dass diese Lebensstrukturen nur durch Schöpfung, wie auch der „Urknall", das Wort Gottes, durch unseren Schöpfer entstanden ist. Zufall scheidet allein aufgrund der Wahrscheinlichkeitsrechnung aus.

<u>Die Zellmembran</u>

Die folgende Abb. der Zellmembran zeigt, dass diese sich nie aus toter Materie bilden kann. Sie ist jedoch nötig, um jeden Zellinhalt zu schützen

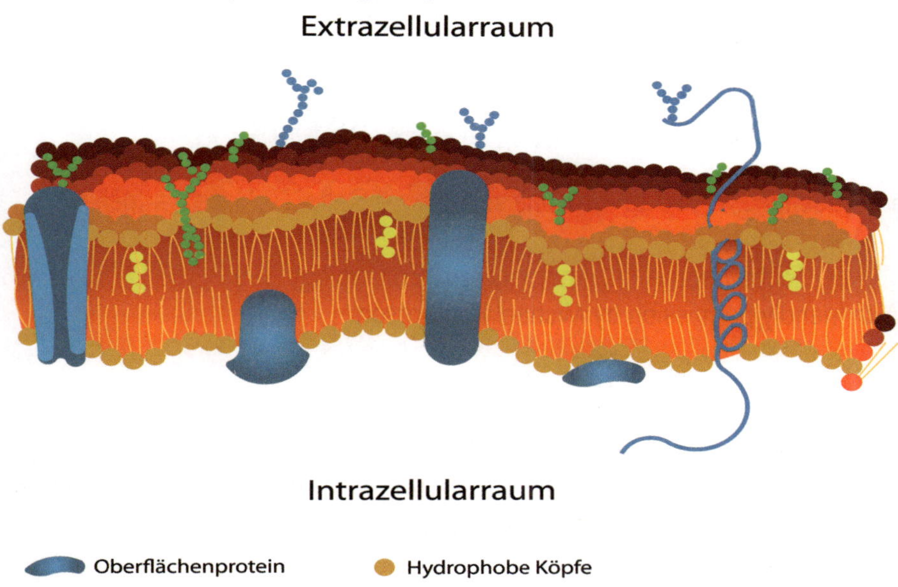

Dr. Dr. G. Weth

In der Naturwissenschaft gilt lediglich als bewiesen, was im Experiment rekapituliert werden kann

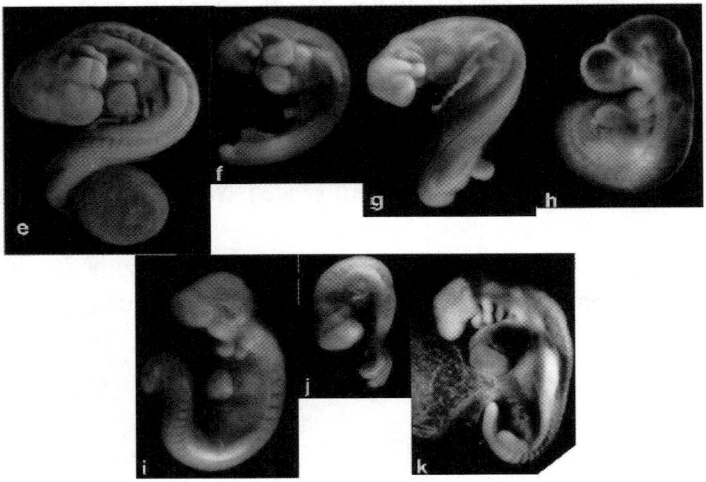

Wissenschaftliche Daten

e = Haushund f = Schaf g = Ameisenbär h = Ratte i = Hase j = Igel
k = Mensch e–k ×10
Michael Richardson et al, Anatomy and Embryology 1997 (196(2)) pp.91–106
With friendly permission by Michael Richardson

Auf den folgenden Seiten sehen Sie den Betrug (Evolutions-Theorie,)der Embrionalen Entwicklung. In der Darstellung oben die tatsächlichen Embrios der verschiedenen Tierarten, wissenschaftlich belegt.

Michael Richardson, The Times (London) 11 Aug. 1997 p. 14:

“Dies ist einer der schlimmsten Fälle von Wissenschaftsbetrug. Es ist schokkierend, dass jemand, den man für einen großen Wissenschaftler gehalten hat, absichtlich in die Irre geführt hat. ... Was er [Häckel] tat, war, einen menschlichen Embryo zu nehmen und zu kopieren, und dabei gab er vor, dass der Salamander und das Schwein und all die anderen auf der gleichen Entwicklungsstufe gleich aussehen würden. Sie sehen nicht gleich aus... Das sind Fälschungen.“

Der menschliche Embryo Häckels besitzt auch keine Arme und auch keine Beine, entgegen allen frühen menschlichen Embryos.

Dafür werden dem menschlichen Embryo Furchungen auf den Brustkorb gelegt, um eine Kiemenatmung zu simulieren. Der menschliche Embryo hatte nie Kiemen besessen, sondern er hat nur Lungenanlagen wie auch der Delphin. Der menschliche Embryo (Häckels) hatte auch keine Füße, da er nie ein Fischstadium durchmachte. Auch hier findet erneut der Evolutionsbetrug seine Fortsetzung. Somit kann man sagen alle embryonalen Bilder der Evolutionisten sind Betrug, nur die geborenen Tiere sind das einzig echte an der Evolutionsideologie.

Was für ein erbärmlicher, menschlicher Embryo, ohne Arme, ohne Beine, ohne Lunge, ohne Verbindung und ohne Nabelschnur zu seiner Mutter, die ihn ernährt. Hier sehen wir tatsächlich einen wahren „evolutionierten“ Embryo

Hier erfüllt sich das Zitat von J. Huxley:

„Der schlagende Beweis für die Evolution ist die Embryologie“

oder man könnte das Zitat kommentieren z.B. mit:
„Der schlagende Beweis für die Evolution ist die Embryologie (Huxley)
Das belegt, mit Betrug in der Wissenschaft ist man ein Evolutionsgenie“

Zusammenfassung

1) Rassen- und Artbildung sind Verlust genetischer Variation, hervorgerufen durch
Isolation: Teil-Population besitzt nicht die ganze Variabilität.
Inzucht: Kleine Populationen verlieren zufällig Gene.
Natürliche Selektion: Nicht an spezielle Umwelt angepasste Formen überleben nicht. So gehen Gene verloren.
Künstliche Selektion: In der Züchtung werden spezielle Typen ausgewählt, indem andere ausgelöscht werden.

2) Verlust von Variation (Genen) ergibt keine neuen Funktionen oder Organe.

3) Deshalb ist Rassenbildung ein Prozess, der Evolution entgegengerichtet ist (=> Devolution).

N. A. Takahata, *Annual Review of Ecology and Systematics* 1995 (26) S. 343: "Sogar mit DNS-Sequenzdaten haben wir keinen direkten Zugang zum Evolutionsprozess, weshalb eine objektive Rekonstruktion der verschwundenen Vergangenheit nur durch kreative Vorstellung erreicht werden kann."

J. Mattick, *Catalyst* 2003, http://www.abc.net.au/ catalyst/stories/s898887.htm "Das Versagen, die Bedeutung der nicht-codierenden DNA zu erkennen, wird als der größte Fehler in der Geschichte der Molekularbiologie betrachtet werden."

Das "Biogenetische Gesetz":

"Ontogenie wiederholt Phylogenie"

J. Huxley, The Wonderful World of Life; The Story of Evolution 1958, p. 15:

"Die Embryologie gibt uns den schlagendsten Beweis für Evolution. Viele Tiere, die als Ausgewachsene extrem unterschiedlich sind, sind als Embryonen schwer auseinander zu halten. Du selbst, als du ein junger Embryo warst, warst sehr ähnlich zu den Embryos der Eidechsen...
„Hasen, Hühner, Katzenhaie und anderer Wirbeltiere. Die einzige vernünftige Erklärung ist, dass wir Wirbeltiere alle durch gemeinsame Abstammung verbunden sind."

Karl Rahner, *Naturwissenschaft und Theologie* 1970 (11) p. 86:

"Ich denke, dass es biologische Entwicklungen gibt, die vormenschlich sind, aber dass diese Entwicklungen dennoch in Richtung Mensch gehen. Warum können diese Entwicklungen nicht von Phylogenie zu Ontogenie übertragen werden?" (und K.Rahner erliegt dem Irrtum)

Richardson entlarvt die Fälschungen

© Michael Richardson et al, *Anatomy and Embryology* 1997 (196(2)) pp.91–

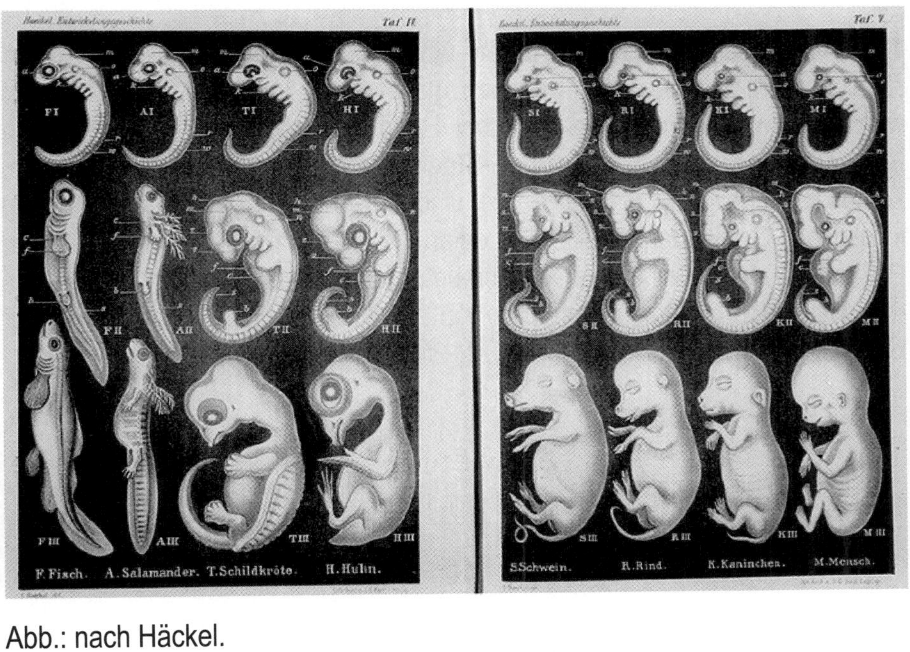

Abb.: nach Häckel.

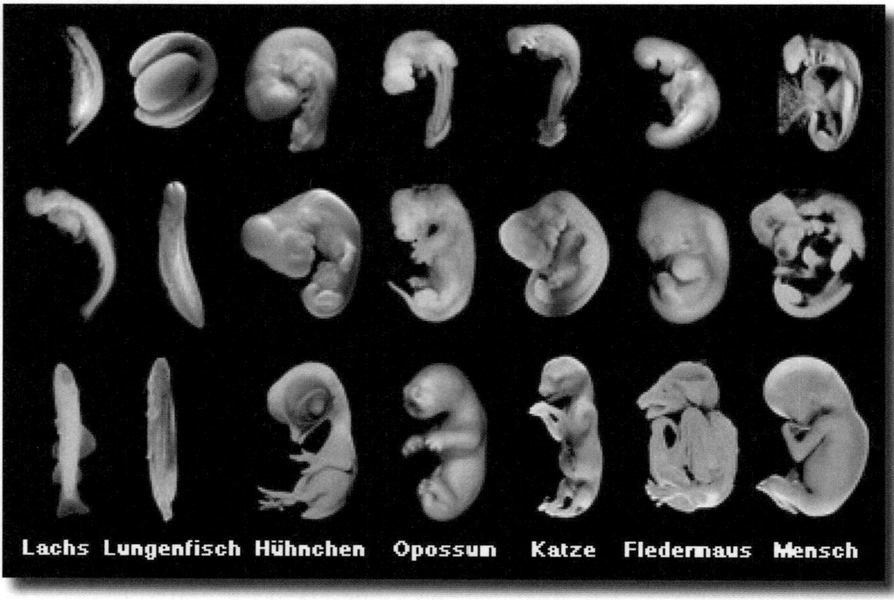

Wie unterschiedlich die Embryonen tatsächlich gestaltet sind, zeigt diese Abbildung am Beispiel von Embryonen ausgewählter Tierarten. Die Embryonen werden in analogen Phasen wie bei Haeckel dargestellt (von oben nach unten: frühes embryonales „tailbud"-Stadium, mittleres embryonales Stadium, spätes embryonales Stadium). Sie sind zur besseren Veranschaulichung in gleicher Größe dargestellt. Die realen Größenunterschiede zwischen den Organismen in den einzelnen Phasen betragen teilweise das Zehnfache. (Aus der wissenschaftlichen Sammlung von M. K. Richardson, mit freundlicher Genehmigung des Autors).

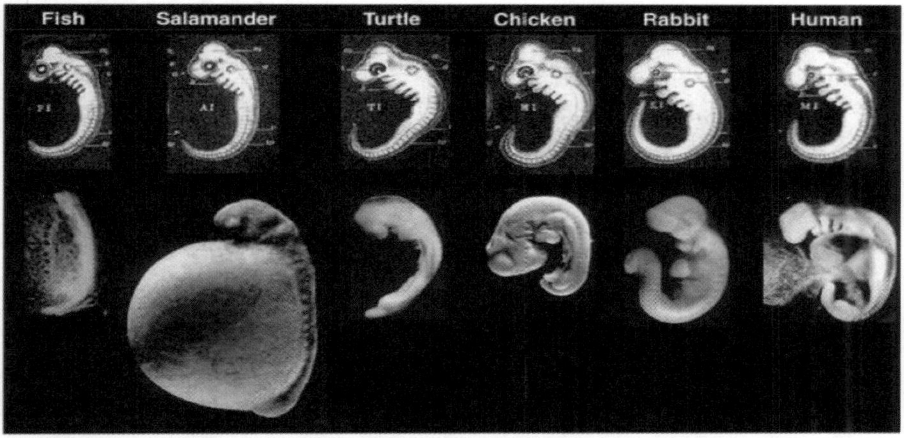

Michael Richardson, The Times (London) 11 Aug. 1997 p. 14:

“Dies ist einer der schlimmsten Fälle von Wissenschaftsbetrug. Es ist schockierend, dass jemand, den man für einen großen Wissenschaftler gehalten hat, absichtlich in die Irre geführt hat. ... Was er [Häckel] tat, war, einen menschlichen Embryo zu nehmen und zu kopieren, und dabei gab er vor, dass der Salamander und das Schwein und all die anderen auf der gleichen Entwicklungsstufe gleich aussehen würden. Sie sehen nicht gleich aus... Das sind Fälschungen.“

Kiemenspalten?

C. Hickman et al., *Integrated Principles of Zoology* 2001 p. 175:

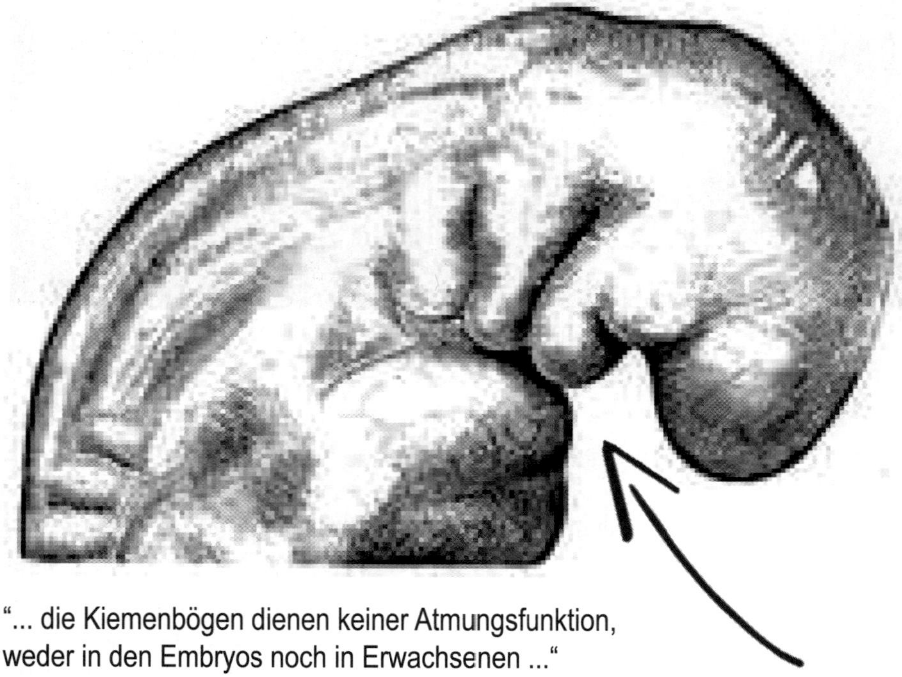

"... die Kiemenbögen dienen keiner Atmungsfunktion, weder in den Embryos noch in Erwachsenen ..."

T. W. Sadler, Langman's Medical Embryology 1995 p. 312:
"Pharyngealbögen tragen nicht nur zur Bildung des Halses bei, sondern spielen auch eine wichtige Rolle bei der Bildung des Gesichts. Am Ende der 4. Woche wird das Zentralgesicht durch das Stomodeum gebildet, umgeben vom ersten Paar der Pharyngealbögen."

Walter J. Bock, Science 1969 (164) pp. 684 - 685 :
„Zudem ist das biogenetische Gesetz so tief im biologischen Denken verwurzelt geworden, dass es nicht herausgerissen werden kann, obwohl von zahlreichen aufeinanderfolgenden Gelehrten gezeigt worden ist, dass es falsch ist."

Selbst wenn Embryos von Mensch und Tieren auf einer embryonalen Stufe ähnlich wären, wäre das kein Beweis für Abstammung sondern für gemeinsames Design, Planung oder gemeinsame ontogenetische Entwicklungsanforderungen.

Tatsächlicher Fossilbericht nach über 200 Millionen Jahren noch gleich

http://www.evolutionslehrbuch.info/bilder.html

Niels Eldredge, *The Pattern of Evolution* 1998 p. 157:
"Es ist eine einfache unvermeidliche Wahrheit, dass praktisch alle Mitglieder einer Biosspezies im Grunde stabil bleiben, mit kleineren Flukutationen ... "

Richard Dawkins, *New Scientist* June 1981 S. 830 - 832:
"In jedem Fall verwendet kein echter Evolutionist, ob Punktualist oder Gradualist, den Fossilbericht als Evidenz für die Evolutionstheorie gegenüber direkter Erschaffung."

Echte Menschenschädel auch von Frühmenschen

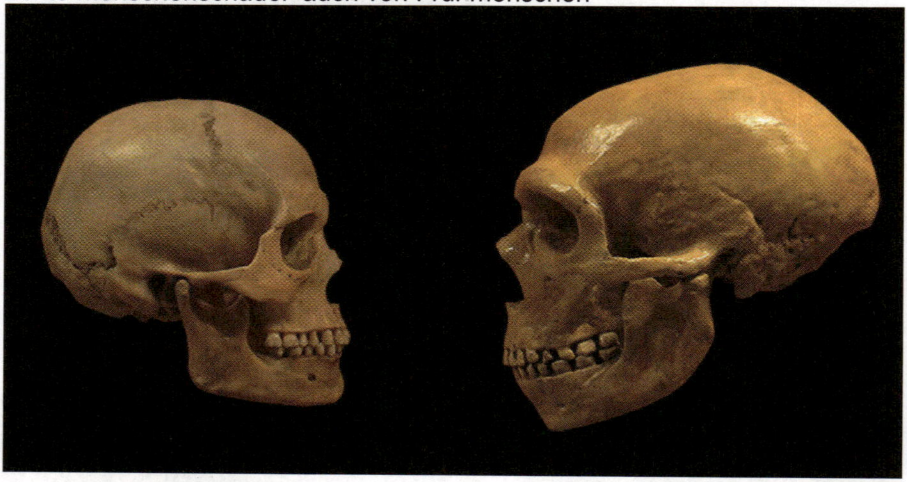

vom modernen Menschen und vom Neandertaler

unterscheiden sich von den Fälschungen von den manipulierten Schädeln von Fälschungen durch Anhänger der Evolutionstheorie
(siehe nächste Seite der Piltdown-Schädel) .

Piltdown-Schädel

R. J. Clark and P. V. Tobias, *Science* 1995 (269), S. 521, 524:

“Eine Entdeckung ... von vier Fußknochen liefert Belege, dass der Australopithecus-Fuß einen affenähnlichen großen Zeh besaß, der von den anderen Zehen abstand und hoch mobil war... Sein Fuß hat sich nur zu einem kleinen Grad von dem eines Schimpansen entfernt.“

B. Wood from Ann Gibbons, *Science* 2002 (295), S. 1219:

B. Wood and M. Collard, *Science* 1999 (284), S. 66-70:

R. J. Blumenschine et al., *Science* 2003 (299), p. 1220:

“die klein-hirnigen, klein-zahnigen Hominiden, die zu H. Habilis gestellt wurden, scheinen nicht zu dieser Art zu gehören... man könnte sie sich vorstellen als eine... Form von Australopithecinen...“

Lieb and Yngvason, *Physics Today* 2000 (53) S. 32:

“Keine Ausnahme zum zweiten Hauptsatz der Thermodynamik ist jemals gefunden worden - nicht einmal eine winzige. Wie die Energieerhaltung (der „erste Hauptsatz”), muss die Existenz eines Gesetzes, das so genau und so unabhängig von den Modellen ist, ein logisches Fundament haben, das unabhängig von der Tatsache ist, dass Materie aus wechselwirkenden Teilchen zusammengesetzt ist.“

Albert Einstein zitiert in Asimav, *Book of Science* and *Nature Quotations*, S. 76:

“[Der 2. Hauptsatz] ist die einzige physikalische Theorie mit universellem Inhalt, von der ich überzeugt bin... dass sie nie umgestürzt werden wird.”

2. Haupsatz der Thermodynamik:

“Unordnung kann nie in Ordnung übergehen.“

Evolutionstheorie:

“Unordnung geht in Ordnung über.“

Klaus Dose, *Interdisciplinary Science Reviews*, vol. 13, no. 4, 1988, S. 352:

“In einer wässrigen Lösung würden die reaktiven Zwischen- Produkte der Millerschen Experimente ... leicht wechselwirken und komplexere und undefinierte Materie hervorbringen aber praktisch keine biologisch relevanten Moleküle ...

Es ist extrem unwahrscheinlich, dass sich die ersten Lebensformen spontan in einer Ursuppe entwickelt haben könnten.“

In den folgenden Abb. werden die Struktur eines Enzyms und ein DNA-Abschnitt gezeigt, der auch heute ohne lebende strukturen herstellbar ist.

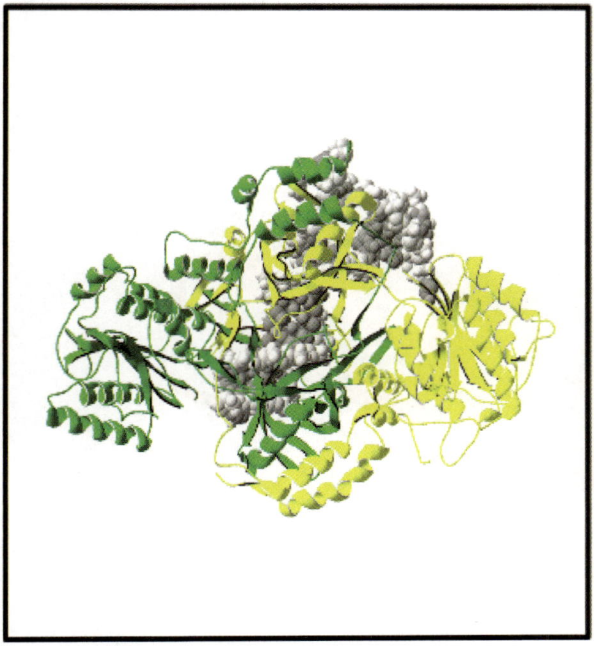

c)

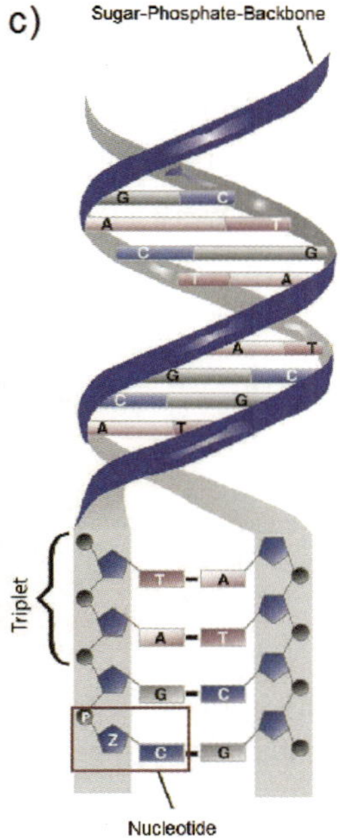

“Ich habe gerade meinen Studenten erzählt, ‘Es tut mir leid, aber ich weiß nicht mehr, wie ich den frühesten Hominiden vom frühesten Schimpansen-Vorfahren unterscheiden kann.’“

“Homo”habilis
Gehirngröße: 550 ccm; Körpergewicht: 34 kg
Hände/Langknochen: Kletterer ...

Menschen
Gehirngröße: 850-2200 ccm; Körpergewicht: 63 kg
boden-lebend
Schlussfolgerung: aus Homo habilis “sollte das *Homo* entfernt werden“ und “zum Genus *Australopithecus* übertragen werden.“

Ähnliche Schlussfolgerung für Homo Rudolfensis

Josef Holzschuh, A Scientific Critique of Evolution,
La Sapienza University Rome 2009 S. 48:
„...[D]er zweite Hauptsatz der Thermodynamik errichtet eine unüberwindbare wissenschaftliche Barriere für Evolution“

Darwins Fehler: „Variation = Evolution“
Jedes Organ ist vollständig – keine evolvierenden Organe.
If evolution were true:

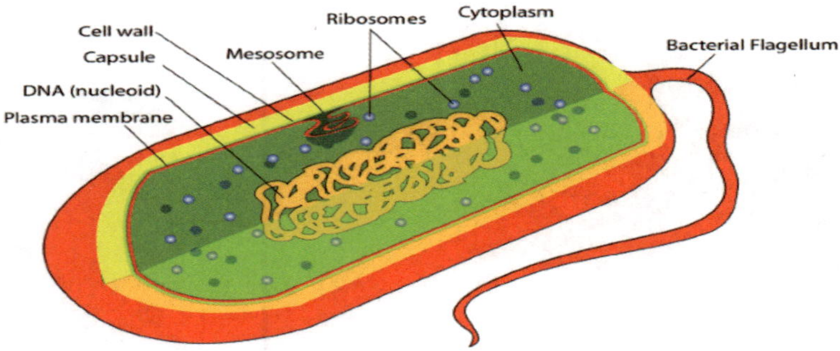

1) Every intermediate had to be fitter than the initial species.
2) The initial species still exists.
3) Many intermediates would still exist.

Zusammenfassung: **Der 2. Hauptsatz der Thermodynamik schließt Ordnungs- Bildung in geschlossenen Systemen aus.**

1) Offene Systeme können durch Energie-Austausch Ordnung sichtbar machen, falls sie vorprogrammiert ist.
2) Reine anorganische Moleküle, Proteine, DNS/RNS, Zellen und vielzellige Organe sind nirgends vorprogrammiert. Deshalb können sie auch in offenen Systemen nicht erzeugt werden.
3) Umgestaltung in Richtung neues Organ kann prinzipiell immer auch zu Fitnessverlust führen => Abfolge vieler Schritte statistisch unmöglich.
4) Abwesenheit evolvierender Organe/Sprachen in gesamter Natur => Evolution fand nicht statt.

Je mehr die Wissenschaft zeigt über das Leben der Komplexität, desto zweifelhafter, es scheint, dass das Leben ohne intelligente Hilfe entstanden sei.

Rassismus und Darwinismus

HARUN YAHYA, einer der führenden muslimischen Islamwissenschaftler unserer Zeit.
Der islamische Wissenschaftler
Der Hauptgrund dafür, dass sich der Rassismus im 19. Jahrhundert in Europa so rasch verbreiten konnte war, dass der christliche Glaube, wonach alle Menschen von Gott gleich erschaffen wurden, vom Darwinismus abgelöst wurde. Der Darwinismus ist die angeblich wissenschaftliche Theorie für die Behauptung, dass die Menschheit sich aus primitiven Lebewesen entwickelt hat und dass sich bei dieser Entwicklung einige Rassen besser entwickelt haben sollen als andere. *HARUN YAHYA*.com/de

Harun Yahya schreibt weiter:
„Inspiriert durch Darwins Evolutionstheorie, sahen die Nazis die Menschen als Tierherden, die aus unterschiedlichen Rassen entstanden sind und glaubten, dass zwischen diesen Herden ein ständiger Kampf herrschen müsse. Wegen dieses Aberglaubens massakrierten sie für die „Reinheit der Rasse" unschuldige Kinder, Frauen, Kranke und Behinderte auf grausamste Weise. Seien es die von Ernst Haeckel verteidigten und von den Nazis 1933 eingesetzten eugenetischen Verfahren oder die Massaker der Nazis im 2.Weltkrieg, sie hatten beide einen gemeinsamen Ausgangspunkt: die Menschen wurden als Tiere angesehen.

Man kann also zusammenfassen: Mit der Renaissance, der heidnischen Kultur des 19. Jahrhunderts, und dem mit Darwins Evolutionstheorie neugeborenen faschistischen Rassismus entwickelt sich im 21. Jahrhundert auf denselben Grundlagen.

Dass die Nazis sich von Darwin inspirieren ließen, wird heute von fast allen fachkundigen Historikern anerkannt. Diese Wahrheit schildert Peter Chrisp in seinem Buch „Der Aufstieg des Faschismus" (The Rise of Fascism) mit folgenden Worten:

Als Charles Darwin seine Theorie, dass die Menschen von Affen abstammen, zum ersten Mal veröffentlichte, wurde er verspottet, doch später fand er in der breiten Gesellschaft Akzeptanz. Die Nazis nutzten Darwins Theorie,... um den Krieg und den Rassismus zu rechtfertigen.

Peter Chrisp, Witness History Series,The Rise Of Fascism, s. 6
Wenn man die von Adolf Hitler und Alfred Rosenberg formulierte Theorie genauer betrachtet, erkennt man, dass Begriffe wie "natürliche Selektion", "Arisierung" und "Überlebenskampf unter den Rassen" auch in dem Buch von Darwin „Ursprung der Arten" vorkommen. Hitler gab seinem Buch den Namen "Mein Kampf" weil er von Darwins Prinzip, das Leben sei eine Art Kampfarena, und nur wer bei diesem Kampf siegreich bliebe, überlebe, inspiriert worden war.

Sozialdarwinismus und „Überlebenskampf unter den Rassen" auch in dem Buch von Darwin „Ursprung der Arten" vorkommen. Hitler gab seinem Buch den Namen „Mein Kampf" weil er, nach Darwins Prinzip, das Leben sei.

Die ältesten Fossilienfunde eines Lebewesens gehören den Cyanobakterien, welche ca. vor 3,9 Milliarden Jahre existiert haben. Deshalb behaupten die Darwinisten, dass durch Zufall tote Materie sich zusammen getan hat und die ersten Einzeller- Bakterien infolge entstanden sind. Um dieses Märchen zu bestärken, nannten die Darwinisten diese ersten Bakterien auch primitive Bakterien.

Zitat:

Die Fossilien der Cyanobakterien sind eine Sackgasse für die Evolutionstheoretiker

In der Region Apex Chert in Australien, hat man in den Felsschichten Cyanobakterien- Fossilien gefunden, welche 3,9 Milliarden Jahre alt sind, also Stromatolithen.
Stromatolithen bestehen zum Beispiel aus den Überresten von Mikroorganismen

der Cyanobakterien. Durch die Vermischung von Ablagerungen verkleben sie miteinander und bilden in flachem Gewässer Stromatolithenkolonien. Die Stromatolithen entstanden ab dem Präkambrium, durch das Anschwemmen der Kalziumkarbonat- Teilchen im Meerwasser, welche sich an die Fäden der blau- grünen Algen festsetzten.

„Je weiter wir in der Wissenschaft vorankommen, um so mehr erkennen wir Gott“. Sir. John Eccles (Nobelpreis 1963)

Sir John Carew Eccles AC (* 27. Januar 1903 in Melbourne; † 2. Mai 1997 in Locarno) war ein australischer Physiologe und Nobelpreisträger. Mit seinen Forschungen zur Signalweiterleitung von Nervenzellen trug er entscheidend dazu bei, die Vorgänge im menschlichen Gehirn aufzuklären. Für diese Forschungen erhielt er zusammen mit zwei Kollegen 1963 den Nobelpreis für Medizin und Physiologie.

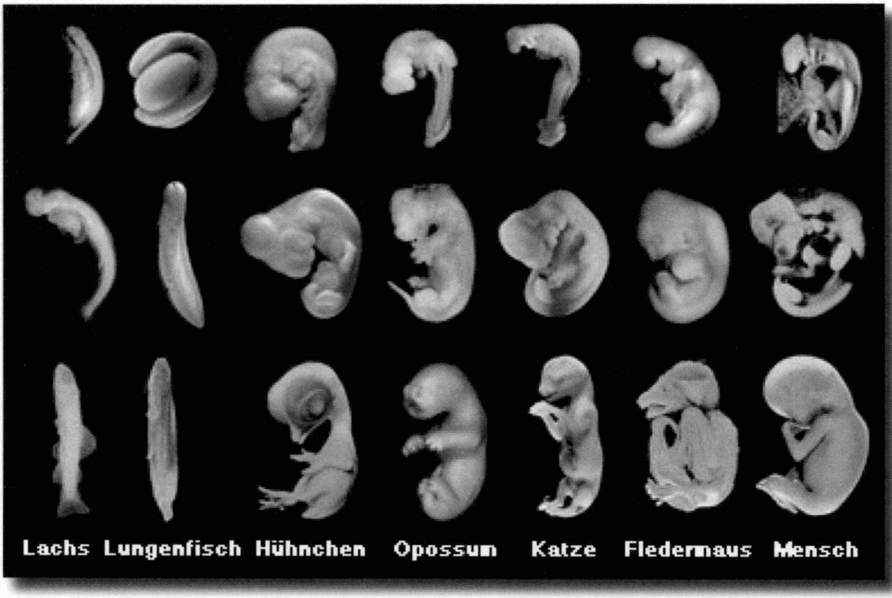

Wie unterschiedlich die Embryonen tatsächlich gestaltet sind, zeigt diese Abbildung am Beispiel von Embryonen ausgewählter Tierarten. Die Embryonen werden in analogen Phasen wie bei Haeckel dargestellt (von oben nach unten: frühes embryonales „tailbud"-Stadium, mittleres embryonales Stadium, spätes embryonales Stadium). Sie sind zur besseren Veranschaulichung in gleicher Größe dargestellt. Die realen Größenunterschiede zwischen den Organismen in den einzelnen Phasen betragen teilweise das Zehnfache. (Aus der wissenschaftlichen Sammlung von M. K. Richardson, mit freundlicher Genehmigung des Autors).

Haeckel nahm im September 1904 am Internationalen Freidenker-Kongress in Rom teil, den 2000 Menschen besuchten. Dort wurde er anlässlich eines gemeinsamen Frühstücks feierlich zum „Gegenpapst" ausgerufen.

Begeisterung der Linken für Darwin (von linken Autoren)

„Verwunderlicher ist die Begeisterung der Linken für den „General-Feldmarschall des Darwinismus" (Haeckel über sich selbst). August Bebel, Carl v. Ossietzky, Kropotkin und W.I. Lenin waren nicht die einzigen, die Haeckels Thesen begierig aufgriffen und glaubten, mit ihnen eine Waffe für den Klassenkampf in der Hand zu halten. Dies gelang nur, indem sie – im Gegensatz zu den Nazis, die die Selektionsaspekte und den „Kampf ums Dasein" der Evolutionstheorie überbetonten – das Prinzip der ständigen Fortentwicklung im Tier- und Pflanzenreich auf die Menschen übertrugen, und zwar zum einen auf die Menschen als biologische Wesen (die Eugenik als Verbesserung des Menschen war auch unter Sozialisten vor 100 Jahren sehr beliebt und das nicht nur in der politischen Polemik, wie bei Bebel, der sich gegen den Krieg mit dem Argument aussprach, dass dabei die stärksten, wehrtüchtigen Männer sterben würden und somit das eigene Volk degenerierte), zum anderen auf die menschlichen Gesellschaftsformation: Es schien ein natürliches Gesetz der Evolution zu sein, dass der Kapitalismus quasi von alleine vom Kommunismus abgelöst würde.

Aus dem gleichen Grund freundete sich auch das liberale Bürgertum schnell mit dem Sozialdarwinismus an. Er postulierte den evolutionären Übergang vom Feudalismus zum Kapitalismus, das hieß Reformen statt Revolutionen. Außerdem vermochte er gleichzeitig die eigene Stellung gegen das aufbegehrende Proletariat abzusichern, dem erklärt wurde, es wäre eine unterlegene „Rasse" oder würde sich aus Individuen zusammensetzen, die eben von Natur aus mit nicht so reichen Gaben ausgestattet wären".(aus Antifaschistisches, ZAG Nr. 41 (9.11.2003) Häckel, der Rassismus-Papst)

Zitate: Hickman

der Historiker Hickman fasst Hitlers Beeinflussung durch den Darwinismus wie folgt zusammen:

Hitler war ein überzeugter Anhänger der Evolutionstheorie. Was auch immer sich tief in seiner Psyche abgespielt hat, in seinem Buch „Mein Kampf" präsentiert er eine Menge evolutionistischer Gedanken. Speziell die Idee vom „Überleben des Stärkeren" und die Auffassung, man müsse, um die Gesellschaft zu verbessern, die Schwächeren beseitigen, finden sich in seinem Buch. [5] – Hickman, R., Biocreation, Science Press, Worthington, OH, pp. 51-52, 1983; Jerry Bergman, "Darwinism and the Nazi Race Holocaust", Creation Ex Nihilo Technical Journal 13 (2): 101-111, 1999

Der Islam Wissenschaftler: **Harun Yahya** (www.harunyahya.com)

Rassismus und Sozialdarwinismus

Der Ursprung dieser theoretischen Basis beruht auf Darwins Evolutionstheorie.

Rassismus und Darwinismus

Der Hauptgrund dafür, dass sich der Rassismus im 19. Jahrhundert in Europa so rasch verbreiten konnte war, dass der christliche Glaube, wonach alle Menschen von Gott gleich erschaffen wurden, vom Darwinismus abgelöst wurde. Der Darwinismus ist die angeblich wissenschaftliche Theorie für die Behauptung, dass die Menschheit sich aus primitiven Lebewesen entwickelt hat und dass sich bei dieser Entwicklung einige Rassen besser entwickelt haben sollen als andere.

Darwin ist der Vater des Rassismus. Darwins Theorie wurde von den Begründern des Rassismus wie Arthur Gobineau und Houston Steward Chamberlain interpretiert, und die entstandene rassistische Ideologie wurde von den Nazis und anderen Faschisten in die Praxis umgesetzt. James Joll, der als Geschichtsprofessor jahrelang an den Universitäten Oxford, Stanford und Harvard unterrichtete, berichtet in seinem Buch Europe Since 1870 (Europa seit 1870), womit auch heute noch in Universitäten unterrichtet wird, den Zusammenhang zwischen Darwinismus und Rassismus folgendermaßen(Morris 1989, 78)

HAECKEL

Ernst Haeckel brachte Darwins Theorie nach Deutschland und bereitete sie als Programm für die Nazis auf.

Die im Jahre 1859 und 1871 vom englischen Naturwissenschaftler Charles Darwin veröffentlichten Bücher „Ursprung der Arten" und „Entwicklung des Menschen", brachten große Diskussionen auf und bewegten die Gedanken in Europa in den verschiedensten Bereichen...

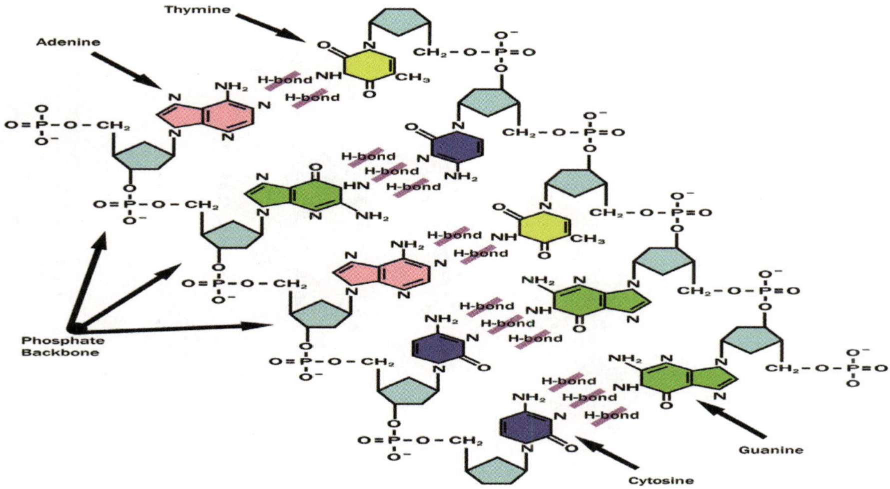

Abb. zeigt einen DNA-Ausschnitt mit einzelnen DNA-Bausteinen Wasserstoffbrücken führen zur Vernetzung der DNA-Stränge. Somit kann kein Wassermolekül dazwischen gelagert werden. Wasser (H_20) würde die DNA zerstören.

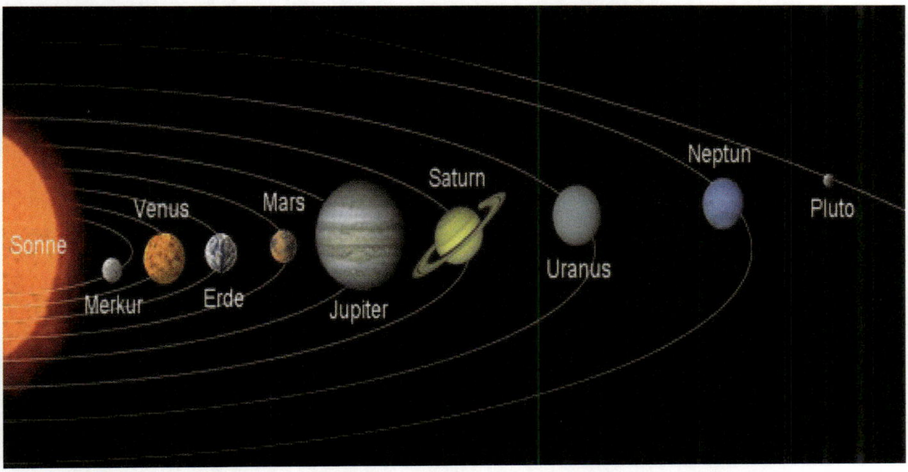

Abb. zeigt unser Sonnensystem mit den 8 Planeten plus Pluto

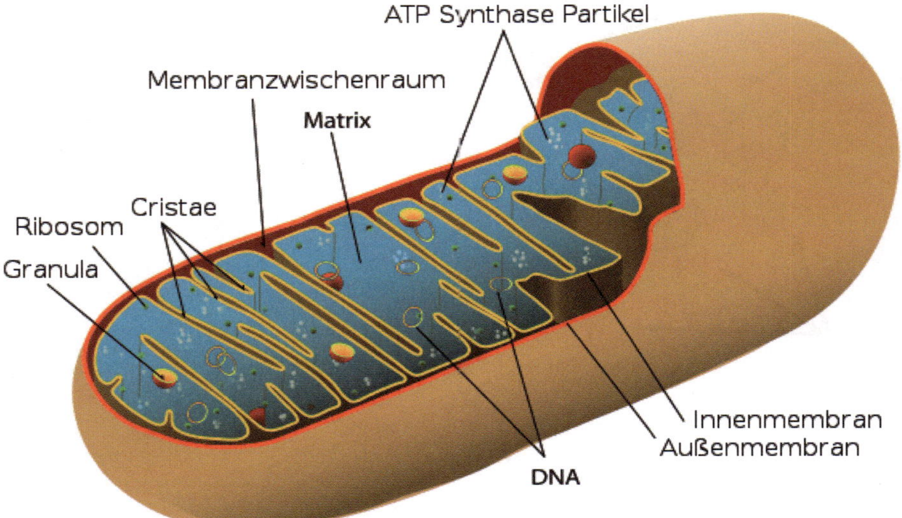

Mitochondrium, die Energiefafrik der Zelle
Zitratzyklus der in den Mitochondrien ATP (Energie) herstellt.

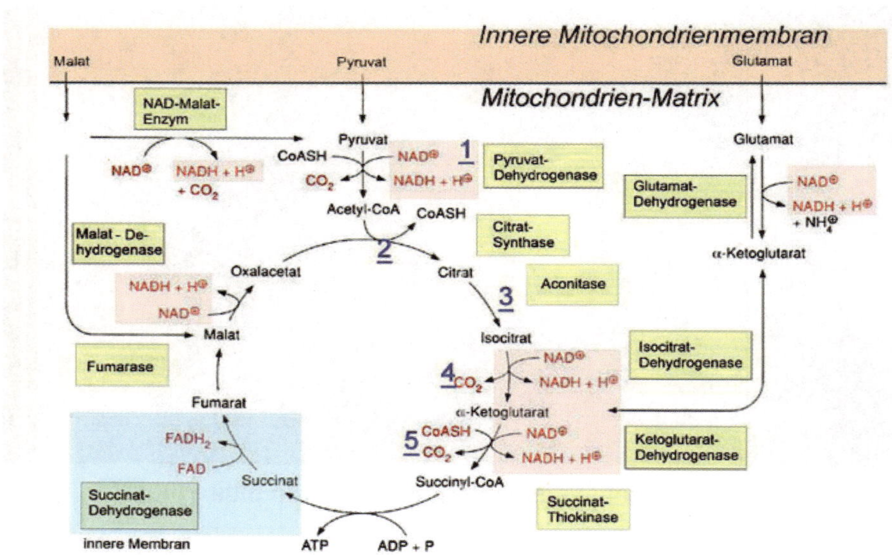

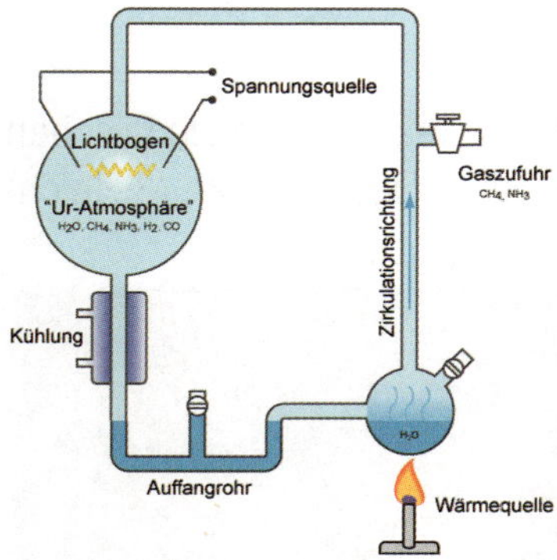

Die Aminosäuren entstehen als 1:1-Racematgemische, in den Organismen sind aber überwiegend nur die L-Aminosäuren zu finden. Das Problem ist lösbar durch Mineralien als Katalysatoren, die aber von Miller nicht verwendet wurden.

Neben einigen Aminosäuren entstehen auch Verbindungen, die in heute lebenden Organismen nicht vorkommen, zum Beispiel die zwei zu Alanin isomeren Aminosäuren β-Alanin und Sarcosin. Das Nichtvorhandensein dieser Verbindungen in heutigen Organismen schließt eine Evolution der Stoffwechselwege aus. Cyanide entstanden ebenfalls, die zum Untergang der Organismen führen. Sie sind ebenfalls ein Hinweis, dass Leben nie durch Evolution möglich sein kann. (Biogenetisches Naturgesetz)

Die Eiweißbildung in der Natur:

Im oberen Bild sehen Sie wie primitiv Eiweiß gebildet wird. Laut Evolutionslehre. Tatsächlich ist dies biochemisch nicht möglich.

Die untere Abbildung zeigt die tatsächliche in der Natur stattfindene Eiweißbildung.

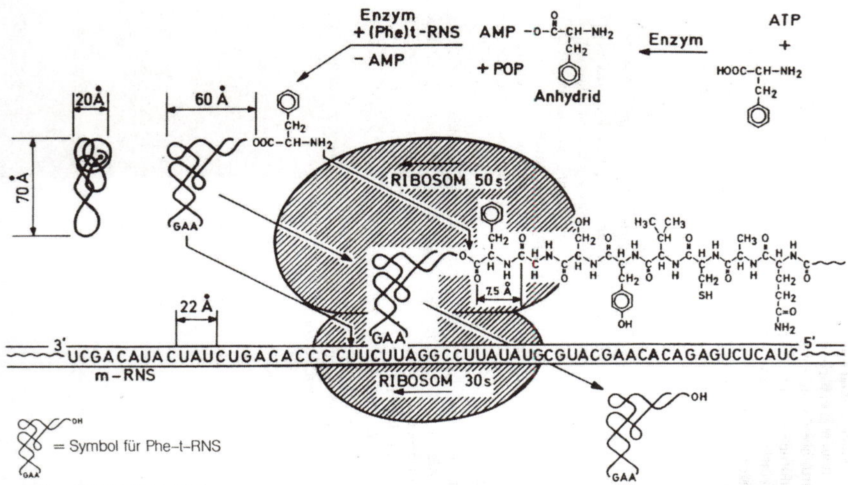

ATP = Adenosintriphosphat
AMP = Adenosinmonophosphat
POP = Pyrophosphat

Prinzip der enzymatischen Proteinsynthese (nach Vollmert *[13]*)

Fortsetzung der Irrlehren heute in den Schulen

In den folgenden Abbildungen wird gezeigt, dass der Betrug durch die falschen Lehrinhalte fortgeführt wird wie er schon im Hitler-Deutschland (3.Reich) stattfand. Diese Bilder sind Lehrinhalte an unseren Schulen.

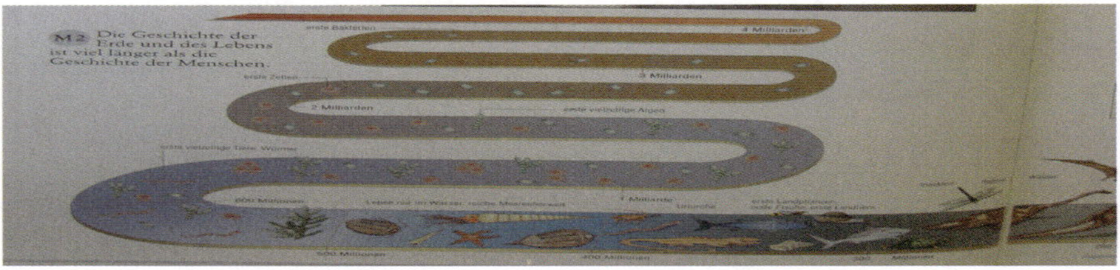

In den USA wird man verurteilt oder aus der Schule verbannt der sich gegen die Evolution-Lügen und ihre Fälschungen hat gewandt. Diese Entwicklung hat es nie gegeben.

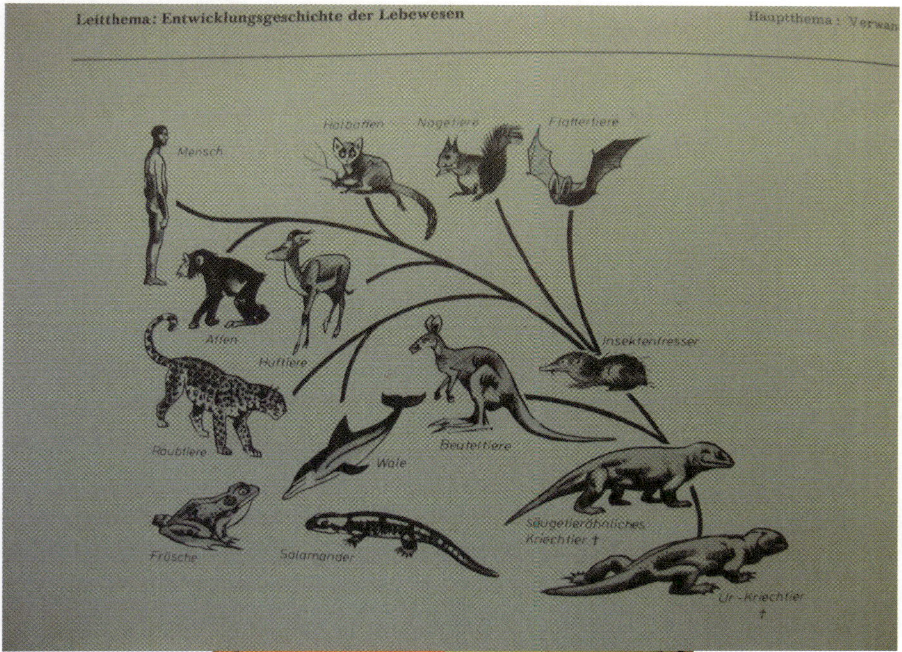
Leitthema: Entwicklungsgeschichte der Lebewesen
Hauptthema: Verwan
Mensch
Halbaffen
Nagetiere
Flattertiere
Affen
Huftiere
Insektenfresser
Raubtiere
Beuteltiere
Wale
Säugetierähnliches Kriechtier †
Frösche
Salamander
Ur-Kriechtier †

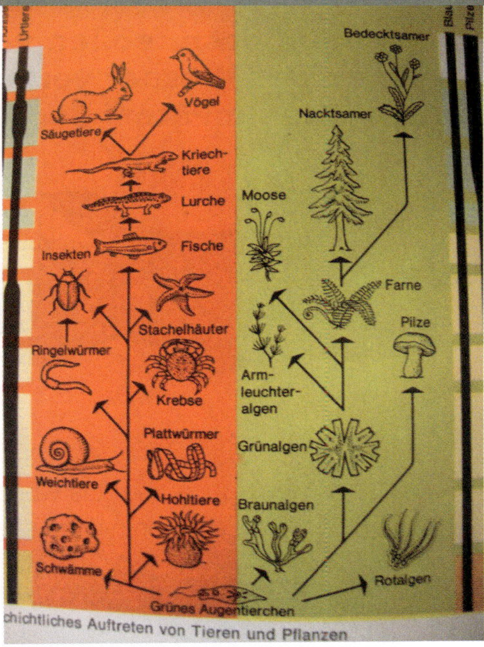
Bedecktsamer
Vögel
Säugetiere
Nacktsamer
Kriechtiere
Lurche
Moose
Fische
Insekten
Farne
Stachelhäuter
Pilze
Ringelwürmer
Armleuchteralgen
Krebse
Plattwürmer
Grünalgen
Weichtiere
Hohltiere
Braunalgen
Schwämme
Rotalgen
Grünes Augentierchen
chichtliches Auftreten von Tieren und Pflanzen

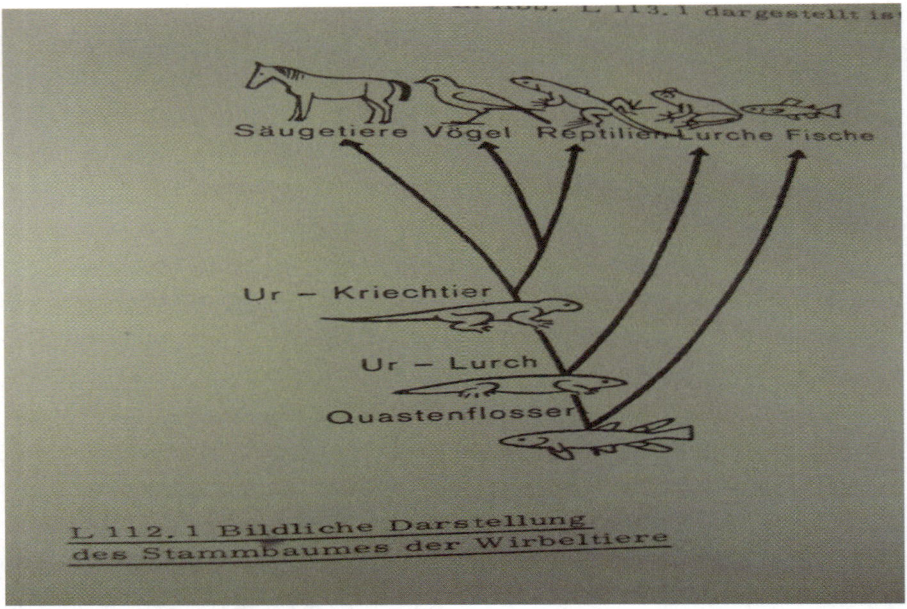

**Die Quastenflosser sollen vor
300 Milionen Jahren das Wasser verlassen haben
und wurden die „Stammväter“ der Landtiere.**

Der Stammvater der Landtiere :
Auch heute sieht der Quastenflosser genau so aus wie auf den Fossilien, die 300 Millionen Jahre alt sind. Eine Evolution hat nie statt gefungen.

Der Betrug Häckels (s. unten) wurde oben mit modernen Bildern wiederholt.

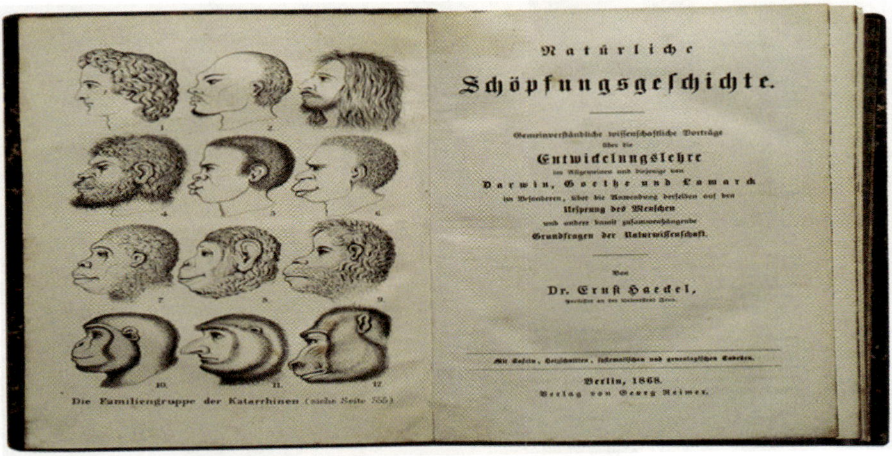

Der Stammbaum des Menschen (nach Häckel) mit seinen <u>rassistischen</u> Abstammungs-Vorstellungen werden heute nur modifiziert wiederholt.
Nur das die Bilder bunt gemalt sind. Deshalb wird auch ebenso aus diesen gemalten Bildern keine Evolution stattfinden.

Die Lehrer-Ausgaben für den Unterricht in den Schulen heute führen die Irrlehren weiter. die vor über 100 Jahren aufgestellt wurden. Aus diesem Buch (Lehrer-Ausgabe) wurden diese Bilder kopiert.

GARMS

Lebendige Welt

LEHRERAUSGABE

Biologie 2 H/R
ab 7. Schuljahr

westermann

Das einzige was man über die Evolution sagen kann
mit der Affenabstammung des Menschen fing der Schwindel an.

Mutation führt nicht zur Höher-Entwicklung oder Evolution,
da die Mutation führt zu Krankheit und Degeneration.

Selbst der Urknall als Beginn des Kosmos ist belegt
Nur mit Licht oder dem Gottes-Wort wurde dieser erwirkt.

Nicht mit Materie fing der Kosmos an
Mit Licht begann der Schöpfungsplan

Die denkende Materie, das nennt man Evolutions-Wahn,
eine geniale Schöpfung ist nur möglich durch einen Gottesplan

Millionen- DNA- Bausteine hatten bereits die ersten Lebewesen,
ohne diese Komplexität wären sie zum Leben nicht fähig gewesen.

Ausblick:
Was kommt mit hoher Wahrscheinlichkeit auf uns zu

Sehr verehrte Leser sie werden erschüttert sein, dass seit über 100 Jahren in der Wissenschaft betrogen und gefälscht wurde und kaum jemand sich darüber aufregte.
Deshalb setzten sich auch der Kolonialismus, Kommunismus und der National-Sozialismus durch, weil keiner gegen diese Irrlehren vorging.
Die Basis dieser Irrlehren war die Evolutionstheorie. Eine Rasse hat sich das Recht herausgenommen über andere zu herrschen.
In den Schulen und Universitäten werden bis heute noch diese Irrlehren wie die Embryologie oder Widersprüche zur Naturwissenschaft gelehrt. Obwohl seit Jahrzehnten die Evolutionstheorie den Naturwissenschaften, der Genetik, der Medizin und auch der statistischen Wahrscheinlichkeit (Prof. Vollmert) widerspricht. Die Fälschungen sind bekannt, aber noch immer werden sie als Unterrichtsmaterial verwendet.
Hier sieht man, daß wenn der Sozialismus in der Sowjetunion oder der Nationalsozialismus im 3. Reich in Deutschland ihre Berechtigung von dieser Ideologie hergeleitet haben, sich diese Irrlehren lange halten konnten.

Der Imperialismus basiert ebenso auf dieser Ideologie, deshalb wurden Lehrkräfte an Universtäten und Schulen in den USA entlassen, weil sie diese Irrlehre der Evolutionstheorie nie lehren wollten. Sie rechtfertigen dort nämlich den Imperialismus.

So sieht man, dass viele Interessengruppen, für ihre Rechtfertigung diese Irrlehre benötigen. So kann man rücksichtslos auch seine Interessen durchsetzen, ohne moralische Rechtfertigung. Man kann somit mit Intrigen und Ellenbogenpolitik sein Ziel erreichen, ohne Skrupel.
Auf die Frage von Prof. Dr. Karl Ratzinger an Max Horkheimer (Frankfurter Schule) warum gibt es keine Moral antwortete er „weil es die Evolutions-Theorie gibt“.

Dies könnte ihnen Angst machen, wenn wir keine Perspektiven hätten. Bitte nicht. Sie können absolut optimistisch sein, da diese Spielchen bald zu Ende sein werden. Wir befinden uns in der Zeit der Apokalypse, die diese Irrlehren entlarven wird.

Was wir aus der Bibel entnehmen können, unter anderem auch aus der Offenbarung des hl. Johannes, wissen wir jetzt mit Sicherheit, dass wir uns in der Zeit der Apokalypse befinden. Diese End-Zeit ist jetzt. Wir werden in naher Zukunft diese Zeichen der Apokalypse erleben. Erbeben in ungeahnter Häufigkeit und Stärke, Naturkatastrophen, Wetterphänomene, Naturphänomene (auch am Himmel) und Seuchen, sodass jeder erkennen muss, diese Phänomene und Zeichen sind nicht vorhersehbar oder erklärbar mit den herkömmlichen Erfahrungen.

Ebenso wie kein einziger DNA-Baustein von unseren 3,4 Milliarden-DNA-Bausteinen nicht durch Zufall sich bilden kann, wird die Allmacht Gottes eingreifen und die Erde reinigen. Um diese komplexe Welt zu erhalten, ist ein Eingreifen Gottes stets gefordert. Deshalb ist und muss unser Schöpfer uns immer nahe sein

Glücklich ist, der bereits erkannt hat, dass diese Katastrophen eine Warnung oder ein sichtbares Zeichen eines Schöpfers sind, der sich seine so schön gestaltete und genial konstruierte Welt nicht kaputt machen lassen will.
Eine Welt die mehr blind-gläubig diesen Irrlehren nachläuft und diese Irrlehren als Wahrheit verkauft, wird deshalb auch gesäubert werden von diesen Irrlehren und Zerstörung der Natur.
Vor diesen Irrlehren (u.a. Evolutions-Theorie) wurden wir schon 1917 von Maria (von Nazareth, der Mutter von Jesus) in Fatima gewarnt. Diese Irrlehren sind die Basis und verantwortlich für den intellektuellen Rassismus, den Kommunismus und den ethnischen Rassismus, der National-Sozialismus genannt wird und die viele Millionen Toten zu verantworten haben.
Es sollte nicht vergessen werden, auch der Imperialismus und Kolonialismus und die Unterjochung der asiatischen, afrikanischen und amerikanischen Völker beziehen ihre Berechtigung aus der Evolutionstheorie.
Auch die Bomben auf Libyen und Syrien muss man als reinen Imperialismus ansehen. Man will diesen Leuten diktieren: Ihr habt keine Ahnung wie man Politik macht, deshalb müssen wir mit Bomben nachhelfen. Was für eine Katastrophe ist daraus entstanden mit hundertausenden Toten und Millionen Flüchtlingen. Sie dürfen sich fragen welcher Präsident und Ausminister diesen Imperialismus zu verantworten haben. Alle die diesen Politikern zu jubeln zeigen uns ihre wahre Gesinnung.

Warum viele an dieser Irrlehre „Evolution“ festhalten liegt daran, dass sie ohne moralische Skrupel sich rücksichtslos durchsetzen dürfen. Eine Moralische Instanz, die kein Gewissen hat, kennt keine Rücksicht auf den Nächsten. Sie ist ohne Liebe und Fürsorge für den Anderen. Zur Schöpfung gehört Liebe und Nächstenliebe und nicht evolutionäre Ellenbogen-Politik.

Kurz vor der Oktober-Revolution am 13.Oktober 1917 hat uns Maria, die Muttergottes, in Fatima (für Moslems Maria von Nazareth, die Mutter von Jesus) gewarnt vor den Irrlehren, dass sie sich über die Welt verbreiten werden, wenn sich die Menschheit nicht ändert.

Über 100 Jahre laufen wir dieser Irrlehre der Evolutionstheorie nach. Wann erkennt die Menschheit endlich, dass das Gedankengut der „Unterwelt“ durch Fälschungen und Betrug zustande kam.

Sie (Mutter Gottes) fordert seit damals die Weihe Russland durch Papst (und Bischöfe).

Sie sagte „ wenn Russland sich bekehrt, dann wird Frieden herrschen“.

Jeder kann sich fragen, wer verhindert die Bekehrung Russlands. Ein Land dessen Bevölkerung unter dem Morden, Revolution, Hungersnöte und Kriege von Außen und Innern der Kommunisten seit mehreren Generationen zu leiden hatte, hätte doch das Recht einmal in Frieden zu leben. Trotzdem wird der Himmel durch Zeichen bestimmen, wie er sich trotz Widerspruch des Menschen eingreifen wird, sodass nach all den angekündeten Katastrophen, die durch das Fehlverhalten der Menschen gegen Natur und Menschheit verursacht wurden, werden die Warnungen bald sichtbar werden.

Deshalb wird auch das neue Reich Gottes vermutlich schon in unserer Zeit (Generation) kommen.

Diese Söhne der Finsternis werden dann verschwunden sein und es wird Frieden herrschen und kein Krieg wird über die Menschheit mehr hereinbrechen (Bibel: Geheime Offenbarung des Johannes). Die Ideologie des Egoismus (Evolutionstheorie) wird es nicht mehr geben. So können wir den Verheißungen des Glückes („dann wird Frieden herrschen“) froh entgegen sehen.

Diese Vorhersagen müssten jedem mit Freude erfüllen.

Als Gerichtsgutachter habe ich viele Gutachten erstellt und dabei mich nie getäuscht, selbst dann nicht als ich am Oberlandesgericht gegen 4 medizinische Gutachter inkl. des leitenden Gutachters des Gerichts durch mein Gutachten

die Angeklagten, wegen fahrlässiger Tötung schon in erster Instanz verurteilt, in allen Punkten freigesprochen wurden.
Somit können wir, die wir an die Natur, die Naturgesetze und ihren Schöpfer-Gott glauben mit hoher Sicherheit sagen, dass wir zu den Menschen gehören werden, die wie in der Offenbarung der Bibel beschrieben, überleben werden.

Jeder hat es somit in der Hand über seine eigene Ewigkeit zu entscheiden und wo er sie verbringen will. Kluge Menschen werden erkennen, dass es sich bei der Evolutions-Ideologie um einen Irrlehren-Glauben handelt, der nur darauf abzielt die Naturgesetze, die Schöpfungsgesetze sind, zu leugnen. Es sind schon Zeichen eines Wahns bemerkbar, wenn der „Glaube an Fälschungen" nicht angetastet werden darf. Oder wie der hl. Paulus im Korinther-Brief scheibt: „Die menschliche Weisheit (Irrlehren) zählt vor Gott nichts". Ebenso wie aus Nichts weder Licht oder Materie entstehen kann. So ist Leben nur durch Schöpfung möglich.
Mit der Evolutions-Ideologie kann man Gott leugnen und kann auch nicht zur Rechenschaft gezogen werden wie die Massen-Mörder Lenin und Stalin. Bisher wurden sie noch nie verurteilt für ihre Verbrechen gegen die Menschlichkeit.
Hätte Hitler den Krieg gewonnen, wäre auch er nicht zur Rechenschaft gezogen worden. Der Sieger schreibt was Recht ist, wenn er ein Evolutions-Anhänger ist. Die Hitler-Zitate belegen dies.

Die prophetischen Aussagen über Heute werden, wie in der vorchristlichen Zeit (z. B. die Geburt von Jesus) auch, mit hoher Wahrscheinlichkeit eintreten.
Da wir, an einem Schöpfer-Gott und seine Heilsbotschaft in der Bibel glauben werden wir die Katastrophen, die jetzt auf uns zu kommen, überleben.
Dann wird das Böse verschwunden sein, wie uns in der Bibel offenbart wurde.
Und es wird Frieden herrschen.
Schüler und Studenten müssen auch keine Irrlehren mehr lernen.
Wir müssen erkennen, dass es Tatsache ist, dass diese Evolutionstheorie heute noch wie ein Dogma angesehen wird. Sie darf nicht hinterfragt werden, noch dürfen die wissenschaftlichen Fälschungen offengelegt werden. Deshalb macht man sich sehr unbeliebt, wer Ideologien und ihre Fälschungen angreift.

Eine freudige und hoffnungsvolle Zukunft (auch nach einigen Katastrophen) werden wir in jedem Fall bekommen. (Siehe auch „Erscheint Maria heute" von Prof. Jacques Cabaud)

Wenn man bedenkt, dass weder der Kosmos noch das Leben entstehen kann, weil sowohl Planung, Energie und Materie nötig sind. Wie aus 0 plus 0 nicht 1 werden kann, so kann auch aus dem Nichts die Energie für das gesamte Universum nicht entstehen.
Erst die Schöpfung des „Ur-Lichts“ durch das Wort Gottes (Johannes-Evangelium, Vision der hl. Hildegard, oder der hl. Katherina Emmerich) entstand das Universum.
Die ersten Lebensformen (Prokaryonten) hatten bereits Millionen von Nukleoditen (DNA-Bausteinen). Dabei kann in der unbelebten Natur nicht ein einiger entstehen. Hier von Zufall zu sprechen entlarvt nur einen intellektuellen Steinzeitgeist oder die Wahnvorstellungen eines Menschen der sich den Evolutionswahn hat aufbinden lassen.
Das menschliche Verhalten und das charakteristische Menschsein bleiben auf der Strecke, sodass Rücksichtslosigkeit und Machtrausch das bestimmende dieser Ideologie sind. Der große Fehler des Christentums, so der Diktator Hitler sei der Gedanke der Nächstenliebe. „man dürfe kein Mitleid mit Leuten haben..“ (Zitiert: Hitlers Religion Seite 357-358, Autor... Michael Hesemann, Pattloch-Verlag). „Daher müssen das Judentum und das Christentum... vernichtet werden“. Nach dem „Endsieg“ wollte er (Hitler) alles Christliche vernichten.
Das von Gott offenbarte menschliche Verhalten, das in jedem Menschen angelegt ist, wie Liebe und Nächstenliebe werden in Zukunft diese Ideologien ablösen und nach Katastrophen (Krieg, Meteoriten-Einschlag, Erdbeben, Überschwemmung und Land-Untergang) in eine neue Welt (ohne Irrlehren) in die verheißene friedliche Zukunft noch in unserer Zeit führen.

Bücher über diese Prophezeiungen (göttliche Offenbarungen) sind sehr lesenswert:

Erscheint Maria heute ? von Prof. Jacques Cabaud,
Christiana- Verlag ISBN: 978-3-7171-1260-0

Stichwortverzeichnis

Abstammungskaskade: Bedeutet, das sich das Leben vom Einzeller zum Menschen hochentwickelt haben soll.
Atheisten: Menschen die nicht an Gott glauben.
Atom: Sind die kleinsten Bausteine eines Elementes.
ATP: Adenosintriphosphat, Energieträger des Körpers.
Australopithecus Africanus: Affenart.
Basenpaare: Doppelstrang einer DNA.
Biogenetische Grundregel/Grundgesetz Von Häckel aufgestelltes Gesetz, dass es durch Mutation und Selektion zur Höherentwicklung kommt.
Biogentisches Naturgesetz: Von Autor aufgestellte Naturgesetz: das Planung, d.h. Schöpfung nötig ist zur Entstehung aller Lebensformen.
Chromosome: Enthalten die Erbanlagen (Gene)
DNA/DNS: Erbanlagen sind in der DNS gespeichet.
Dogma: Lehrsatz mit Wahrheitsanspruch.
Elektron: Negativ geladenes Teilchen eines Atoms.
Embryo: Ungeborenes Lebewesen
Embryogenese: Entwicklung des Embryo.
Entropie: Streben nach Unordnung.
Enzym: Riesen Molekül, dass als Katalysator chemische Reaktionen beschleunigt oder ermöglicht.
Erster Hauptsatz der Thermodynamik: Keine Energie kann aus dem Nichts entstehen.
Eugenik: Gescheiteter Versuch Erbanlagen zu Verbessern.
Euthanasie: Ermordung von „unwertem“ Leben (z.B. Behinderte Menschen)
Evolution: Biologische Entwicklung der Lebewesen.
Evolutioniert: entwickelt
Evolutionstheorie: Ideologie das das Leben vom Einzeller abstammen soll.
Fossilen: Versteinerung von früheren Lebensformen.
Helix bzw. Doppelhelix: Anordnung der DNS in Wendelform.
Hominiden: Menschenaffen. Somit eine Affenart. Keine Menschen.
Homo habilis: Affenart.
Homo Rudolfensis: Affenart.
Hypothese: Vorstufe einer Theorie.
Imperialismus: Streben von Staaten Großreiche zu werden.
Genetik: Vererbungslehre.
Genom: Erbanlagen, Gene.
Kiemen: Atmungsorgane von Fischen.

Klon: Lebende Kopien von Lebewesen.
Materialisten: Person, die glaubt dass alles aus der Materie entstanden sein.
Mendelsche Regel: Vererbungsregel die heute noch gültig ist.
Messenger-DNA: Boten DNA, gibt die Information von der DNA an die Zelle weiter.
Missing Link: fehlendes Verbindungsglied zwischen den Spezien
Mitochondrien: Kraftwerke der Zellen.
Molekül: Mehratomige Teilchen.
Monea: Urzelle, erste Lebensformen.
Morphologie: die Lehre von der Struktur und Form der Organismen.
Mutation: Genetische Veränderung der Erbanlagen.
Mutagene Medizin: Krebsmedizin.
Neandertaler: Menschenart. Keine Affen.
Neutron: Ungeladenes Atomteilchen.
Nukleotid: Kleinster DNA Baustein.
Ontogenese: Entwicklung eines Organismus, von der Zeugung bis zur Geburt.
pH-Wert: Maß für den Säure-Basen Haushalt.
Phylogenese: Widerlegte stammesgeschichtliche Entwicklung.
Plaques: Ablagerungen von Eiweißen, z.B. im Gehirn.
Plasma: Energiezustand aus Ionen und Elektronen.
Periodensystem: Ordnung der Elemente.
Prokaryonten: neuer Ausdruck für Monea siehe Monea.
Proton: Positiv geladenes Atomteilchen.
Rekapitulieren: Wiederholen.
Ribosomen: Enzym.
RNA (Ribonukleinsäuren): Ebenso wie die DNA Erbinformationsspeicher.
Polymerase: Enzym zur Verdoppelung der DNA.
Sophisten: Menschen mit besonderem Wissen, auch Irrlehrer
Sozialdarwinismus: Übertragung der Theorie Darwin auf die menschliche Gesellschaft. Überleben des Stärkeren.
Teleologie: Zielgerichtete bzw. geplante Entwicklung, d.h. der Schöpfer geht mit einem Plan ans Werk (Hl.Augustinus sagte: die Schöpfung ist zielgerichtet).
Telomere: Endkappen der Gene die für jedes Lebewesen spezifisch sind.
Urknalltheorie: Theorie, dass das gesamte Universum aus „einem Punkt“ entstanden ist
Ursuppe: Entspricht Ur-Atmosphäre
Zellmembran: Hülle einer Zelle
Zweiter Hauptsatz der Thermodynamik: Naturgesetz das besagt: alles strebt der Unordnung zu.

Literaturverzeichnis und Zitate-Quellen:

1 Richard Langton Gregory: The Oxford companion to the mind, Oxford University Press, 2004, S. 385; Heinz Brücher, Karl Astel: Ernst Haeckels Bluts- und Geisteserbe: eine kulturbiologische Monographie, J. F. Lehmann, 1936, S. 9.

2 Gunter Mann: Biologismus – Vorstufen und Elemente einer Medizin im NS. In: J. Bleker et al.: (Hg.): Medizin im „Dritten Reich", Köln 1993, S. 25 ff.

3 etwa: Natürliche Schöpfungsgeschichte, „Siebenter Vortrag: Die Züchtungslehre der Selektionstheorie (Der Darwinismus)", 7. Auflage, Berlin: Reimer, 1879, 153-155

4 R. J. Richards: The tragic sense of life: Ernst Haeckel and the struggle over evolutionary thought. The University of Chicago Press (2008) S. 446.

5 Biographische Notizen, 3, Haeckel Papers, Haeckel-Haus, Jena

6 Ernst Haeckel: Briefe an die Eltern. K. F. Koehler, Leipzig 1921, S. 177 f.

7 Ernst Haeckel: Italienfahrt: Briefe an die Braut, K. F. Koehler, Leipzig 1921, S. 8.

8 CC-Blätter 1/2007, S. 23.

9 Roger Chickering: A Voice of Moderation in Imperial Germany: The „Verband für internationale Verständigung" 1911–1914. In: Journal of Contemporary History. Vol. 8, No. 1 (1973), S. 147–164.

10 Siehe auch Bundesarchiv Koblenz. Nachlass Hans Wehberg, „Aufruf zur Begründung eines Verbandes für internationale Verständigung".

11 Ernst Haeckel: Natürliche Schöpfungsgeschichte. Gemeinverständliche wissenschaftliche Vorträge über die Entwickelungslehre im Allgemeinen und diejenige von Darwin, Goethe und Lamarck im Besonderen, über die Anwendung derselben auf den Ursprung des Menschen und andere damit zusammenhängende Grundfragen der Naturwissenschaft. Georg Reimer, Berlin 1868, Kapitel 19

12 vgl. Ernst Haeckel's Gasträa-Theorie

13 Kultur als Naturgeschichte: Opposition oder Komplementarität zur politischen Geschichtsschreibung 1850-1890? Christian Mehr Walter de Gruyter, 2010, S.131 ff.

14 Goethe und kein Ende : Emil Heinrich Du Bois-Reymond Rede bei Antritt des Rectorats der Koenigl. Friedrich-Wilhelms-Universität zu Berlin am 15.October 1882

15 Ernst Haeckel: zeno.org: Die Welträtsel (1899), Kapitel 12: Das Substanzgesetz

16 siehe textlog.de

17 Brigitte Hamann: Berta von Suttner. Ein Leben für den Frieden. 2. Auflage. München 1987, S. 71, 140, 158, 165, ISBN 3-492-03037-8.

18 siehe beispielsweise Ernst Haeckel: Englands Blutschuld am Weltkriege in Victor Franz (Hrsg.): Ernst Haeckel: Sein Leben, Denken und Wirken. Eine Schriftenfolge für seine zahlreichen Freunde und Anhänger

19 K. Huschke (Hrsg.): Ernst und Agnes Haeckel: ein Briefwechsel, S. 215.
20 Rolf Groschopp, Dissidenten, 1997, S. 393.
21 Helmut Zander, Biologie des vollkommenen Menschen – Wissenschaft und Ethik im Monistenbund um 1900, in Neue Zürcher Zeitung, Nr. 167, 21. Juli 2001, S. 73.
22 Rolf Winau, 100 Jahre Sozialhygiene, Sozialmedizin und Public Health in Deutschland, auf CD-ROM Hrsg. v. Udo Schagen u. Sabine Schleiermacher, Berlin 2005
23 William H. Tucker, The Science and Politics of Racial Research, University of Illinois Press 1996, S. 111.
24 Wilhelm Schallmayer: Ernst Haeckel und die Eugenik, in: Was wir Ernst Haeckel verdanken: Ein Buch der Verehrung und Dankbarkeit. Hrsg. Heinrich Schmidt, Jena 1914, S. 368.
25 Peter Weingart, Jürgen Kroll, Kurt Bayertz: Rasse, Blut und Gene. Geschichte der Eugenik und Rassenhygiene in Deutschland. Suhrkamp Taschenbuch, Frankfurt am Main 1992, S. 77.
26 Peter Weingart, Jürgen Kroll und Kurt Bayertz: Rasse, Blut und Gene. Geschichte der Eugenik und Rassenhygiene in Deutschland. Suhrkamp Taschenbuch, Frankfurt am Main 1992, S. 89 f.
27 R. J. Richards: The Tragic Sense of Life: Ernst Haeckel and the Struggle over Evolutionary Thought. The University of Chicago Press (2008) S. 327.
28 Otto Speck (em. Ordinarius für Sonderpädagogik an der Ludwig-Maximilians-Universität München): Soll der Mensch biotechnisch machbar werden? Eugenik, Behinderung und Pädagogik. Reinhardt Verlag, München 2005, S. 22
29 Manuela Lenzen, Evolutionstheorien in den Natur- und Sozialwissenschaften, Campus 2003, S. 138.
30 Andreas Frewer, Medizin und Moral in der Weimarer Republik und Nationalsozialismus. Campus Verlag 2000, S. 30.
31 Paul Weindling, Health, Race and German Politics Between National Unification and Nazism, 1870–1945, Cambridge University Press 1989, S. 41.
32 Wolf Michael Iwand, Paradigma Politische Kultur, Leske und Budrich VS Verlag, 1997, S. 330.
33 John Weiss, Der lange Weg zum Holocaust. Die Geschichte der Judenfeindschaft in Deutschland und Österreich, Ullstein, Berlin 1998, S. 185 f.
34 Uwe Hoßfeld, Rasse-Bilder in Thüringen 1863–1945. In: Blätter zur Landeskunde, Nr. 63, Thüringer Landeszentrale für Politische Bildung, Erfurt 2006, S. 4.
35 Ernst Haeckel: Ewigkeit. Weltkriegsgedanken über Leben und Tod, Religion und Entwicklungslehre. Berlin 1915, S. 36.

36 Zmarzlik, Hans-Günter (1963): Der Sozialdarwinismus in Deutschland als geschichtliches Problem. In: Vierteljahrshefte für Zeitgeschichte 11, 1963, S. 246–273 zu finden unter: http://www.ifz-muenchen.de/heftarchiv/1963_3_3_zmarzlik.pdf

37 Daniel Gasman: The Scientific Origins of National Socialism, 1971, erweiterte Neuausgabe 2004.

38 Conrad-Martius, Hedwig: Utopien der Menschenzüchtung. Kösel-Verlag München, 1955, S. 74.

39 „Verwunderlicher ist die Begeisterung der Linken für den ‚General-Feldmarschall des Darwinismus' (Haeckel über sich selbst). August Bebel, Carl v. Ossietzky, Kropotkin und W.I. Lenin waren nicht die einzigen, die Haeckels Thesen begierig aufgriffen und glaubten, mit ihnen eine Waffe für den Klassenkampf in der Hand zu halten. Dies gelang nur, indem sie – im Gegensatz zu den Nazis, die die Selektionsaspekte und den ‚Kampf ums Dasein' der Evolutionstheorie überbetonten – das Prinzip der ständigen Fortentwicklung im Tier- und Pflanzenreich auf die Menschen übertrugen, und zwar zum einen auf die Menschen als biologische Wesen (die Eugenik als Verbesserung des Menschen war auch unter Sozialisten vor 100 Jahren sehr beliebt und das nicht nur in der politischen Polemik, wie bei Bebel, der sich gegen den Krieg mit dem Argument aussprach, dass dabei die stärksten, wehrtüchtigen Männer sterben würden und somit das eigene Volk degenerieren), zum anderen auf die menschlichen Gesellschaftsformation: Es schien ein natürliches Gesetz der Evolution zu sein, dass der Kapitalismus quasi von alleine vom Kommunismus abgelöst würde." Martin Vogt: Der Rassismus-Papst. Ernst Haeckel und die Etablierung des wissenschaftlichen Rassismus' in Deutschland. In: ZAG. Nr. 41 (elektronisch bei Nadir.org)

40 Unter anderem eine Auswahl von Autoren des Buches Was wir Ernst Haeckel verdanken, herausgegeben von Heinrich Schmidt, Jena 1914

41 Karl Kautsky, Rasse und Judentum (1914). Siehe auch die Übersetzung Are the Jews a Race? (1926) bei Marxists.org, hier Kapitel 4 mit Bezugnahme auf Haeckel

42 Ernst Haeckel: Freie Wissenschaft und freie Lehre, eine Entgegnung auf Rudolf Virchows Münchener Rede über „Die Freiheit der Wissenschaft im modernen Staat" (1878)

43 Rudolf Virchow: Die Freiheit der Wissenschaft im modernen Staat. 1877

44 R. J. Richards: The Tragic Sense of Life: Ernst Haeckel and the Struggle over Evolutionary Thought. The University of Chicago Press, 2008, S. 318 ff.

45 W. I. Lenin, Werke, Bd. 14 (Materialismus und Empiriokritizismus), S. 351–361, Berlin 1987

46 Beitrag in: Was wir Ernst Haeckel verdanken, Hrsg. Heinrich Schmidt, Jena 1914

47 Uwe Hoßfeld, Haeckels „Eckermann“: Heinrich Schmidt (1874–1935). In: Matthias Steinbach, Stefan Gerber (Hrsg.): Klassische Universität und akademische Provinz: Die Universität Jena von der Mitte des 19. bis in die 30er Jahre des 20. Jahrhunderts. Jena: Bussert & Stadeler, 2005, S. 282.

48 Uwe Hoßfeld, Haeckels „Eckermann“: Heinrich Schmidt (1874–1935). In: Matthias Steinbach, Stefan Gerber (Hrsg.): Klassische Universität und akademische Provinz: Die Universität Jena von der Mitte des 19. bis in die 30er Jahre des 20. Jahrhunderts. Jena: Bussert & Stadeler, 2005, S. 284.

49 Heiner Fangerau, Das Standardwerk zur menschlichen Erblichkeitslehre und Rassenhygiene von Erwin Baur, Eugen Fischer und Fritz Lenz im Spiegel der zeitgenössischen Rezensionsliteratur 1921–1941, Dissertation, Ruhr-Universität Bochum, Fakultät für Medizin, 2000, S. 66.

50 Brücher 1936, S. 117.

51 Hermann Bahr: Der Antisemitismus. Ein internationales Interview. In: Deutsche Zeitung. Wien, 23, 1893, #7664, 1-2. (30. April 1893) Buchausgabe: S. Fischer 1894, S. 62–69. Häufige Neuauflagen, zuletzt 2010, ISBN 978-1-149-17667-2 Link

52 Ernst Haeckel: Die Welträthsel. Gemeinverständliche Studien über monistische Philosophie. 1. Auflage. Strauß, Bonn 1899.

53 Heinz Brücher: Ernst Haeckels Bluts- und Geisteserbe. Eine kulturbiologische Monographie. J. F. Lehmanns, München 1936.

54 Günter Hecht, Biologie und Nationalsozialismus Zeitschrift für die gesammte Naturwissenschaft 3, (1937-38), 285

55 Vgl. Stefan Breuer: Ästhetischer Fundamentalismus und Eugenik bei Kurt Hildebrandt. In: Bernhard Böschenstein u. a. (Hrsg.): Wissenschaftler im George-Kreis. Die Welt des Dichters und der Beruf der Wissenschaft, de Gruyter, Berlin 2005, S. 291–310, hier 306.

56 Kurt Hildebrandt, Die Bedeutung der Abstammungslehre für die Weltanschauung Zeitschrift für die gesammte Naturwissenschaft 3, (1937-38), 17

57 Robert J. Richards: Myth: That Darwin and Haeckel were Complicit in Nazi Biology, in: Ronald L. Numbers (ed.): Galileo Goes to Jail and Other Myths about Science and Religion, Cambridge: Harvard University Press, 2009. (online) (PDF; 50 kB)

58 „Richtlinien für die Bestandsprüfung in den Volksbüchereien Sachsens“ Die Bücherei 2 (1935): 279–80.

59 Verleihungsbegründungen bei der Royal Society

60 Bis Kapitel 10; damit unvollständig, seit 2008 nicht mehr bearbeitet

61 Kapitel 1. Die folgenden Kapitel: durch Änderung der Zahl in der URL. Mit den Abb. der Printausgabe, Ges. Werke 6, 1924

62 Nur noch online verfügbar
Normdaten (Person): GND: 11

Wissenschaftliche Literatur und Abbildungen:

Erich Blechschmidt: Die Erhaltung der Individualität.
Der Mensch von Anfang an - Humanembryologische Befunde:
1966, 111S 14 Abb. 4 Bildertafeln ISBN:3- 928 273-14-0

ProGenesis 95 Thesen gegen die Evolution
CLV- ISBN: 978-3-86699-220-7

Michael Hesemann: Hitlers Religion
Pattloch-Verlag ISBN:3-629-01678-2

Bruno Vollmert: Entstehung der Lebewesen in Naturwissenschaftlicher Sicht
Schriftenreihe der Gustav-Siewerth-Akademie Band 5

Bruno Vollmert: Das Molekül und das Leben
Rowolth Verlag Reinbek 1985

Jacques Cabaud: Erscheint Maria heute ?
Christiana- Verlag ISBN: 978-3-7171-1260-0

Die Intension eines Arztes und Naturwissenschaftlers gegen die übliche Lehrmeinung anzugehen und sich Konflikten auszusetzen ist bestimmt nicht bequem.
Als langjähriger Mediziner und Chefarzt , sowie promovierter Naturwissenschaftler, Patentinhaber von therapeutischen Erfindungen bemerkte ich schon frühzeitig als ich über die Evolutionstheorie einen Vortrag halten sollte, daß sie den Naturgesetzen widerspricht. Da ich als Biochemiker zum erstenmal das Molekular-Gewicht der Mitrochondrien DNA (Kraftwerke der Zellen) nachgewiesen habe war für mich eindeutig belegt, dass über hunderte von Millionen Jahren die DNA nicht mutiert haben kann, da Mutationen und Evolution zum Tod der untersuchten Zellen geführt hätten. Ein weiteres Indiz sind die Nahtod Erfahrungen von Patienten auf Intensivstationen, diese liesen keine Zweifel zu, dass es ein Leben nach dem Tod gibt. Als Gerichtsgutachter ist man vertraut ob Aussagen der Realität entsprechen. Somit schliesse ich mich den Aussagen von Albert Einstein und Max Plank an. **„Ich möchte endlich den kennen lernen, der diese geniale und wunderbare Welt erschaffen hat.“**

Biographie des Autors:

Dr. med. Dr. rer. Nat. Dipl. chem. Gosbert Leo Weth wurde in Schweinfurt (Bayern) geboren und studierte an der Universität Würzburg Chemie und Medizin. Mit dem Diplom in Chemie (Dipl. Chem.) und mit der Approbation als Arzt in Medizin schloss er seine Studien ab. Auch mehrfach wurde er ins Studentenparlament gewählt, war in deren Leitungsfunktionen tätig. Er war Mitglied des Senats der Universität Würzburg und Vertreter in mehreren Universitätsausschüssen.

Die Promotionen (Doktorarbeiten) wurden an der Medizinischen (Dr. med.) und der Naturwissenschaftlichen Fakultät (Dr. rer. nat.) abgelegt. Seine erste medizinische Tätigkeit war an der Medizinischen Poliklinik der Universität Würzburg unter Direktor Prof. Dr. Hans Franke. Als Leiter des Hormonlabors arbeitete er als Mitarbeiter bei der größten Hundertjährigen-Studie der Welt mit 575 Hundertjährigen mit. Wissenschaftliche Publikationen über Neurotransmitter und Hormon- Bestimmung folgten. Neue Untersuchungsmethoden über Second Messenger waren seine ersten Arbeiten. An Nervenzellen und an Tumoren wurden Neurotansmitter und Second Messenger gemessen.

Nach der Emeritierung von Prof. Dr. H. Franke ging er an die 2. Medizinische Klinik des Klinikums Nürnberg und Institut für Gerontologie der Universität Erlangen/ Nürnberg am Lehrstuhl für Innere Medizin/ Geriatrie. Danach war er Bereichsleitender Arzt (9,5 Jahre) an einer Geronto-Psychiatrischen Klinik. Gleichzeitig Leiter eines Gesamtlabors von einer 700 Bettenklinik. Referent an mehreren Weltkongressen für Geriatrie und Gerontologie. Über 50 Vorträge auf nationalen und internationalen Kongressen. Inhaber vieler Patente. Er war über 15 Jahre leitender Arzt bzw. Chefarzt für innere Medizin und Geriatrie. Derzeit arbeitet er in einer Privatpraxis in Bad Kissingen. Wissenschaftliche Tätigkeiten sind Wege zur nebenwirkungsarmen Tumor Therapie.

Das Problem der Alzheimer Erkrankung und Krebs Erkrankungen ist die größte medizinische, naturwissenschaftliche und soziale Herausforderung der nächsten Jahre, da sie nicht nur den Patienten, sondern die Angehörigen herausfordert. Vermutlich wird es das größte Problem in den nächsten Jahren werden.